“十三五”职业教育系列教材

电工基础

第二版

主　编　朱　敏　史立平
副主编　季小峰　王　艳
编　写　李　华　顾　丹
　　　　林　浩　金旭栋
主　审　徐文媛

中国电力出版社
CHINA ELECTRIC POWER PRESS

内 容 提 要

本书为“十三五”职业教育系列教材。

本书共分7章，主要内容包括电路的基本概念与基本定律、电路的分析方法、单相正弦交流电路、三相正弦交流电路、线性电路过渡过程的暂态分析、磁路与铁芯线圈电路及互感电路等。书中有丰富的典型例题，每节有思考题，每章有本章小结和习题，便于学生自学。本书编写基本概念叙述清楚，理论联系实际，语言简练通畅，避免烦琐的理论推导和计算，关注学生职业生涯的发展。

本书可作为高职高专院校的机械、模具、汽车、电气、信息类等的专业教材，也可作为相关专业工程技术人员参考书。

图书在版编目（CIP）数据

电工基础/朱敏，史立平主编．—2版．—北京：中国电力出版社，2019.8（2022.8重印）
“十三五”职业教育规划教材
ISBN 978-7-5198-3455-5

Ⅰ.①电…　Ⅱ.①朱…②史…　Ⅲ.①电工－高等职业教育－教材　Ⅳ.①TM

中国版本图书馆CIP数据核字（2019）第160233号

出版发行：中国电力出版社
地　　址：北京市东城区北京站西街19号（邮政编码100005）
网　　址：http://www.cepp.sgcc.com.cn
责任编辑：冯宁宁（010-63412532）
责任校对：黄　蓓　常燕昆
装帧设计：赵姗姗
责任印制：钱兴根

印　　刷：望都天宇星书刊印刷有限公司
版　　次：2015年7月第一版　2019年8月第二版
印　　次：2022年8月北京第八次印刷
开　　本：787毫米×1092毫米　16开本
印　　张：10.75
字　　数：256千字
定　　价：35.00元

前　言

《电工基础》是一门服务于专业课学习的专业基础课程，教学的主要目的之一就是培养高职高专层次学生应用电工知识解决实际问题的能力。本书以高职高专电气类专业为背景，立足于高职高专学生实际基础，根据教育部最新的“高职、高专教育电工基础课程基本要求”编写而成。

本书在编写过程中，力求做到基本概念叙述清楚，理论联系实际，语言简练通畅，避免烦琐的理论推导和计算。书中有丰富的典型例题，每节有思考题，每章有本章小结和习题，便于学生自学。

本书编写根据基础知识以“必需、够用”为度的原则，内容编写遵循基本规律，不拘泥于传统学科体系，注重知识点涵盖专业课程的基本需要，关注学生职业生涯的发展。教师可根据学生的专业方向和各专业改革的需求，有针对性地选择、组合教学内容，满足不同的课时需求。本书课时范围为 50～128 学时。

本书由常州机电职业技术学院朱敏、史立平担任主编，季小峰、王艳担任副主编。参加编写工作的还有李华、顾丹、林浩和金旭栋。其中第 1 章由朱敏编写，第 2 章由王艳编写，第 3 章由史立平编写，第 4 章由金旭栋编写，第 5 章由李华编写，第 6 章由季小峰编写，第 7 章由林浩、顾丹编写。

本书由常州机电职业技术学院徐文媛担任主审。同时，本书在编写过程中，得到许多同行的帮助，也引用、借鉴了相关专家的教材、著作，在此一并致谢。

限于作者水平及时间紧张，书中难免有疏漏之处，希望广大读者批评指正。

编　者

2019 年 3 月

前言

目　　录

1　电路的基本概念与基本定律

【本章提要】 本章主要介绍电路的基本概念和基本定律。主要包括电压和电流及其参考方向、电位和功率；电路的三种基本工作状态；欧姆定律；基尔霍夫定律。

1.1　电路与电路模型

1.1.1　电路的组成与功能

电路是由各种电气设备和器件按一定方式互相连接而成的电流的通路。如图 1-1 所示是一个简单电路，由电池、开关、灯泡和导线组成。电路的基本组成包括电源（如电池）、中间环节（如开关和导线）和负载（如灯泡）这三个部分。

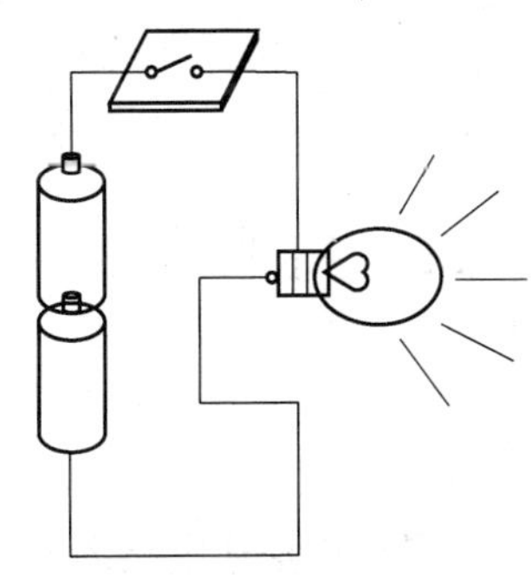

图 1-1　实际电路

电路的主要功能和作用一般有以下两个方面：

（1）进行能量的传输、转换和分配。最典型的例子是电力系统。发电厂的发电机组把水能或热能转换成电能，通过变压器、输电线路输送给各用户，用户又把电能转换成机械能、热能或光能等，如图 1-2（a）所示。在这类电路中，一般要求在传输和转换过程中尽可能地减少能量损耗以提高效率。

（2）信号的传递与处理。常见的例子很多，如电视机接收各发射台发射的不同信号并进行放大、处理，转换成声音和图像，如图 1-2（b）所示。计算机也是由电路组成，它能对键盘或其他输入设备输入的信号进行传递、处理，转换成图形或字符，输出在显示器或打印机上。所有这些都是通过电路把施加的输入信号变换成为所需要的输出信号。在这类电路中虽然也有能量的传输和转换，但是人们更关心的是信号传递的质量，如要求快速、准确、不失真等。

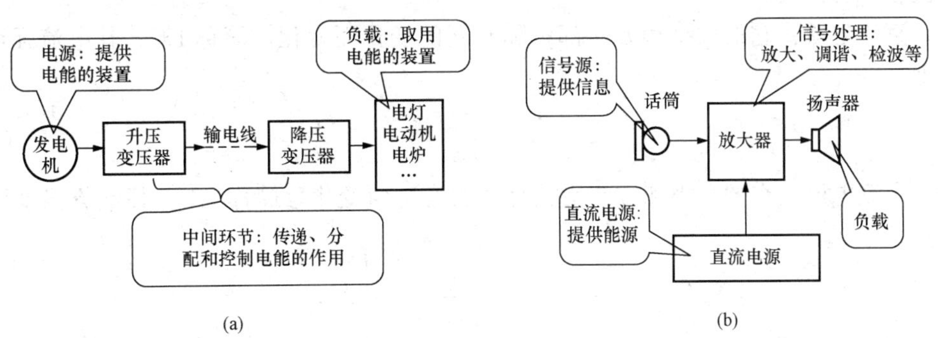

图 1-2　电路的两种典型应用

（a）电力系统图；（b）扩音器原理图

1.1.2 电路模型

实际电路中使用的电路部件一般都与电能的消耗现象及电磁能的储存现象有关，这些现象交织在一起并发生在整个部件中。如果把这些现象或特性全部加以考虑，会给电路分析带来困难。因此，在电路理论中，会忽略它的次要性质，用一个足以表征其主要电磁性能的理想化元件来表示，以便进行定量分析。例如一只白炽灯通过电流时除了具有电阻特性外，还会产生磁场，即具有电感性，但白炽灯主要作用是消耗电能，呈现电阻特性，而产生的磁场很微弱，因而将其近似看做纯电阻元件。

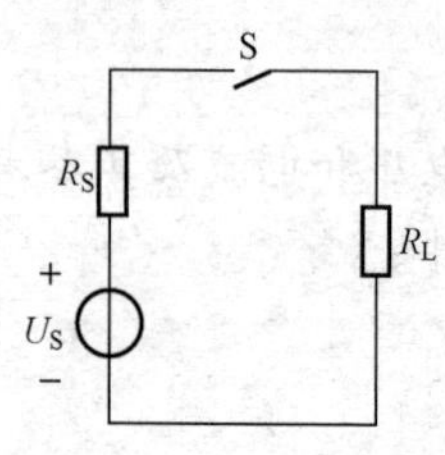

图 1-3 电路模型

电路模型是指由一个或者几个具有单一电磁特性的理想电路元件所组成的电路。理想电路元件中主要有电阻元件、电容元件、电感元件和电源元件等。通常把理想电路元件称为元件，将电路模型简称为电路。图 1-3 就是图 1-1 的电路模型图。

1.1.1 什么是电路？一个最简单的电路有哪些基本组成部分？各部分的作用是什么？

1.2 电路的基本物理量

为了定量描述电路的电磁过程和状态，引入了电流、电压、电位、电动势、电荷、磁链、能量、电功率、电能等物理量。下面介绍几个基本物理量。

1.2.1 电流

电荷有规则的定向运动，形成传导电流。金属导体中的大量自由电子，在外电场的作用下逆电场运动而形成电流；电解液中带电离子作规则定向运动形成电流。

1. 定义

单位时间内通过导体横截面的电荷量称为电流强度，简称电流。

电流主要有两类。

（1）直流电流：它的大小和方向都不随时间的变化而变化，简称 DC。其电流强度用 I 表示，即

$$I = \frac{Q}{t} \tag{1-1}$$

（2）交流电流：它的大小和方向均随时间的变化而变化，简称 AC。其电流强度用 i 表示，即

$$i = \frac{\mathrm{d}q}{\mathrm{d}t} \tag{1-2}$$

2. 单位

电流的单位是安培，简称安，SI 符号为 A。1A 表示 1s 内通过导体横截面的电荷量为 1C。

为了使用上的方便，常用的单位还有毫安（mA）、微安（μA）、千安（kA）。它们的关

系是

$$1A = 10^3 mA = 10^6 \mu A$$
$$1kA = 10^3 A$$

3. 方向

(1) 实际方向：一般指正电荷定向移动的方向。在电路图中用“- - - →”表示。

(2) 参考方向：在实际问题中，电流的实际方向在电路图中往往难以判断。为了分析方便，可以先任意假设一个电流的方向称为“参考方向”。在电路图中用“———→”表示。

在分析电路时，电流的参考方向可以任意假设，但电流的实际方向是客观存在的，因此，电流的参考方向不一定就是实际方向。规定计算所得电流为正值时，实际方向与参考方向一致；电流为负值时，实际方向与参考方向相反。电流的实际方向不因其参考方向选择的不同而改变。电流的实际方向和参考方向的关系如图 1 - 4 所示。

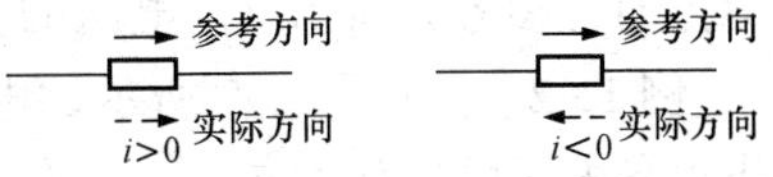

图 1 - 4　电流的实际方向和参考方向

[例 1 - 1]　如图 1 - 5 所示，电路中电流的参考方向已选定。试指出各电流的实际方向。

解　图 1 - 5 (a) 中，$I>0$，I 的实际方向与参考方向相同，电流 I 由 a 流向 b，大小为 2A。

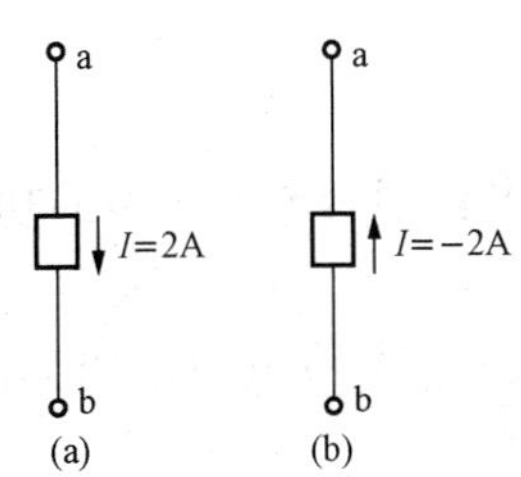

图 1 - 5 [例 1 - 1] 图

图 1 - 5 (b) 中，$I<0$，I 的实际方向与参考方向相反，电流 I 由 a 流向 b，大小为 2A。

1.2.2　电压

电荷在电路中流动，就必然会发生能量的交换。电荷可能在电路的某处获得能量而在另一处失去能量。因此，电路中存在着能量的流动，电源一般提供能量，有能量流出；电阻等元件吸收能量，有能量流入。为便于研究问题，引入“电压”这一物理量。

1. 定义

单位正电荷从 a 点移到 b 点时电场力所做的功称为 ab 两点间的电压。

(1) 直流电压：它的大小和方向都不随时间的变化而变化。用 U 表示为

$$U = \frac{W}{Q} \tag{1 - 3}$$

(2) 交流电压：它的大小和方向均随时间的变化而变化。用 u 表示为

$$u = \frac{dW}{dq} \tag{1 - 4}$$

2. 单位

电压的单位是伏特，简称伏 (V)。当电场力将 1C 的正电荷由 a 点移动到 b 点所做的功为 1J 时，a、b 两点间的电压为 1V。

为了使用上的方便，常用的单位还有毫伏 (mV)、微伏 (μV)、千伏 (kV)。它们的关系是

$$1V=10^3 mV=10^6 \mu V$$
$$1kV=10^3 V$$

3. 方向

（1）实际方向：一般指正电荷在电场中受电场力作用移动的方向。

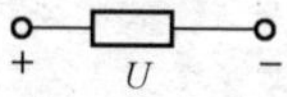

（2）参考方向：与电流需要选定参考方向一样，也需要为电压选定参考方向。通常在电路图上用“+”表示参考方向的高电位端，用“−”表示参考方向的低电位端，也可以用箭头或双下标表示电压的参考方向（如U_{ab}表示电压参考方向从“a”点指向“b”点），如图1-6所示。

图1-6 电压的参考方向表示法

$$U_{ab}=-U_{ba} \tag{1-5}$$

在分析电路时，当计算所得电压为正值时，实际方向与参考方向一致；电压为负值时，实际方向与参考方向相反。电压的实际方向不因其参考方向选择的不同而改变。

［**例1-2**］ 如图1-7所示，电路中电压的参考方向已选定。试指出各电压的实际方向。

解 （1）图1-7（a）中，$U>0$，U的实际方向与参考方向相同，电压U由a指向b，大小为10V。

（2）图1-7（b）中，$U<0$，U的实际方向与参考方向相反，电压U由b指向a，大小为10V。

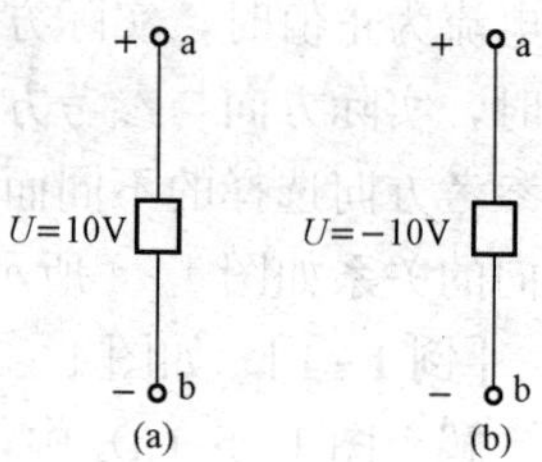

图1-7 ［例1-2］图

1.2.3 电位

在电路分析中，经常用到电位这一物理量。

1. 定义

在电路中任选一点为参考点O，电场力将单位正电荷从电路中某点移到参考点所做的功称为该点的电位。

电路中某点的电位用注有该点字母的“单下标”的电位符号表示，如A点电位就用V_A表示。根据定义可知$V_A=U_{AO}$。

电路中参考点本身的电位为零，即$V_O=0$，所以参考点也称为零电位点。若电路是为了安全而接地的，则常以大地为零电位体，接地点就是零电位点，是确定电路中其他各点的参考点。接地在电路中用“⊥”表示。

2. 单位

电位实质上就是电压，所以单位也是伏特。

3. 电位与电压的关系

以电路中的O点为参考点，则另外两点A、B的电位分别为$V_A=U_{AO}$，$V_B=U_{BO}$，它们分别表示电场力将单位正电荷从A点或B点移到O点所做的功，那么电场力将单位正电荷从A点移到B点所做的功就是U_{AB}，就应该等于电场力将单位正电荷从A点移到O点，再从O点移到B点所做的功的和，即

$$U_{AB}=U_{AO}+U_{OB}=U_{AO}-U_{BO}$$

所以

$$U_{AB}=V_A-V_B \tag{1-6}$$

式（1-6）说明，电路中A点到B点的电压等于A点电位与B点电位的差值。因此两点间电压就是两点间的电位差。

参考点是可以任意选定的，但是一经选定，电路中的其他各点的电位也就确定了。选择的参考点不同，电路中各点的电位也会不同，但任意两点的电位差即电压是不变的。一个电路中只能选一个参考点，但可以根据分析问题的方便决定选择哪个做参考点。

1.2.4　电动势

为了维持电路中的电流，必须有一种外力持续不断地把正电荷从低电位点移到高电位点。在各种电源内部的这种外力称为电源力。电动势是表征电源力做功能力的物理量。

1. 定义

电源力将单位正电荷从电源的负极移到电源的正极所做的功称为电源的电动势。

直流电路中的电动势用 E 表示，交流电路中用 e 表示。

2. 单位

电动势的单位也是伏特。

3. 方向

电动势的实际方向在电源内部从电源的负极指向正极，也就是电位升高的方向（即由低电位点指向高电位点）。如图 1-8 表示。

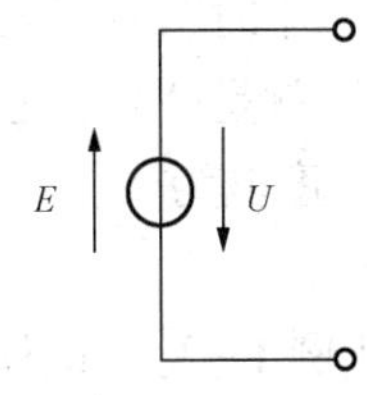

图 1-8　电动势

1.2.5　电功率

电路在工作时总伴随有其他形式能量的相互交换，而且电气设备和电路部件本身都有功率的限制，在使用时要注意其电流或电压是否超过额定值，是否会过载损坏设备或部件，或者是否能正常工作。因此，在电路的分析计算中，电功率和能量的计算是十分重要的。

1. 定义

电场力在单位时间内所做的功或者电路在单位时间内消耗的能量称为功率。用 P 表示直流功率，用 p 表示交流电路的功率。

2. 单位

功率的单位是瓦特，简称瓦，SI 符号为 W。为了使用方便，常见的功率单位还有千瓦（kW）和毫瓦（mW）。它们的关系是

$$1\mathrm{W}=10^3\mathrm{mW}$$

$$1\mathrm{kW}=10^3\mathrm{W}$$

3. 功率的计算

在分析电路时，原则上电流电压的参考方向是可以任意选择的。但为了计算方便，常设电流的参考方向与电压的参考方向一致，称为关联参考方向，如图 1-9（a）所示，电流的参考方向是由电压的高电位流向低电位的。如果设电流的参考方向与电压的参考方向不一致，则称为非关联参考方向，如图 1-9（b）所示，电流的参考方向是由电压的低电位流向高电位的。

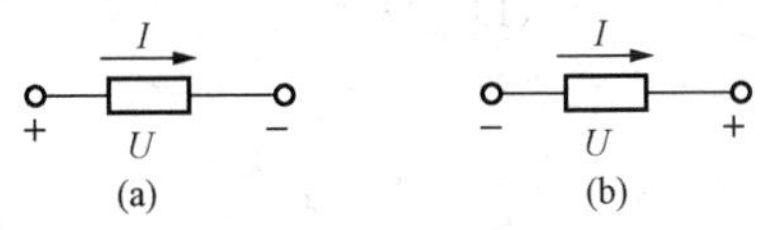

图 1-9　关联参考方向与非关联参考方向

（a）关联参考方向；（b）非关联参考方向

在直流电路中，当电压和电流是关联参考方向时，按式（1-7）计算功率，有

$$P=UI \tag{1-7}$$

当电压和电流是非关联参考方向时，按式（1-8）计算功率，有

$$P=-UI \tag{1-8}$$

由于电压和电流均为代数量，无论按式（1-7）还是式（1-8）计算，功率可正可负。当 $P>0$ 时，表示元件实际消耗或吸收电能，相当于负载；当 $P<0$ 时，表示元件实际提供或释放电能，相当于电源。

4. 电能

功率是能量的平均转换率。对于发电设备来说，功率是单位时间内所产生的电能；对于用电设备来说，功率是单位时间内所消耗的电能。电能用 W 表示。

如果用电设备功率为 P，使用时间为 t，则该设备消耗的电能为

$$W = Pt = UIt \tag{1-9}$$

电能的单位为焦耳，简称焦。SI 符号为 J。若功率单位是“千瓦”，符号为 kW。时间单位是“小时”，符号为 h。电能的单位就是“千瓦·时”，符号为 kW·h。我们平时说的“1 度电”就是“1 千瓦·时”。

1 度电为

$$1\text{kW}\cdot\text{h}=1000\times3600=3.6\times10^{6}\text{J}$$

［例 1-3］ 试计算图 1-10 中的元件的功率，并判断其类型。

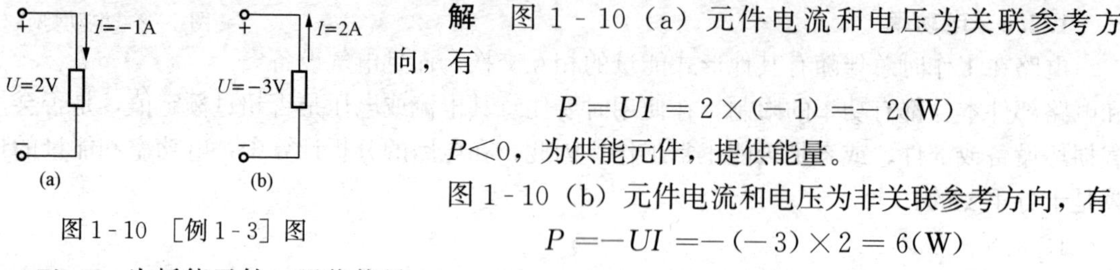

图 1-10 ［例 1-3］图

解 图 1-10（a）元件电流和电压为关联参考方向，有

$$P = UI = 2\times(-1) = -2(\text{W})$$

$P<0$，为供能元件，提供能量。

图 1-10（b）元件电流和电压为非关联参考方向，有

$$P = -UI = -(-3)\times2 = 6(\text{W})$$

$P>0$，为耗能元件，吸收能量。

思考题

1.2.1 选择题（将正确的选项填入括号内）：

1. 电流的国际单位是（　　）。

(A) 欧姆（OM）　(B) 欧姆（R）　(C) 安培（A）　(D) 瓦特（W）

2. 电功率的单位是（　　）。

(A) kW·h　(B) kW　(C) (°)　(D) V

3. 电压的单位是（　　）。

(A) V　(B) W　(C) A　(D) Ω

4. 对电动势叙述正确的是（　　）。

(A) 电动势就是电压

(B) 电动势就是高电位

(C) 电动势就是电位差

(D) 电动势是外力把单位正电荷从电源负极移到正极所做的功

5. 1 欧姆（Ω）=（　　）千欧（kΩ）。

(A) 10^{-3}　(B) 10^{3}　(C) 10^{6}　(D) 10^{9}

6. 自由电子在电场力的作用下的定向移动称为（　　）。

(A) 电源　(B) 电流　(C) 电压　(D) 电阻

7. 电路中某两点间的电位差称为（　　）。

(A) 电源　(B) 电流　(C) 电压　(D) 电阻

8. 导体对电流起阻碍作用的能力称为（　　）。

（A）电源　（B）电流　（C）电压　（D）电阻

9. 一段圆柱状金属导体，若将其拉长为原来的 2 倍，则拉长后的电阻是原来的（　　）倍。

（A）1　（B）2　（C）3　（D）4

10. 同材料同长度的电阻与截面积的关系是（　　）。

（A）无关　（B）截面积越大，电阻越大

（C）截面积越大，电阻越小　（D）电阻与截面积成正比

1.2.2　判断题（正确的打“√”，错误的打“×”）：

1.（　　）1 马力等于 1000W。

2.（　　）电池是把化学能转换为电能的装置。

3.（　　）负载是取用电能的装置。

4.（　　）电压的正方向规定为由低电位点指向高电位点。

5.（　　）当电流正方向与实际方向相反时，则电流 $I>0$。

6.（　　）U_{ab}表示电流的参考方向是由 a 点流向 b 点。

7.（　　）I_{ab}表示电流的方向是由 a 点流向 b 点。

8.（　　）电源电动势的方向规定为在电源内部由低电位（“－”极性）端指向高电位（“＋”极性）端，其参考方向就是实际方向。

9.（　　）负电荷流动的方向为电流的方向。

10.（　　）电压是没有方向的。

1.3　电路的基本工作状态

电路的工作状态有三种，分别是开路、短路和有载工作状态。

1.3.1　电路的开路工作状态

开路是指电源与负载没有构成闭合路径。在图 1-11 所示电路中，当开关 S1 断开时，电路即处于开路状态，此时电路中的电流为零，电源无电能输出。因此，电路开路也称为电源空载。

1.3.2　电路的短路工作状态

短路是指电源未经负载而直接通过导线接成闭合路径。如图 1-11 中，开关 S1、S2 都闭合时，电源短路，流过负载的电流为零。又因为电源内阻一般都很小，所以短路电流很大，如不及时切断，将引起剧烈发热而使电源、导线以及电流流过的仪表等设备损坏，因此，应尽量避免。为了防止短路事故造成的危害，通常在电路中装设熔断器或自动断路器，一旦发生短路，便能迅速将故障部分切断，从而保护电源，免于烧坏。

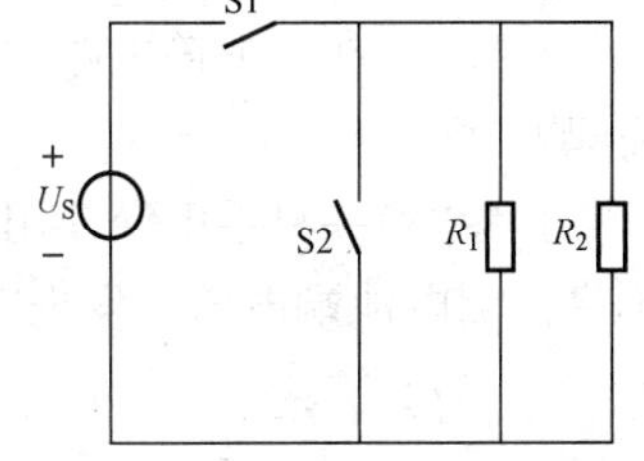

图 1-11　电路工作状态图

1.3.3　电路的有载工作状态

如图 1-11 所示，当开关 S1 闭合、S2 断开时，电源与负载构成闭合通路，电路便处于有载工作状态。

一般用电设备都是并联于供电线上，如图 1-11 所示。因此，接入的负载数愈多，负载电阻 R_L 愈小，电路中的电流便愈大，负载功率也愈大。在电工技术上把这种情况称为负载增大。显然，所谓负载的大小指的是负载电流或功率的大小，而不是负载电阻的大小。

每一台电气设备都有一个正常条件下运行而规定的正常允许值，这是由电气设备生产厂家根据其使用寿命与所用材料的耐热性能、绝缘强度等而标注的该设备的额定值，电气设备的额定值常标注在铭牌上或写在说明书中。额定值的项目很多，主要包括额定电流、额定电压以及额定功率等，分别用 I_N、U_N 和 P_N 表示。例如，滑线变阻器的额定电流和额定电阻为 1A 和 300Ω；某电动机的额定电压、额定电流、额定功率、额定频率分别为 380V、8.6A、4kW 和 50Hz 等。

电气设备都应在额定状态下运行，通常把工作电流超过额定值时的情况叫做“超载”或“过载”。超额定值运行，设备轻则缩短使用寿命，重则损毁设备。例如，若发电机线圈中的电流过大，线圈就会因过热而损坏绝缘；再如电容器，若承受过高电压，两极板之间的介质就会被击穿；各种指针式仪表，若超过其量程则不能读数或打弯指针等。

把工作电流低于额定值时的情况叫“轻载”或“欠载”。低于额定值运行，可能造成不能发挥设备全部效能，也会造成浪费（大马拉小车）。

当工作电流等于额定电流时称为“满载”。

注意：不能将额定值与实际值等同。例如，一只灯泡，标有电压 220V，功率 100W，这是它的额定值，表示这只灯泡接在电压 220V 电源上吸收功率是 100W。在使用时，电源电压经常波动，稍高于或低于 220V，这样灯泡的实际功率就不会正好等于其额定值 100W 了。所以，电气设备在使用时，电压、电流和功率的实际值不一定等于它们的额定值。此外，额定值的大小会随着工作条件和环境温度变化，若设备在高温环境下使用，则应适当降低额定值或改善散热条件。例如，某些三极管和集成电路的散热片就是为了安全使用而装设的。

1.3.1 电路有哪些基本工作状态？

1.3.2 在手电筒电路中，如果开关发生断路或短路故障，会发生什么现象？会造成损失吗？

1.3.3 一只手电筒使用 1 号标准电池，电池电压是 1.5V，使用一段时间后，灯泡几乎不亮。测电池端电压，发现电压值是 1.2V，但是其电流值几乎为零，这是为什么？

1.4 电路的基本元件

电路元件是构成电路的最基本单元。理想的电路元件有电阻元件、电感元件、电容元件、理想电压源、理想电流源五种。研究元件的规律是分析和研究电路规律的基础。

1.4.1　电阻元件

1. 电阻与电阻元件

当电荷在电场力的作用下在导体内部作定向运动时，通常要受到阻碍作用，物体对电子运动呈现的阻碍作用，称为该物体的电阻。由具有电阻作用的材料制成的电阻器、白炽灯、电烙铁、电炉等实际元件，当其内部有电流流过时，就要消耗电能，并将电能转换为热能、光能等能量而消耗掉。我们将这类具有对电流有阻碍作用，消耗电能特征的实际元件，集中化、抽象化为一种只具有消耗电能的电磁性质的理想电路元件——电阻元件。电阻元件是一种对电流有“阻碍”作用的耗能元件。

电阻用符号 R 表示，电路符号如图 1-12 所示。电阻单位为欧姆，简称欧，其 SI 符号为 Ω。电阻常见的单位还有千欧（kΩ）、兆欧（MΩ）等，有

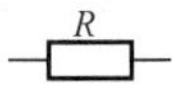

R

图 1-12　电阻元件

$$1\text{k}\Omega=10^3\,\Omega$$

$$1\text{M}\Omega=10^3\,\text{k}\Omega=10^6\,\Omega$$

常见电阻有膜式电阻、绕线电阻器等。膜式电阻如图 1-13 所示，绕线电阻器如图1-14 所示。几种常见的电阻符号如图 1-15 所示。

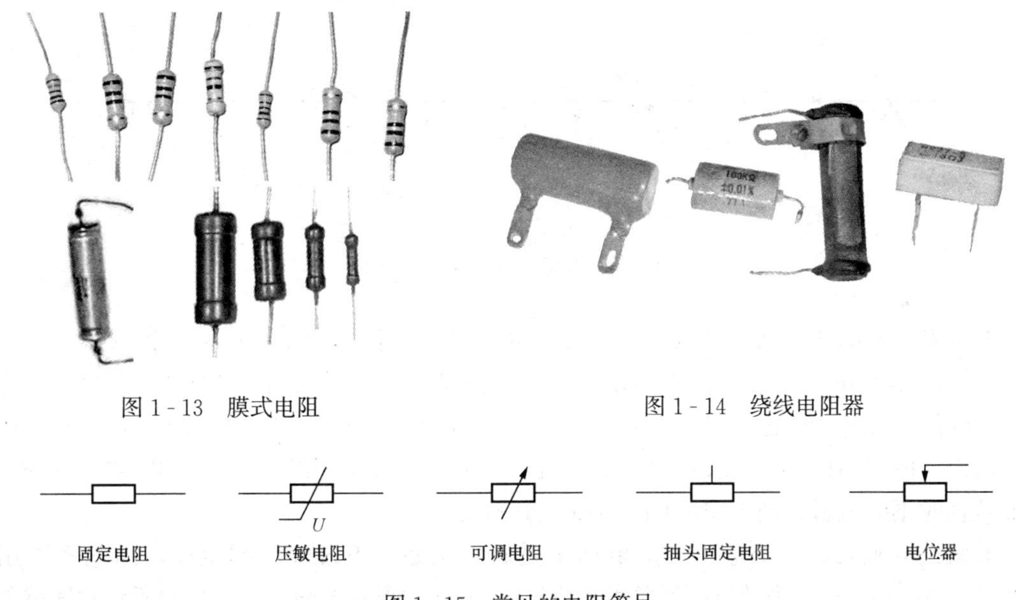

图 1-13　膜式电阻

图 1-14　绕线电阻器

图 1-15　常见的电阻符号

2. 电导

在作某些电路的计算时，往往用电阻的倒数计算比用电阻还来得方便，因此把电阻的倒数给予一个专有名称叫做“电导”，用符号 G 表示，即

$$G=\frac{1}{R} \tag{1-10}$$

电导是反映材料导电能力的一个参数。电导的单位是西门子，简称西，其 SI 符号为 S。

3. 电阻元件的伏安特性

电阻元件作为一种理想电路元件，它的大小与材料有关，而与电压、电流无关。若给电阻通以电流 i，这时电阻两端会产生一定的电压 u，电压 u 与电流 i 的比值为一个常数，这个常数就是电阻 R，这也就是物理中介绍过的欧姆定律，其表达式可表示为

$$u = Ri \tag{1-11}$$

值得说明的是，式（1-11）是在电压 u 与电流 i 为关联参考方向下成立的，如图 1-14。若 u、i 为非关联参考方向，则欧姆定律表示为

$$U = -Ri \tag{1-12}$$

当然，欧姆定律也可以表示为

$$i = Gu \quad (u、i\text{ 为关联参考方向}) \tag{1-13}$$

或

$$i = -Gu \quad (u、i\text{ 为非关联参考方向}) \tag{1-14}$$

式（1-12）～式（1-15）反映了电阻元件本身所具有的规律，也就是电阻元件对其电压、电流的约束关系，即伏安关系。

如果把电阻元件上的电压取作横坐标，电流取作纵坐标，画出电压与电流的关系曲线，则这条曲线称为该电阻元件的伏安特性曲线，如图 1-16 所示。

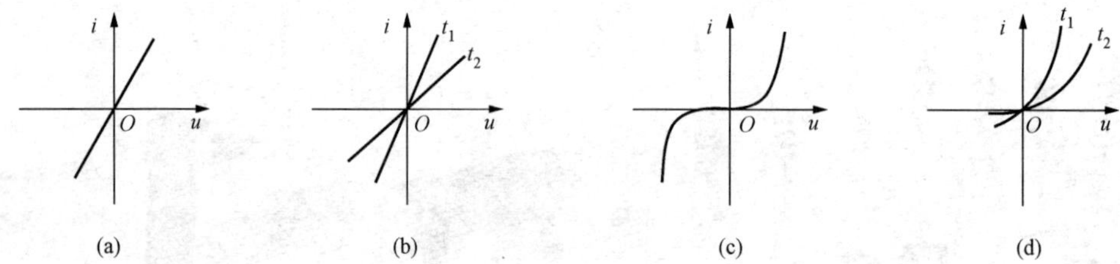

图 1-16　电阻元件的伏安特性曲线

若电阻元件的伏安特性曲线不随时间变化，则该元件为时不变电阻，如图 1-16（a）、(c)；否则为时变电阻，如图 1-16（b）、(d)。若电阻元件的伏安特性曲线为一条经过原点的直线，则称其为线性电阻，如图 1-16（a）、(b)；否则为非线性电阻，如图 1-16（c）、(d)。

所以，图 1-16（a）为线性时不变电阻，图 1-16（b）为线性时变电阻，图 1-16（c）为非线性时不变电阻，图 1-16（d）为非线性时变电阻。

非线性电阻元件中的电流和端电压不是直线关系，不遵守欧姆定律，因此不能用式(1-11)～式（1-14）来计算，通常表示成 $i = f(u)$ 的形式，图 1-16（c）所示曲线就是半导体二极管的伏安特性曲线（半导体二极管可认为是非线性电阻元件）。

因而，广义的电阻元件定义如下，在任一时刻 t，一个二端元件的电压 u 和电流 i 两者之间的关系可由 u-i 平面上的一条曲线确定，则此二端元件称为电阻元件。

严格地说，电阻器、白炽灯、电烙铁、电炉等实际电路元件的电阻或多或少都是非线性的。但在一定范围内，它们的电阻值基本不变，若当做线性电阻来处理，是可以得到满足实际需要的结果。线性电阻在实际电路中应用最为广泛，本书将主要讨论线性元件及含线性元件的电路，以后如果不加特别说明，本书中的电阻元件皆指线性电阻元件。

为了叙述方便，常将线性电阻元件简称电阻。这样，“电阻”及其相应的符号 R 一方面表示一个电阻元件，另一方面也表示这个元件的参数。

[例 1-4] 计算如图 1-17 所示电路的 U_{ao}、U_{bo}、U_{co}，已知 $I_1=2A$，$I_2=-4A$，$I_3=-1A$，$R_1=3\Omega$，$R_2=3\Omega$，$R_3=2\Omega$。

解 R_1、R_2 的电压和电流是关联参考方向，故用式（1-11）计算电压为

$$U_{ao}=I_1R_1=2\times 3=6(V)$$

$$U_{bo}=I_2R_2=-4\times 3=-12(V)$$

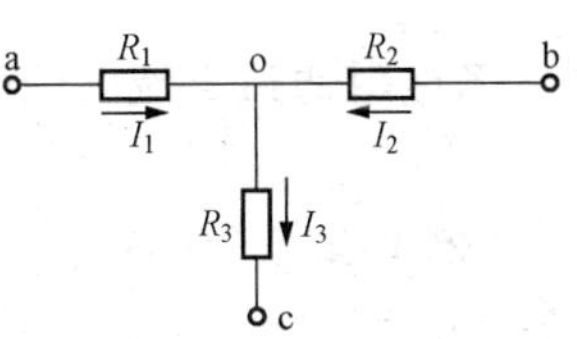

图 1-17 [例 1-4] 图

R_3 的电压和电流是非关联参考方向，故用式（1-12）计算电压

$$U_{co}=-I_3R_3=-(-1)\times 2=2(V)$$

[例 1-5] 如图 1-18 所示，已知 $R=100k\Omega$，$U=50V$，求电流 I 和 I'，并标出电压 U 及电流 I、I'的实际方向。

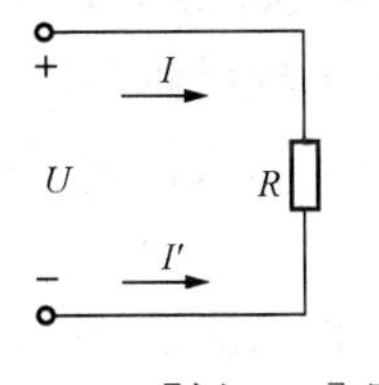

图 1-18 [例 1-5] 图

解 因为电压 U 和电流 I 为关联参考方向，所以

$$I=\frac{U}{R}=\frac{50}{100\times 10^3}=0.5(mA)$$

而电压 U 和电流 I'为非关联参考方向，所以

$$I'=-\frac{U}{R}=-\frac{50}{100\times 10^3}=-0.5(mA)$$

或

$$I'=-I=-0.5(mA)$$

电压 $U>0$，实际方向与参考方向相同；电流 $I>0$，实际方向与参考方向相同；电流 $I'<0$，实际方向与参考方向相反。从图 1-17 中可以看出，电流 I 和 I'的实际方向相同，说明电流实际方向是客观存在的，与参考方向的选取无关。

4. 电阻元件的功率

当电阻元件上电压 U 与电流 I 为关联参考方向时，由欧姆定律 $U=RI$，得元件吸收的功率为

$$P=UI=RI^2=\frac{U^2}{R}=GU^2 \tag{1-15}$$

若电阻元件上电压 U 与电流 I 为非关联参考方向，这时欧姆定律 $U=-RI$，元件吸收的功率为

$$P=-UI=RI^2=\frac{U^2}{R}=GU^2 \tag{1-16}$$

由式（1-15）和式（1-16）可知，P 恒大于等于零。这说明：任何时候电阻元件都不可能输出电能，而只能从电路中吸收电能，所以电阻元件是耗能元件。

对于一个实际的电阻元件，其元件参数主要有两个：一个是电阻值，另一个是功率。如果在使用时超过其额定功率（是考虑电阻安全工作的限额值），则元件将被烧毁。

例如，一只 1000Ω、5W 的金属膜电阻误接到 220V 电源上，立即冒烟、烧毁。这只金属膜电阻吸收的功率为

$$P=\frac{U^2}{R}=\frac{220^2}{1000}=48.4(W)$$

但这个金属膜电阻按设计仅能承受 5W 的功率，所以引起电阻烧毁。

如果电阻元件把接受的电能转换成热能，则从 t_0 到 t 时间内，电阻元件的热量 Q 也就

是这段时间内接受的电能 W 为

$$Q = W = \int_0^t p\mathrm{d}t = \int_0^t Ri^2\mathrm{d}t$$

若电阻通过直流电流时，上式化为

$$W = P(t - t_0) = I^2R(t - t_0)$$

［例 1-6］ 有一只 220V、100W 灯泡，每天用 5h，1 个月（按 30 天计算）消耗的电能是多少度？

解 $W = Pt = 100 \times 10^{-3} \times 5 \times 30 = 15(\mathrm{kW \cdot h}) = 15(\text{度})$

1.4.2 电容元件

1. 电容与电容元件

实际电容器是由两片金属极板中间充满电介质（如空气、云母、绝缘纸、塑料薄膜、陶瓷等）构成的。在电容两个极板间加一定电压后，两个极板上会分别聚集起等量异性电荷，并在介质中形成电场。去掉电容两个极板上的电压，电荷能长久储存，电场仍然存在。因此电容器是一种能储存电场能量的元件，又名储电器。电容在电路中多用来滤波、隔直、交流耦合、交流旁路及与电感元件组成振荡回路等。

电容元件是从实际电容器抽象出来的理想化模型，是代表电路中储存电能这一物理现象的理想二端元件。当忽略实际电容器的漏电电阻和引线电感时，可将它们抽象为仅具有储存电场能量的电容元件，简称电容。电容量 C 简称为电容，因此电容既表示电容元件，又表示电容元件的参数。

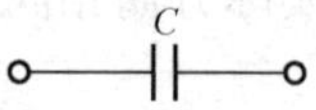

C

图 1-19 电容电路等号

电容用符号 C 表示，电容电路等号如图 1-19 所示。电容的单位是法拉，简称法，SI 符号为 F。实际电容的电容量很小，因此常用的电容量单位为微法（μF），皮法（pF），它们与 SI 单位 F 的关系是

$$1\mathrm{F} = 10^6\mu\mathrm{F} = 10^{12}\mathrm{pF}$$

常见电容有涤纶电容、瓷介电容、电解电容，还有独石电容、金属化纸介电容、空气可变电容等。几种常见电容如图 1-20～图 1-25 所示。

图 1-20 涤纶电容

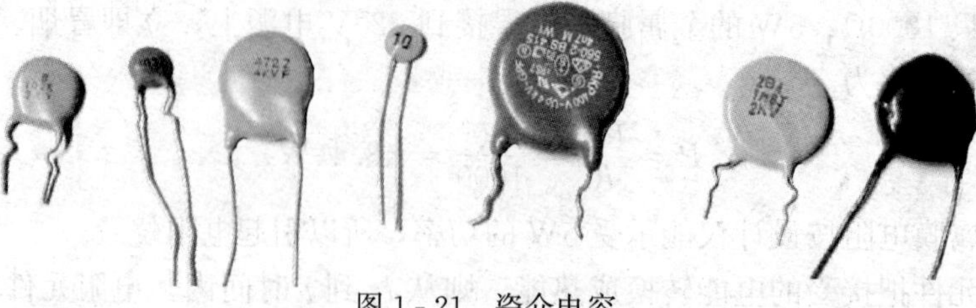

图 1-21 瓷介电容

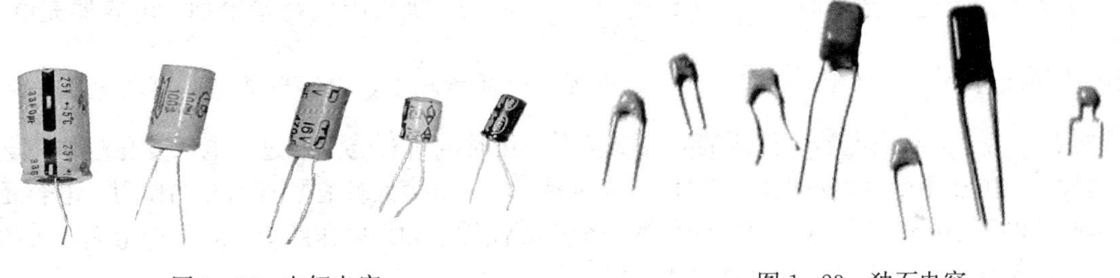

图 1 - 22　电解电容　　　图 1 - 23　独石电容

图 1 - 24　金属化纸介电容

图 1 - 25　空气可变电容

几种常见的电容符号如图 1 - 26 所示。

2. 电容元件的库伏特性

电容元件的库伏特性由两个极板上所加的电压 u 和极板上储存电荷的 q 来表征。电容量 C 的定义是：升高单位电压极板所能容纳的电荷，即

$$C=\frac{q}{u} \tag{1-17}$$

如图 1 - 27 所示，如果以 u 为横坐标，q 为纵坐标，则 q 与 u 的关系可用 q-u 平面上的曲线来表示，该曲线称为电容元件的库伏特性曲线。如果特性曲线是一条通过坐标原点的直线，则此电容元件称为线性电容。本书只讨论线性电容。

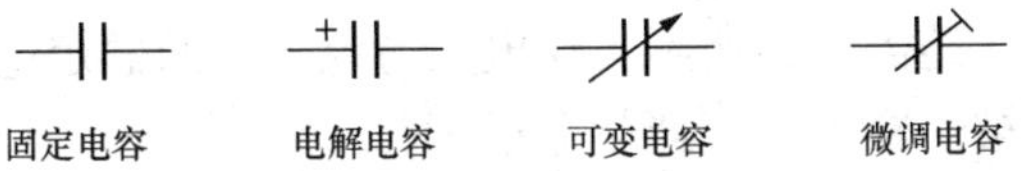

固定电容　电解电容　可变电容　微调电容

图 1 - 26　常见电容符号

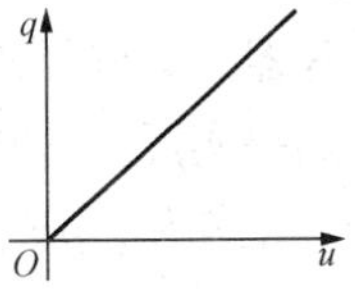

q　O　u

图 1 - 27　电容元件的库伏特性曲线

在电路分析中，电容元件的电压、电流关系是十分重要的。如果加在电容两个极板上的电压为直流电压，则极板上的电荷量不发生变化，电路中没有电流，电容相当于开路，所以电容有隔断直流的作用。当电容元件两端的电压发生变化时，极板上聚集的电荷也相应地发生变化，这时电容元件所在的电路中就存在电荷的定向移动，形成了电流。

当 u、i 为关联参考方向时

$$i=\frac{\mathrm{d}q}{\mathrm{d}t}=C\frac{\mathrm{d}u}{\mathrm{d}t} \tag{1-18}$$

可见，任一时刻通过电容的电流与电容两端电压对时间的变化率成正比，而与该时刻的

电压值无关。当电压升高时，$\frac{du}{dt}>0$，则$\frac{dq}{dt}>0$，$i>0$，极板上电荷量增加，电容器充电；当电压降低时，$\frac{du}{dt}<0$，则$\frac{dq}{dt}<0$，$i<0$，极板上电荷量减少，电容器放电。直流电压$\frac{du}{dt}=0$，所以$i=0$。只有当电容元件两端的电压发生变化时，才有电流通过。电压变化越快，电流越大。当电压不变（直流电压）时，电流为零。所以电容元件有隔直通交的作用。电容元件两端的电压不能跃变，这是电容元件的一个重要性质。如果电压跃变，则要产生无穷大的电流，对实际电容器来说，这当然是不可能的。

当u、i为非关联参考方向时，有

$$i=-C\frac{du}{dt} \tag{1-19}$$

3. 电容元件的功率

在电压电流关联参考方向下，任一时刻电容元件吸收的瞬时功率为

$$p(t)=u(t)i(t)=Cu(t)\frac{du(t)}{dt} \tag{1-20}$$

由式（1-20）可见，电容上电压和电流的实际方向可能相同，也可能不同，因此瞬时功率可正可负，当$p(t)>0$时，表明电容实际为吸收功率，即电容被充电；$p(t)<0$时，表明电容实际为发出功率，即电容放电。

在dt时间内，电容元件吸收的能量为

$$dW_C(t)=p(t)dt=Cu(t)du(t)$$

$t=0$时，$u(0)=0$，则从0到t时间内，电容元件吸收的能量为

$$W_C(t)=\int_0^t p(t)dt=C\int_0^{u(t)}u(t)du(t)=\frac{1}{2}Cu^2(t)$$

即

$$W_C(t)=\frac{1}{2}Cu^2(t) \tag{1-21}$$

由式（1-21）可知，电容在任一时刻t储存的能量仅与此时刻的电压有关，而与电流无关，并且$W_C\geqslant 0$。电容充电时将吸收的能量全部转变为电场能量，放电时又将储存的电场能量释放回电路，它不消耗能量，因此称电容是储能元件。

在选用电容器时，除了选择合适的电容量外，还需注意实际工作电压与电容器的额定电压是否相等。如果实际工作电压过高，介质就会被击穿，电容器就会损坏。

[例1-7] 已知$100\mu F$的电容两端所加电压$u(t)=10\sin 100t(V)$，u、i为关联参考方向，试求电流$i(t)$的表达式。

解

$$\begin{aligned}i(t)&=C\frac{du(t)}{dt}=100\times 10^{-6}\times\frac{d10\sin 100t}{dt}\\&=100\times 10^{-6}\times 10\times 100\cos 100t\\&=0.1\cos 100t(A)\end{aligned}$$

1.4.3 电感元件

1. 电感与电感元件

实际电感线圈就是用漆包线或纱包线或裸导线一圈靠一圈地绕在绝缘管上或铁芯上而又彼此绝缘的一种元件。当电感线圈中有电流通过时，就会在其周围产生磁场，并储存磁场能量。电感元件是理想化的电路元件，它是实际电路中储存磁场能量这一物理性质的科学抽

象。当忽略电感器的导线电阻时，电感器就成为理想化的电感元件，简称电感。电感 L 既表示电感元件，又表示电感元件的参数。

电感电路符号如图 1-28 所示。电感的单位是亨利，简称亨，SI 符号位 H，常用的电感单位还有毫亨（mH）、微亨（μH），它们与 SI 单位的关系是

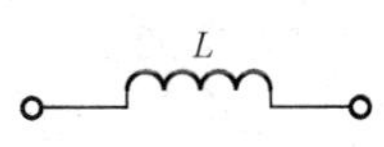

图 1-28　电感电路等号

$$1\text{mH}=10^{-3}\text{H}$$
$$1\mu\text{H}=10^{-6}\text{H}$$

常见的电感有小型固定电感器、可调电感器、阻流电感器等，如图 1-29～图 1-31 所示。

图 1-29　小型固定电感器

图 1-30　可调电感器

几种常见的电感符号如图 1-32 所示。

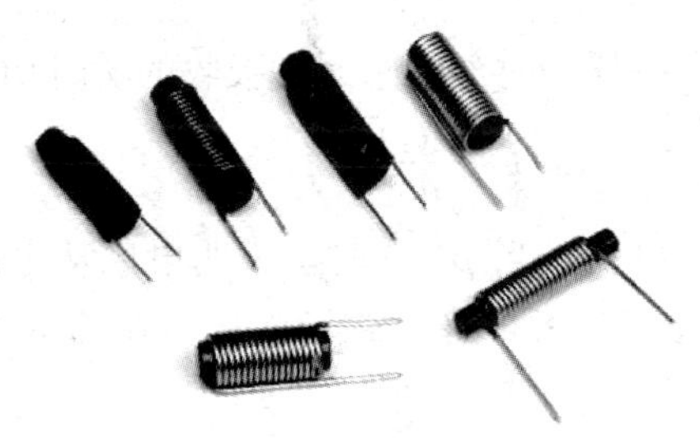

图 1-31　阻流电感器

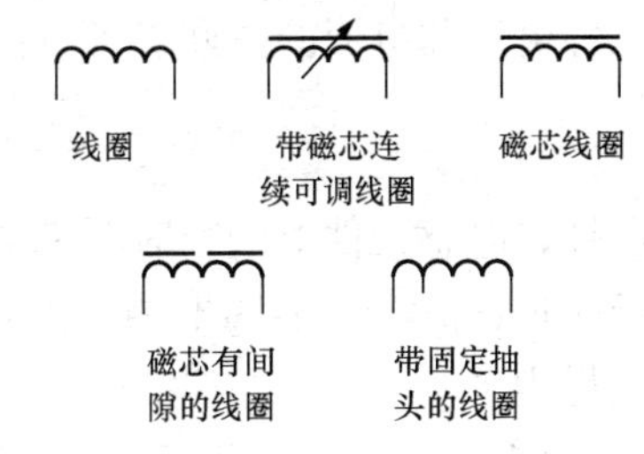

图 1-32　常见的电感符号

2. 电感元件的韦安特性

当电感元件中通过电流 i 时，在每匝线圈中会产生磁通 Φ，若线圈有 N 匝，则与 N 匝线圈交链的磁通总量为 $N\Phi$，称为磁链 Ψ，即 $\Psi=N\Phi$。由于 Ψ 是由电流 i 产生的，所以 Ψ 是 i 的函数，并且规定磁链 Ψ 的参考方向与电流 i 的参考方向之间符合右手螺旋关系（即关联参考方向），此时，磁链与电流的关系为

$$\Psi(t)=Li(t) \tag{1-22}$$

如果以 i 为横坐标，Ψ 为纵坐标，则 Ψ 与 i 的关系可用 Ψ-i 平面上的曲线来表示，该曲线称为电感元件的特性曲线。如果特性曲线是一条通过坐标原点的直线，则此电感元件称为线性电感。本书只讨论线性电感，如图 1-33 所示。

当电感元件中的电流发生变化时，自感磁链也发生变化，元件内将产生自感电动势，当取自感电动势 e_L 和自感磁通的参考方向符合右手螺旋关系（即关联参考方向）时，有

$$e_L=-\frac{\mathrm{d}\Psi}{\mathrm{d}t} \tag{1-23}$$

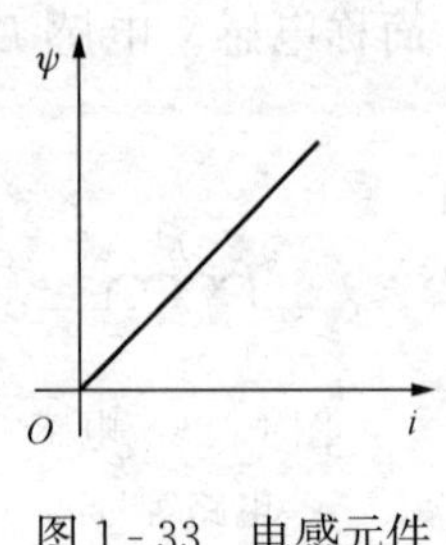

图 1-33 电感元件的韦安特性曲线

因为 Ψ 与 i 在关联参考方向（满足右手螺旋关系）下，满足关系式 $\Psi=Li$，所以

$$e_{\mathrm{L}}=-\frac{\mathrm{d}\Psi}{\mathrm{d}t}=-\frac{\mathrm{d}Li}{\mathrm{d}t}=-L\frac{\mathrm{d}i}{\mathrm{d}t} \tag{1-24}$$

由于自感电动势的存在，在电感两端产生电压 u_{L}。通常选择电感元件上电流、自感电动势、电压三者为关联参考方向，于是有

$$u_{\mathrm{L}}=-e_{\mathrm{L}}=L\frac{\mathrm{d}i}{\mathrm{d}t} \tag{1-25}$$

式（1-25）是电感元件伏安关系的微分形式，由此可知电感元件上任一时刻的电压与该时刻电感电流对时间的变化率成正比，而与该时刻的电流值无关，即使某时刻 $i=0$，也可能有电压。电流变化越快（$\mathrm{d}i/\mathrm{d}t$ 越大），u 也越大，对于直流电，电流不随时间变化，则 $u=0$，电感相当于短路。

如果任一时刻电感电压为有限值，则 $\mathrm{d}i/\mathrm{d}t$ 为有限值，电感上的电流不能发生跃变。电感元件中的电流不能跃变，这是电感元件的一个重要性质。如果电流跃变，则要产生无穷大的电压，对实际电感线圈来说，这当然是不可能的。

当电感元件上电压与电流为非关联参考方向时，式（1-25）改写为

$$u_{\mathrm{L}}=-L\frac{\mathrm{d}i}{\mathrm{d}t} \tag{1-26}$$

3. 电感元件储存的能量

在电感元件电压和电流的关联参考方向下，任一时刻电感元件吸收的瞬时功率为

$$p(t)=u(t)i(t)=Li(t)\frac{\mathrm{d}i(t)}{\mathrm{d}t} \tag{1-27}$$

同电容一样，电感元件上的瞬时功率可正可负。当 $p>0$ 时，表明电感从电路中吸收功率，储存磁场能量；$p<0$，表明电感向电路发出功率，释放磁场能量。在 $\mathrm{d}t$ 时间内，电感元件吸收的能量为

$$\mathrm{d}W(t)=p(t)\mathrm{d}t=Li(t)\mathrm{d}i(t) \tag{1-28}$$

设 $t=0$ 时，$i(0)=0$，则从 0 到 t 的时间内，电感元件吸收的能量为

$$W_{\mathrm{L}}(t)=\int_0^t p(t)\mathrm{d}t=L\int_0^{i(t)} i(t)\mathrm{d}i(t)=\frac{1}{2}Li^2(t) \tag{1-29}$$

由式（1-29）可知，电感元件在某时刻储存的磁场能量只与该时刻电感元件的电流有关。只要电流存在，电感就储存有磁场能，并且 $W_{\mathrm{L}}\geqslant 0$。当电流增加时，电感元件从电源吸收能量，储存在磁场中的能量增加；当电流减小时，电感元件向外释放磁场能量。电感元件并不消耗能量，因此，电感元件也是一种储能元件。

在选用电感线圈时，除了选择合适的电感量外，还需注意实际的工作电流不能超过其额定电流。否则，由于电流过大，线圈发热而被烧毁。

［例 1-8］ 电感电流 $i=10\mathrm{e}^{-0.5t}\mathrm{mA}$，$L=1\mathrm{H}$，求电感上电压表达式，当 $t=0$ 时的电感电压，$t=0$ 时的磁场能量（u、i 参考方向一致）。

解 u、i 为关联参考方向时，有

$$u_{\mathrm{L}}(t)=L\frac{\mathrm{d}i}{\mathrm{d}t}=1\times\frac{\mathrm{d}10\mathrm{e}^{-0.5t}}{\mathrm{d}t}=1\times 10\times(-0.5)\mathrm{e}^{-0.5t}=-5\mathrm{e}^{-0.5t}(\mathrm{mV})$$

$$u_L(0)=-5(\text{mV})$$

$$W_L(0)=\frac{1}{2}Li^2(0)=\frac{1}{2}\times1\times100\times10^{-6}=5\times10^{-5}(\text{J})$$

1.4.4　理想电源

蓄电池是一种常见的电源，它多用于汽车、电力机车、应急灯等，图 1-34 是汽车照明灯的电气原理图。其中，R_A、R_B 是一对汽车照明灯；S 是开关；U_S 是 12V 的蓄电池。

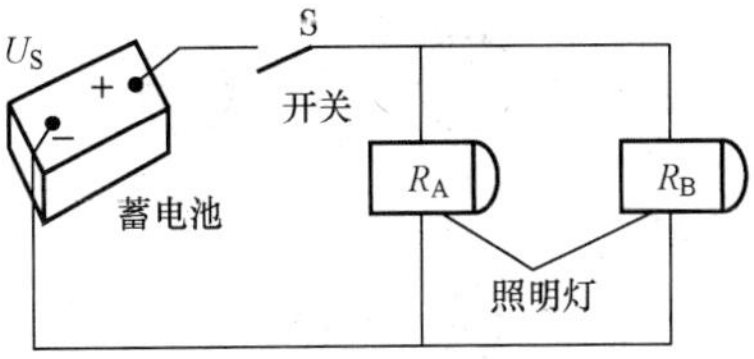

图 1-34　汽车照明灯的电气图

常见的电源还有发电机、干电池和各种信号源。凡是向电路提供能量或信号的设备称为电源。电源有两种类型，其一为电压源，其二为电流源。电压源的电压不随其外电路变化而变化，电流源的电流不随其外电路变化而变化，因此，电压源和电流源总称为独立电源，简称独立源。

1. 理想电压源

电池是人们日常使用的一种电压源，它有时可以近似地用一个理想电压源来表示。理想电压源简称电压源，它是这样一种理想二端元件：它的端电压总可以按照给定的规律变化而与通过它的电流无关。

常见的电压源有交流电压源和直流电压源。电压源的图形符号如图1-35所示。图 1-35（a）、（c）表示直流电压源，图 1-35（b）表示交流电压源。

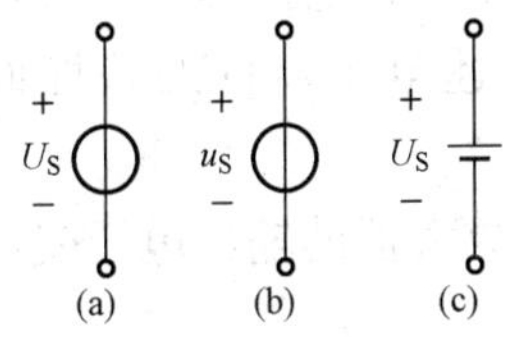

图 1-35　电压源的图形符号

理想电压源具有以下两个特点：

1）无论它的外电路如何变化，它两端的输出电压为恒定值 U_S，或为一定时间的函数 $U_S(t)$。

2）通过电压源的电流虽是任意的，但仅由它本身是不能决定的，还取决于与之相连接的外部电路，有时甚至完全取决于外电路。

图 1-36 给出了直流电压源的伏安特性，它是一条与横轴平行的直线，表明其端电压与电流的大小无关。

由于实际电源的功率有限，而且存在内阻，因此恒压源是不存在的，它只是理想化模型，只有理论上的意义。

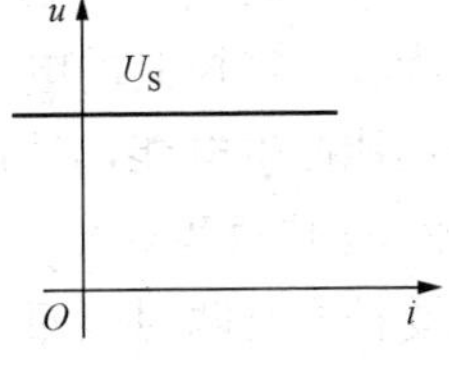

图 1-36　直流电压源的伏安特性

2. 理想电流源

理想电流源简称为电流源。电流源是这样一种理想二端元件：电流源发出的电流总可以按照给定的规律变化而与其端电压无关。

常见的电流源有交流电流源和直流电流源。电流源的图形符号如图 1-37 所示。图1-37（a）表示直流电流源，图1-37（b）表示交流电流源。

电流源有以下两个特点：

1）无论它的外电路如何变化，它的输出电流为恒定值 I_S，或为一定时间的函数 $i_S(t)$。

2）电流源两端的电压虽是任意的，但仅由它本身是不能决定的，还取决于与之相连接的外部电路，有时甚至完全取决于外电路。

直流电流源的伏安特性如图 1-38 所示，它是一条以 I 为横坐标且垂直于 I 轴的直线，表明其端电压由外电路决定，不论其端电压为何值，直流电流源输出电流总为 I_S。

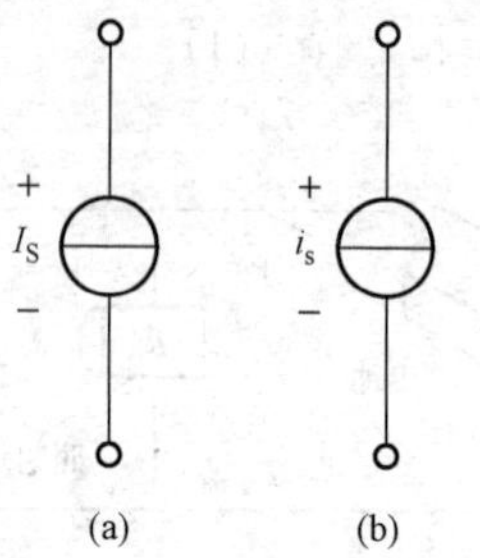

图 1 - 37　电流源的图形符号

（a）直流电流原；（b）交流电流源

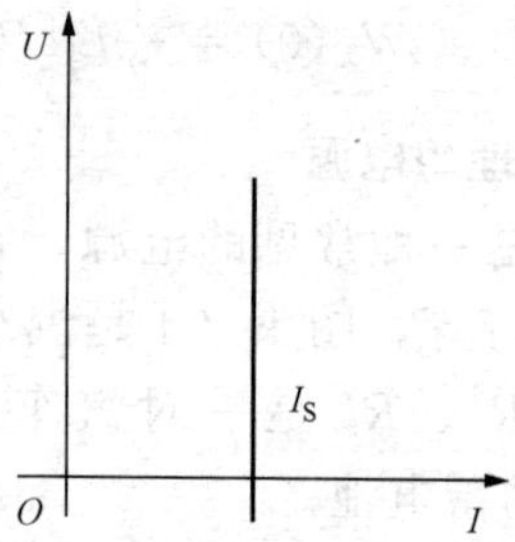

图 1 - 38　直流电流源的伏安特性

恒流源是理想化模型，现实中并不存在。实际的恒流源一定有内阻，且功率总是有限的，因而产生的电流不可能完全输出给外电路。

1.4.5　受控源

1. 受控源的概念

前面提到的电源如发电机、电池等，由于能独立地为电路提供能量，所以被称为独立电源，即电压源的电压和电流源的电流是一固定值或是一固定的时间函数，不受其他电流或电压的控制。另外，在电子电路中还会遇到另一种类型的电源：它的输出具有理想电源的特性，但电压源的电压和电流源的电流受电路中其他部分的电压或电流的控制，这种电源称为受控电源，又称非独立电源。受控电源是为了描述电子器件的特性而提出的电路元件模型。

此外，例如晶体管的集电极电流受到基极电流的控制，运算放大器的输出电压受到输入电压的控制，这类器件的电路模型要用到受控电源。

需要注意的是，受控源和独立源虽然同为电源，但它们有本质区别。独立源在电路中直接起“激励”作用，这样才能在电路中产生电压和电流（即响应），并能独立地向电路提供能量和功率；而受控源不能直接起到激励的作用，不能独立地产生响应，它的电压或电流要受到电路中其他电压或电流的控制。控制量存在，则受控源存在；当控制量为零时，则受控源也为零。当控制的电压或电流方向改变时，受控电源的电压或电流方向也将随之改变。受控源不能产生电能，其输出的能量和功率是由独立源提供的。

2. 受控源的分类

受控源有两对端钮：一对为输入端钮，输入控制量，用以控制输出电压或电流；另一对为输出端钮，输出受控电压或电流，所以受控源是一个二端口元件。为了区别于独立源符号，受控源在电路中用菱形符号表示。

根据控制量是电压还是电流，受控的是电压源还是电流源，受控源分为四种：电压控制电压源（VCVS）、电压控制电流源（VCCS）、电流控制电压源（CCVS）、电流控制电流源（CCCS）。它们的电路符号分别如图 1 - 39（a）、（b）、（c）、（d）所示。其中 μ 为电压放大系数，g 为转移电导，γ 为转移电阻，β 为电流放大系数。这四个系数为常数时，受控制量与控制量成正比，这种受控源称为线性受控源；否则，称为非线性受控源。

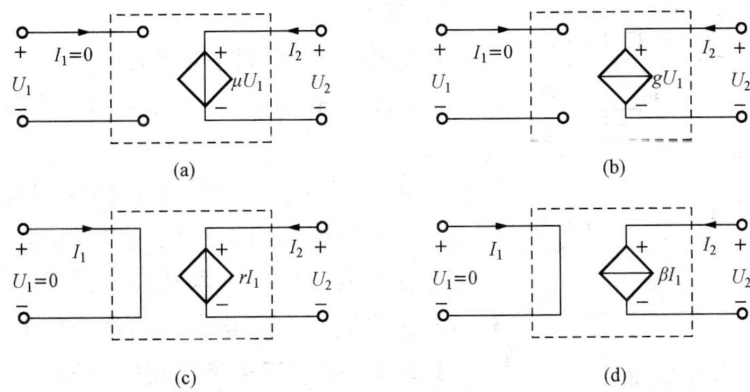

图 1 - 39　四种受控源

(a) VCVS　$U_2=\mu U_1$；(b) VCCS　$I_2=gU_1$；

(c) CCVS　$U_2=rI_1$；(d) CCCS　$I_2=\beta I_1$

思考题

1.4.1　电阻、电感、电容这 3 种元件中，哪些是耗能元件？哪些是储能元件？

1.4.2　若 $U_{ab}=-5V$，试问 a、b 两点哪点电位高？

1.4.3　某电压源测得开路电压为 8V，短路电流为 16A，求电源参数。

1.4.4　在判断受控电源类型时，主要从看它的控制量，而与图形符号无关。这句话对吗？为什么？

1.5　基尔霍夫定律

电路作为由元件互联所形成的整体，有其应服从的约束关系，这就是基尔霍夫定律。基尔霍夫定律是电路中电压和电流所遵循的基本规律，是分析计算电路的基础。它包括两方面的内容，其一是基尔霍夫电流定律，简写为 KCL 定律，其二是基尔霍夫电压定律，简写为 KVL 定律。它们与构成电路的元件性质无关，仅与电路的连接方式有关。

1.5.1　几个相关的电路名词

为了叙述问题方便，在具体讨论基尔霍夫定律之前，首先以图 1 - 40 为例，介绍电路模型图中的四个常用术语。

1. 支路

电路中每一段不分叉且至少包含一个电路元件的电路，称为支路。一个或几个二端元件首尾相连中间没有分岔，使各元件上通过的电流相等，就是一条支路。如图 1 - 40 中 ab、ad、aec、bc、bd、cd 都是支路。其中支路 ad、aec、cd 中含有电源，称为有源支路（或含源支路）；支路 ab、bc、bd 中没有电源，称为无源支路。

2. 节点

电路中三条或三条以上支路的连接点称为节点，例如，图 1 - 40 中的 a、b、c、d 都是节点，而 e 不是节点。

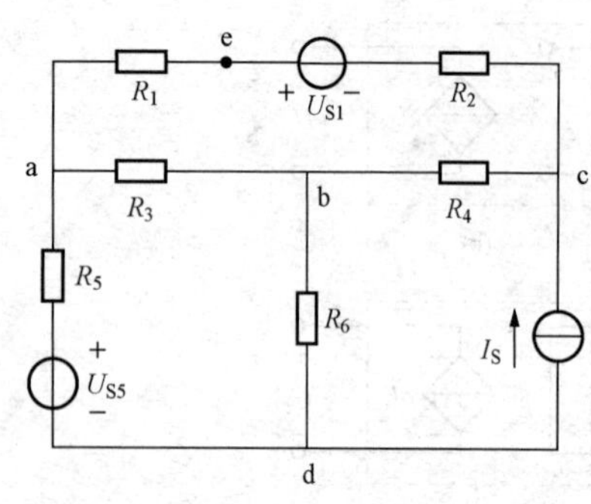

图 1 - 40 电路举例

3. 回路

电路中任一闭合路径称为回路。例如，图 1 - 40 中 abda、bcdb、abcda、aecda、aecba 等都是回路。

4. 网孔

回路内部不包含其他支路的回路称为网孔。例如，图 1 - 40 中回路 aecba、abda、bcdb 都是网孔，而其余回路不是网孔。因此，网孔一定是回路，但回路不一定是网孔。在同一个电路中，网孔个数小于回路个数。

1.5.2 基尔霍夫电流定律（KCL）

基尔霍夫电流定律是描述电路中任一节点所连接的各支路电流之间的相互约束关系。基尔霍夫电流定律指出：在电路中，任一时刻对电路中的任一节点，在任一瞬间，流出或流入该节点电流的代数和为零，简称 KCL。

若规定流出节点的电流为正，流入为负，在直流的情况下

$$\sum I = 0 \tag{1-30}$$

对于交变电流，则有

$$\sum i = 0 \tag{1-31}$$

例如，在图 1 - 41 所示的电路中，各支路电流的参考方向已选定并标于图上，对节点 a，KCL 可表示为

$$I_1 - I_2 - I_3 + I_4 = 0 \tag{1-32}$$

式（1 - 32）也可以改写为

$$I_2 + I_3 = I_1 + I_4 \tag{1-33}$$

其中，I_2、I_3 为流入节点的电流，I_1、I_4 为流出节点的电流。

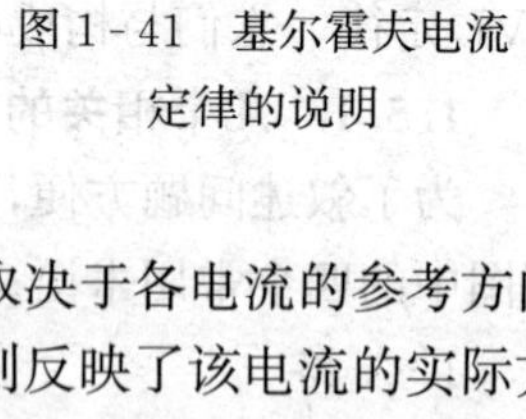

因此，基尔霍夫电流定律的还有另一种表述，即在电路中，任一时刻流入一个节点的电流之和等于从该节点流出的电流之和。它是根据电流的连续性原理，即电路中任一节点，在任一时刻均不能堆积电荷的原理推导来的。数学式表示为

$$\sum I_{\rm i} = \sum I_{\rm o} \tag{1-34}$$

式（1 - 34）中，I_i 为流入节点的电流，I_o 为流出节点的电流。

图 1 - 41 基尔霍夫电流定律的说明

通常把式（1 - 32）～式（1 - 34）称为节点电流方程，简称为 KCL 方程。

应当指出：在列写节点电流方程时，各电流变量前的正、负号取决于各电流的参考方向对该节点的关系（是“流入”还是“流出”）；而各电流值的正、负则反映了该电流的实际方向与参考方向的关系（是相同还是相反）。通常规定，对参考方向背离（流出）节点的电流取正号，而对参考方向指向（流入）节点的电流取负号。

［例 1 - 9］ 图 1 - 42 所示电路中，在给定的电流参考方向下，已知 $I_1=3\text{A}$、$I_2=5\text{A}$、$I_3=-18\text{A}$、$I_5=9\text{A}$，电流 I_6 及 I_4。

解 对节点 a，根据 KCL 定律可知

$$-I_1 - I_2 + I_3 + I_4 = 0$$

则

$$I_4 = I_1 + I_2 - I_3 = (3+5+18) = 26(\text{A})$$

对节点 b，根据 KCL 定律可知：

$$-I_4-I_5-I_6=0$$

则 $I_6=-I_4-I_5=(-26-9)=-35(\text{A})$

KCL 定律不仅适用于电路中的节点，还可以推广应用于电路中的任一假设的封闭面。即在任一瞬间，通过电路中的任一假设的封闭面的电流的代数和也为零。通常把这个封闭的面叫做“广义节点”。

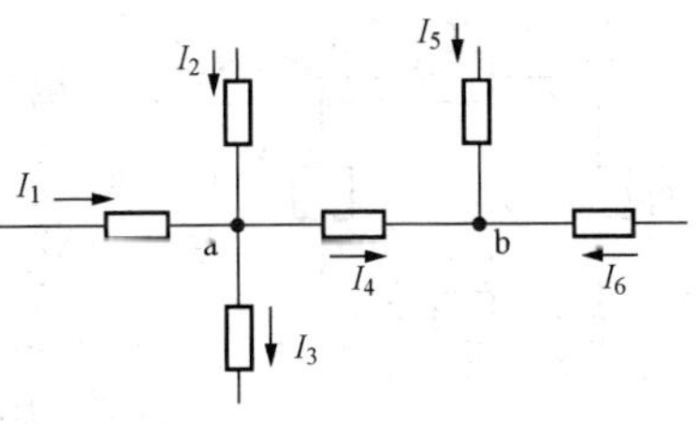

图 1-42　[例 1-9] 图

例如，图 1-43 所示为某电路中的一部分，选择封闭面如图中虚线所示，在所选定的参考方向下有：

$$I_1-I_2-I_3-I_5+I_6+I_7=0$$

[例 1-10]　已知 $I_1=6\text{A}$、$I_6=4\text{A}$、$I_7=-9\text{A}$，试计算图 1-44 所示电路中的电流 I_8。

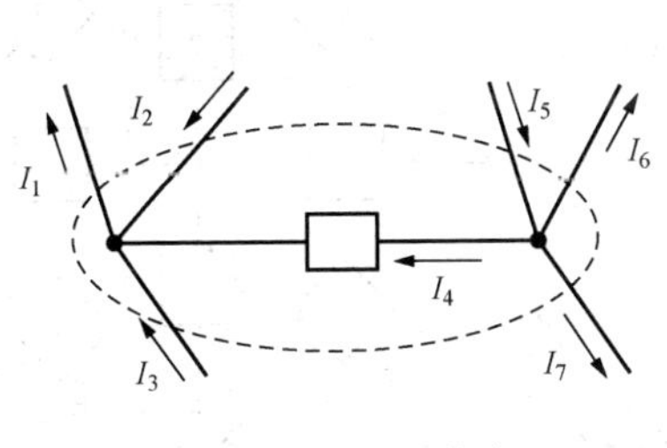

图 1-43　KCL 推广

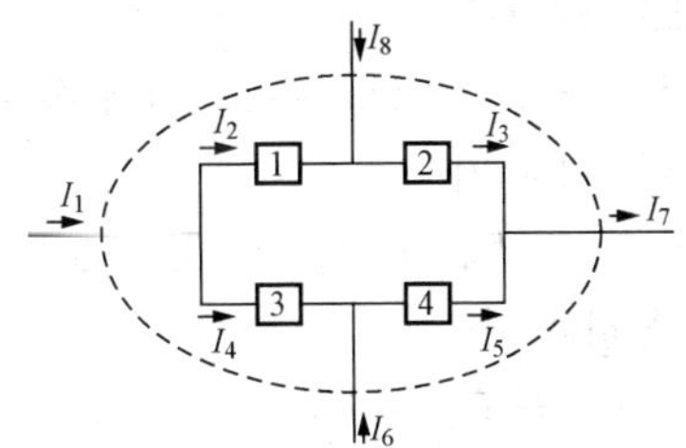

图 1-44　[例 1-10] 图

解　在电路中选取一个封闭面，如图中虚线所示，根据 KCL 定律可知：

$$-I_1-I_6+I_7-I_8=0$$

则

$$I_8=-I_1-I_6+I_7=(-6-4-9)=-19(\text{A})$$

1.5.3　基尔霍夫电压定律（KVL）

基尔霍夫电压定律是描述电路中组成任一回路的各支路（或各元件）电压之间的约束关系。基尔霍夫电压定律指出：在任一时刻，在电路中沿任一回路绕行一周，回路中所有电压降的代数和等于零，简称 KVL。它是根据能量守恒定律推导来的，也就是说，当单位正电荷沿任一闭合路径移动一周时，其能量不改变。

对于直流电压，基尔霍夫电压定律的数学表达式为

$$\sum U=0 \tag{1-35}$$

对于交变电压，则有

$$\sum u=0 \tag{1-36}$$

通常把式（1-35）、式（1-36）称为回路电压方程，简称为 KVL 方程。

在列写回路电压方程时，首先要对回路选取一个回路“绕行方向”，各电压变量前的正、负号取决于各电压的参考方向与回路“绕行方向”的关系（是相同还是相反）；而各电压值的正、负则反映了该电压的实际方向与参考方向的关系（是相同还是相反）。通常规定，对参考方向与回路“绕行方向”相同的电压取正号，同时对参考方向与回路“绕行方向”相反的电压取负号。回路“绕行方向”是任意选定的，通常在回路中以虚线表示。

例如，图 1-45 所示为某电路中的一个回路 ABCDA，各支路的电压在选择的参考方向下为 u_1、u_2、u_3、u_4，因此，在选定的回路“绕行方向”下有

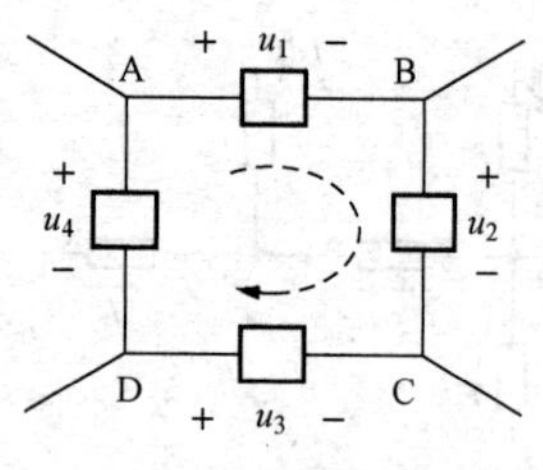

图 1-45 基尔霍夫电压定律的说明

$$u_1+u_2-u_3-u_4=0$$

另一方面，还可以写成

$$u_1+u_2=u_3+u_4 \tag{1-37}$$

式（1-37）表明，电路中两点间的电压值是确定的。例如，从 A 点到 C 点的电压，无论沿路径 ABC 还是沿路径 ADC，两节点间的电压值是相同的（$u_1+u_2=u_3+u_4$），也就是说两点间电压与路径的选择无关。

［例 1-11］ 试求图 1-46 所示电路中元件 3、4、5、6 的电压。

解 在回路 cdec 中

$$U_5=U_{cd}+U_{de}=-(-5)-1=4(\text{V})$$

在回路 bedcb 中

$$U_3=U_{be}+U_{ed}+U_{dc}=3+1+(-5)=-1(\text{V})$$

在回路 debad 中

$$U_6=U_{de}+U_{eb}+U_{ba}=-1-3-4=-8(\text{V})$$

在回路 abea 中

$$U_4=U_{ab}+U_{be}=4+3=7(\text{V})$$

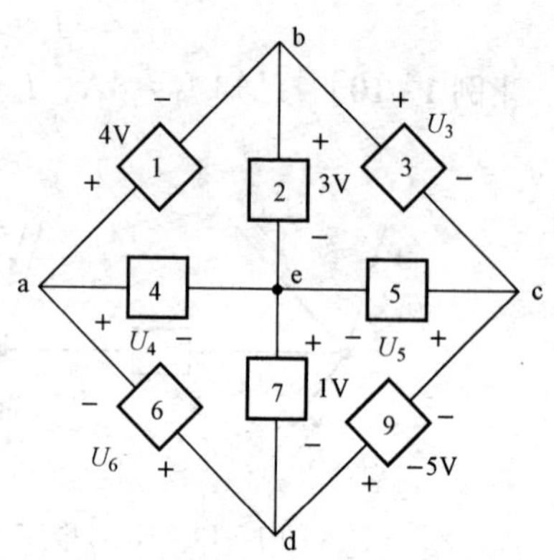

图 1-46 ［例 1-11］图

基尔霍夫电压定律不仅可以用在任一闭合回路，还可推广到任一不闭合的电路上，但要将开口处的电压列入方程。如图 1-47 所示电路，在 a、b 点处没有闭合，沿绕行方向一周，根据 KVL，则有

$$I_1R_1+U_{S1}-U_{S2}+I_2R_2-U_{ab}=0 \tag{1-38}$$

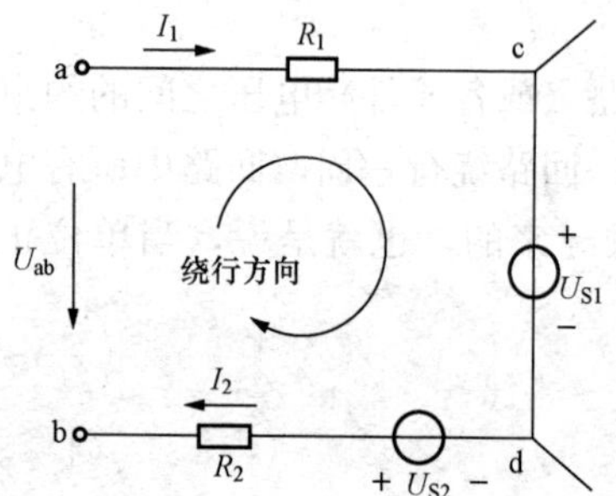

图 1-47 基尔霍夫电压定律的推广

或

$$U_{ab}=I_1R_1+U_{S1}-U_{S2}+I_2R_2 \tag{1-39}$$

由此可得到任何一段含源支路的电压和电流的表达式。一个不闭合电路开口处从 a 到 b 的电压降 U_{ab} 应等于由 a 到 b 路径上全部电压的代数和。

［例 1-12］ 一段有源支路如图 1-48 所示，已知 $E=12\text{V}$，$U=8\text{V}$，$R=5\Omega$，设电流参考方向如图所示，求 I 为多少？

解 这一段含源支路可看成是一个不闭合回路，开口处可看成是一个电压大小为 U 的电压源，那么根据 KVL，选择顺时针绕行方向，可得

$$E+RI-U=0$$

或 U 应等于路径上全部电压降的代数和，得

$$U=E+RI$$

所以

$$I=\frac{U-E}{R}=\frac{8-12}{5}=-0.8(\text{A})$$

电流为负值，说明其实际方向与图中参考方向相反。

[例 1-13]　如图 1-49 所示的电路中，已知 $R_1=20\text{k}\Omega$，$R_2=40\text{k}\Omega$，$U_{S1}=12.6\text{V}$，$U_{S2}=11.4\text{V}$，$U_{AB}=-0.6\text{V}$。试求电流 I_1、I_2 和 I_3。

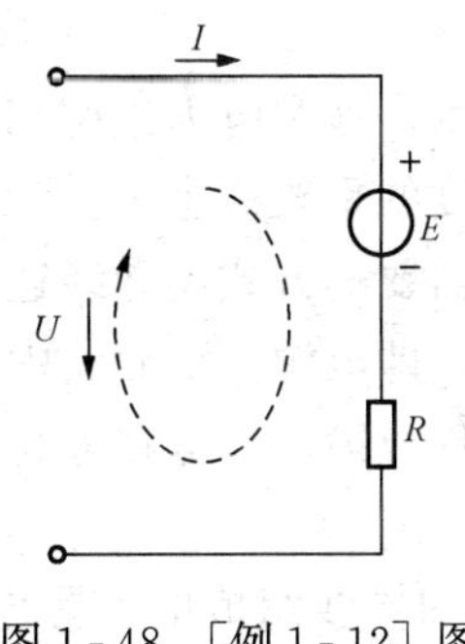

图 1-48　[例 1-12] 图

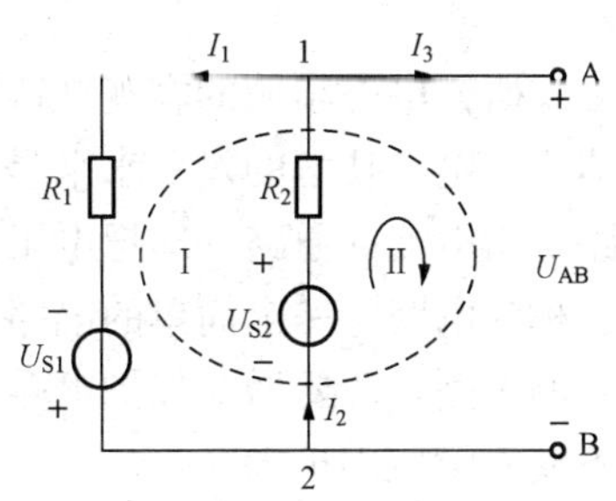

图 1-49　[例 1-13] 图

解　对回路Ⅰ应用基尔霍夫电压定律得

$$U_{AB}+U_{S1}-R_1I_1=0$$

即

$$-0.6+12.6-20I_1=0$$

故

$$I_1=0.6\text{mA}$$

对回路Ⅱ应用基尔霍夫电压定律得

$$U_{AB}-U_{S2}+I_2R_2=0$$

即

$$-0.6-11.4+40I_2=0$$

故

$$I_2=0.3\text{mA}$$

对节点 1 应用基尔霍夫电流定律得

$$-I_1+I_2-I_3=0$$

即

$$-0.6+0.3-I_3=0$$

故

$$I_3=-0.3\text{mA}$$

思考题

1.5.1　列写节点电流方程或回路电压方程是否可以不标注电流或电压的参考方向？

1.5.2　在图 1-50 所示电路中，已知 $I_1=6\text{A}$，$I_2=9\text{A}$，则 $I_3=$？

1.5.3　在图 1-51 所示电路中，已知 $U_S=3\text{V}$，$I_S=2\text{A}$，求 a、b 两点间的电压是多少？

1.5.4　在图 1-52 所示电路中，流过电压源的电流 I 是多少？

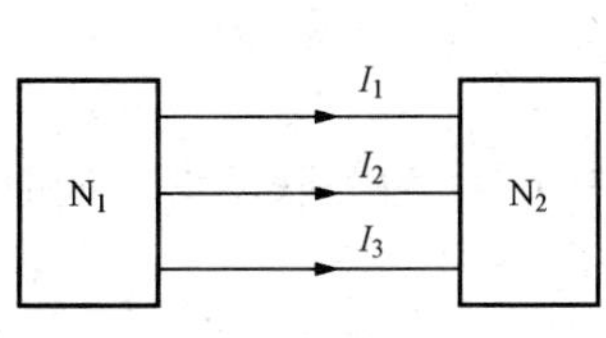

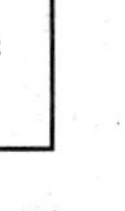

图 1-50　[思考题 1.5.2] 图

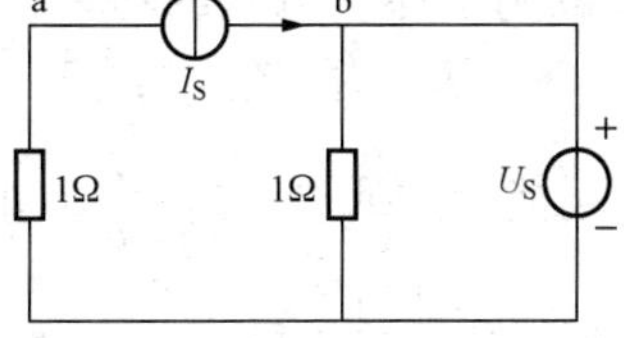

图 1-51　[思考题 1.5.3] 图

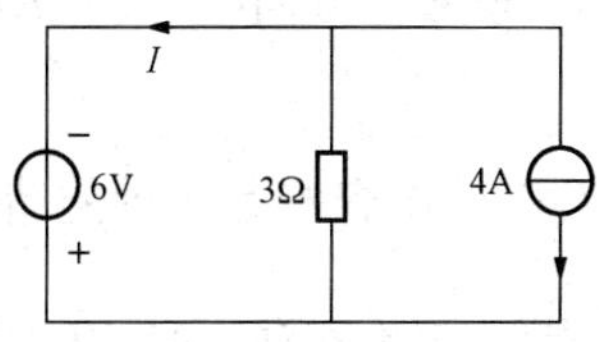

图 1-52　[思考题 1.5.4] 图

1.5.5　基尔霍夫电流定律可以应用于任一时刻的任一闭合曲线和任一闭合曲面，对吗？

1.5.6　基尔霍夫电流定律仅适合于线性电路，对吗？

本章小结

（1）电工是研究电磁领域的客观规律及其应用的科学技术，涉及电力生产和电工制造两大工业生产体系。电工技术的发展水平是衡量社会现代化程度的重要标志。

（2）电路是指电流的通路，即把电工或电子元器件按照需要的方式用导线连接起来组成电流的通路，称为电路。一个简单的电路至少由三部分组成，即电源、负载、中间环节。如果是功能复杂的电路，还要增加保护电路，以保证当电路出现故障时，电路停止工作，保护电路本身，不使故障范围扩大。

（3）电路理论不是指研究实际电路的电路元器件和实际的导线组成的实际电路的理论，而是研究由理想元器件构成的电路模型的分析方法的理论。经过了简化处理的元器件称为理想元器件。由理想元器件和理想导线组成的电路称为理想电路或电路模型。为简单起见，把电路理论中所谓的由各种理想元器件组成的理想电路或电路模型都省去“理想”二字，通称电路。

（4）电流、电压和电功率。电路中的主要物理量是指电流、电压和电功率。指定电路中电流或电压的参考方向是分析电路时必需的。只有指定了电路中的参考方向，电流和电压值的正与负才有意义。当参考方向和实际方向一致时为正，反之为负。

1）在计算电流时，电流的参考方向一般用实线箭头表示，电流的实际方向一般用虚线箭头表示。在计算电压时，电压的参考方向一般用“+”“−”极性表示。

2）电位与电压是分析电路时经常遇到的两个不同的物理量。电路中某点的电位是指参考点和该点之间的电压值。电路中的电压是指电路中两点之间的电位差。

3）在U与I为关联参考方向时，电功率$P=UI$，并且$P>0$表示元件吸收（或消耗）功率，$P<0$表示元件输出（或提供）功率。

（5）电路的工作状态：电路有开路、短路和有载三种工作状态。

开路是指电源与负载没有构成闭合路径，此时电路中的电流为零。

短路是指电源未经负载而直接通过导线接成闭合路径。短路时电流很大，严重时会烧毁电源。

有载工作状态时电源与负载构成闭合通路。

（6）元件的约束关系。

1）电阻R是反映元件对电流有一定阻碍作用的一个参数，线性电阻在电压u与电流i为关联参考方向时有$u=Ri$，即欧姆定律。电阻的功率

$$p=ui=Ri^2=Gu^2$$

2）电容C是一种能储存电场能量的元件，$C=\frac{q}{u}$。电容C在u、i为关联参考方向时$i=C\frac{\mathrm{d}u}{\mathrm{d}t}$。电容在任一时刻储存的能量$W_C=\frac{1}{2}Cu^2$。

3）电感L是一种能储存磁场能量的元件，$L=\frac{\psi}{i}$。电感L在u、i为关联参考方向时$u=L\frac{\mathrm{d}i}{\mathrm{d}t}$。电感在任一时刻储存的能量$W_L=\frac{1}{2}Li^2$。

4）人们平常使用的电池在其内部电阻很小可以忽略不计时，在电路中可以用理想电压源代替，其输出电压 U 等于电池的电动势 E。理想电压源简称为电压源，又称为恒压源。

直流理想电压源是一个二端元件，它的端电压是一固定值，用 U_S 表示，通过它的电流由外电路决定。

5）电流源的特点和电压源相似。理想电流源简称为电流源，又称为恒流源。电流源的输出电流大小和外电路负载大小无关，输出电压不是定值。输出端接有电阻时，符合欧姆定律。直流理想电流源是一个二端元件，它向外电路提供一恒定电流，用 I_S 表示，它的端电压由外电路决定。

受控电压源的电压和受控电流源的电流是受电路中其他部分的电流或电压控制的，当控制的电压或电流等于零或不存在时，受控电压源的电压或受控电流源的电流也等于零。受控源可以是电压源，也可以是电流源。受控源可以受电压控制，也可以受电流控制。

受控源分为电压控制电压源（VCVS）、电流控制电压源（CCVS）、电压控制电流源（VCCS）及电流控制电流源（CCCS）四种。

（7）电路互联的约束关系。基尔霍夫定律是分析电路的最基本定律，它贯穿整个电路。

1）KCL 是对电路中任一节点而言的，运用 KCL 方程 $\sum I=0$ 时，应事先选定各支路电流的参考方向，规定流入节点的电流为正（或为负），流出节点的电流为负（或为正）。

2）KVL 是对电路中任一回路来讲的，运用 KVL 方程 $\sum U=0$ 时，应事先选定各元件上电压参考方向及回路绕行方向，规定当电压方向与绕行方向一致时取正号，否则取负号。

3）基尔霍夫定律的应用。基尔霍夫定律的应用，是分析、计算复杂电路的一种最基本方法。

习　题

1.1　填空题：

1. 电路主要由__________、__________、__________三个基本部分组成。

2. 表征电流强弱的物理量叫__________，简称__________。电流的方向规定为__________电荷定向移动的方向。

3. 电压是衡量电场__________本领大小的物理量，电路中某两点的电压等于__________。

4. 已知 $U_{AB}=10V$，若选 A 点为参考点则 $V_A=$__________V，$V_B=$__________V。

5. 电路中两点间的电压就是两点间的__________之差，电压的实际方向是从__________点指向__________点。

6. 电流在单位时间内所做的功叫__________。

7. 导线的电阻是 10Ω，对折起来作为一根导线用，电阻变为__________Ω；若把它均匀拉长为原来的 2 倍，电阻变为__________Ω。

8. 电路的运行状态一般分为__________、__________、__________。

9. 基尔霍夫电压定律简称为__________，其内容为：在任一时刻，沿任一__________各段电压的__________恒等于零其数学表达式为__________。

10. 基尔霍夫第一定律的数学表达式为__________，也叫__________定律，其内容为在任一时刻，对于电路中任一节点的________恒等于零，用公式表示为________。

11. 基尔霍夫定律的适用范围是________。

12. 1 度电＝________ kWh。

1.2　判断题：

1. 电路图上标出的电压、电流方向是实际方向。（　　）
2. 电路图中参考点改变，任意两点间的电压也随之改变。（　　）
3. 电路图中参考点改变，各点电位也随之改变。（　　）
4. 一个实际的电压源，不论它是否接负载，电压源端电压恒等于该电源电动势。（　　）
5. 当电阻上的电压和电流参考方向相反时，欧姆定律的形式为 $U=-IR$。（　　）
6. 一段有源支路，当其两端电压为零时，该支路电流必定为零。（　　）
7. 如果选定电流的参考方向为从标有电压“＋”端指向“－”端则称电流与电压的参考方向为关联参考方向。（　　）
8. 电阻小的导体，电阻率一定小。（　　）
9. 线性电阻元件的伏安特性是通过坐标原点的一条直线。（　　）
10. 任何时刻电阻元件绝不可能产生电能，而是从电路中吸取电能，所以电阻元件是耗能元件。（　　）
11. 电压源、电流源在电路中总是提供能量的。（　　）
12. 负载在额定功率下的工作状态叫满载。（　　）
13. 回路就是网孔，网孔就是回路。（　　）
14. 在一段无分支电路上，不论沿线导体的粗细如何，电流都是处处相等。（　　）
15. 基尔霍夫电压定律的表达式为 $\sum U=0$，它只与支路端电压有关，而与支路中元件的性质无关。（　　）

1.3　图 1 - 53 所示电路中，已知 $U_{AC}=5V$，$U_{BC}=2V$，若分别以 A 和 B 作参考点电位，求 A、B、C 三点的电位及 U_{BA}。

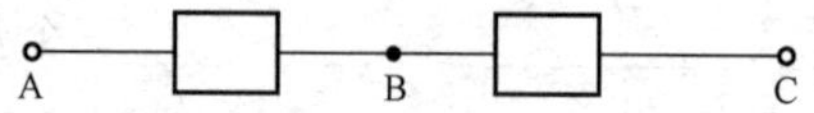

图 1 - 53　［习题 1.3］图

1.4　图 1 - 54 中，所标的是各元件电压、电流的参考方向。求各元件功率，并判断它是耗能元件还是电源。

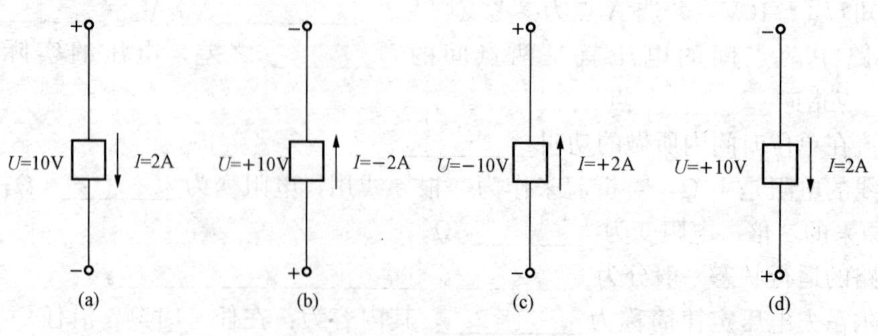

图 1 - 54　［习题 1.4］图

1.5　求图 1-55 中电压 U_{ab}，并指出电流和电压的实际方向。已知电阻 $R=5\Omega$。

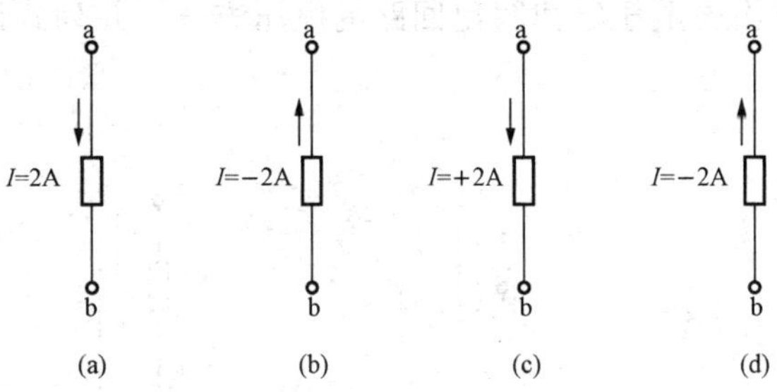

图 1-55 ［习题 1.5］图

1.6　求图 1-56 电路中的未知电流。

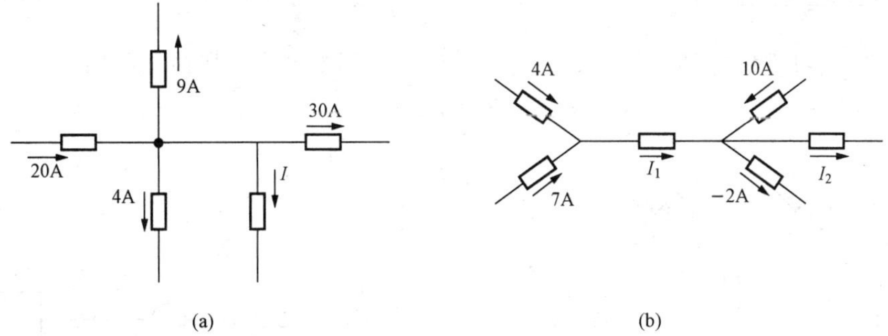

图 1-56 ［习题 1.6］图

1.7　题图 1-57 中，已知 $I_1=10\text{mA}$，$I_2=-15\text{mA}$，$I_5=20\text{mA}$，求电路中其他电流的值。

1.8　在题图 1-58 中，已知 $I_1=-2\text{mA}$，$I_2=1\text{mA}$。试确定电路元件 3 中的电流 I_3 及其两端电压 U_3，并说明它是电源还是负载。

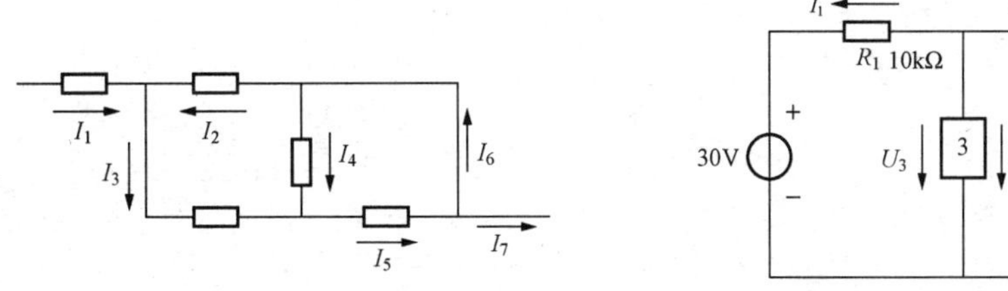

图 1-57 ［习题 1.7］图　　图 1-5

1.9　图 1-59 所示电路中，根据 KCL 列出方程，有几个

有的网孔方程。

1.10　求图 1-60 中各有源支路中的未知量。

1.11　如图 1-61 所示，表示一电桥电路，已知 $I_1=50\text{mA}$

求其余各电阻中的电流。

1.12 如图 1-62 所示，N 为二端网络，其两端电压降为U，其余各支路电流的参考方向如图所示，试用基尔霍夫电压定律写出回路的电压方程，并列式说明I_2、I_3、I_4之间的关系。

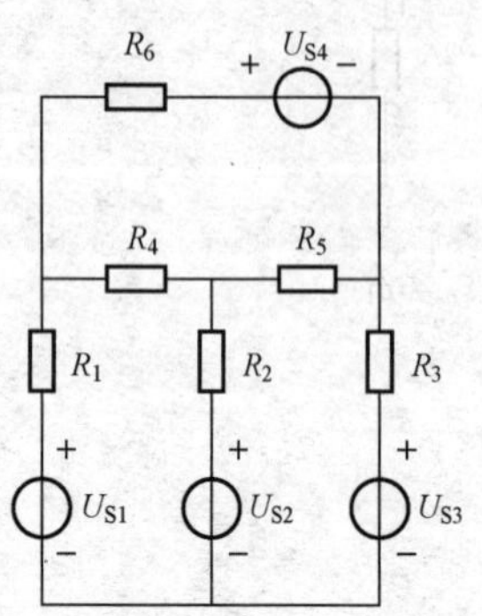

图 1-59 ［习题 1.9］图

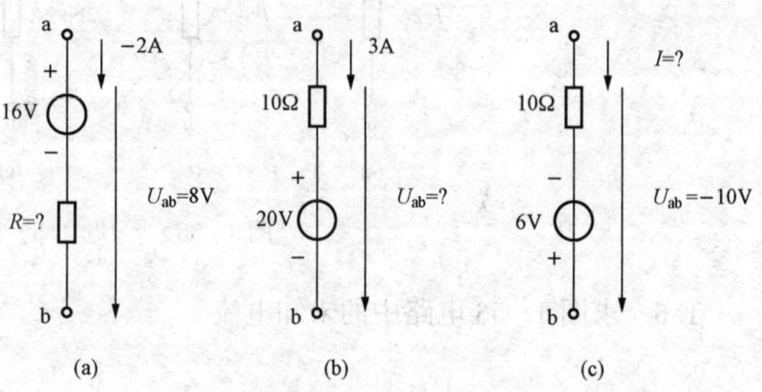

图 1-60 ［习题 1.10］图

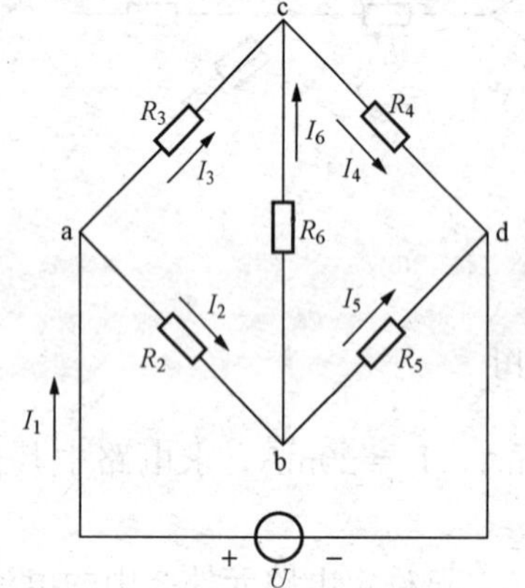

图 1-61 ［习题 1.11］图

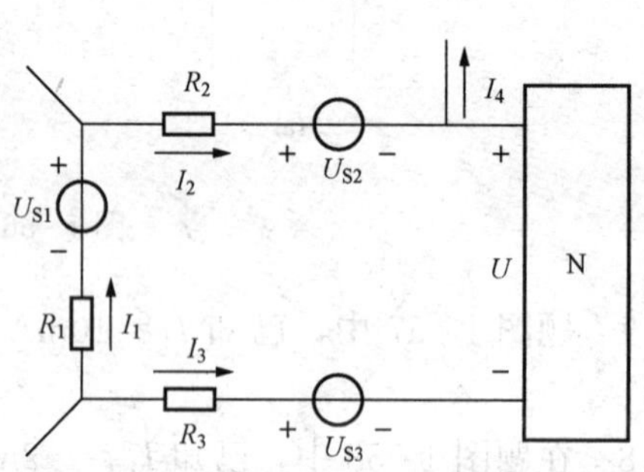

图 1-62 ［习题 1.12］图

2 电路的分析方法

【本章提要】 本章主要介绍电路的基本分析方法。通过电路的等效变换，可以将一个复杂电路变换为简单电路，这种方法包括无源电路的等效变换和有源电路的等效变换法。支路电流法、节点电压法、叠加定理、戴维南定理等方法可以在不改变电路结构的情况下建立电路变量的方程，是用来解决各种电路的几种基本方法。需要指出的是这些方法和定理虽然是在直流电路中引出的，但也适用于交流电路。

2.1 电阻的串并联及其等效变换

在电路分析中，可以把由多个元件组成的电路作为一个整体看待。若这个整体只有两个端钮与外电路相连，则称为二端网络或单口网络。二端网络的一般符号如图 2-1 所示。二端网络的端组电流称为端口电流；两个端组之间的电压称为端口电压。

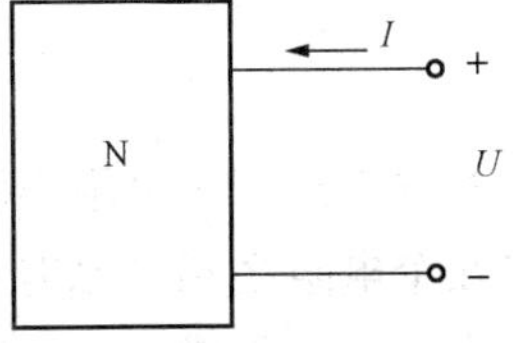

图 2-1 二端网络的符号

为了简化复杂电路的分析和计算，在电路分析中常用到等效变换的方法将复杂电路变换为一个简单电路。所谓等效，是对外部电路而言的，即用化简后的电路代替原复杂电路后，它对外电路的作用效果不变。因此，等效电路的含义为：如果具有不同内部结构的二端网络的两个端子对外部电路有完全相同的电压和电流，则称它们是等效的。下面介绍电路分析中常用到的电阻的串并联及其等效变换。但要注意的是，若要求被代替的那部分电路中的电压和电流时，必须回到原电路中求。

在电路中，串联和并联是电阻常见的两种连接方式。在进行电路分析时，往往用一个等效电阻来代替，从而达到简化电路组成、减少计算量的目的。下面讨论串、并联电路的分析以及等效电阻的计算和应用。

2.1.1 电阻的串联

1. 定义

两个或两个以上电阻首尾相连，中间没有分支，各电阻流过同一电流的连接方式，称为电阻的串联。如图 2-2（a）为三个电阻串联电路。

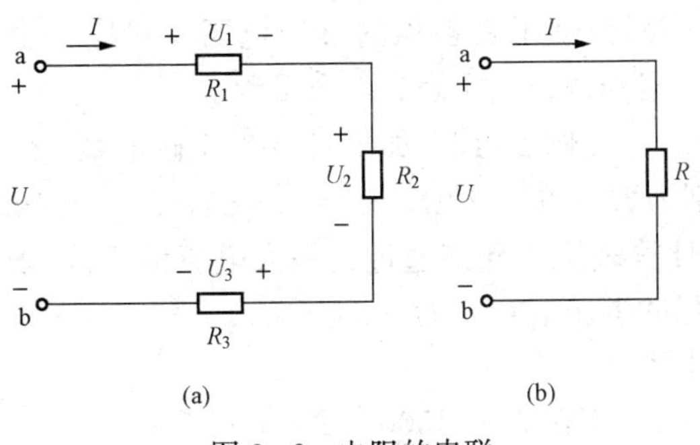

图 2-2 电阻的串联

2. 串联电路的等效电阻

如图 2-2（a）所示电路，根据 KVL 和欧姆定律，可列出

$$U = U_1 + U_2 + U_3 = IR_1 + IR_2 + IR_3 = I(R_1 + R_2 + R_3) \quad (2-1)$$

图 2-2（b），根据欧姆定律，可列出

$$U = IR \quad (2-2)$$

两个电路等效的条件是具有完全相同的伏安特性，即式（2-1）与式（2-2）完全一致，由此可得

$$R = R_1 + R_2 + R_3 \tag{2-3}$$

式中 R 称为串联等效电阻。

推广到一般情况：n 个电阻串联等效电阻等于各个电阻之和。即

$$R = \sum_{k=1}^{n} R_k \tag{2-4}$$

几个电阻串联后的等效电阻比每一个电阻都大，端口 a、b 的电压一定时，串联电阻越多，电流越小，所以串联电阻可以“限流”。

串联分压在图 2-1（a）所示电路中，流过每个电阻的电流相等，因此各电阻上的电压分别为

$$\left.\begin{aligned} U_1 &= IR_1 = \frac{U}{R_1+R_2+R_3}R_1 = \frac{R_1}{R_1+R_2+R_3}U \\ U_2 &= IR_2 = \frac{U}{R_1+R_2+R_3}R_2 = \frac{R_2}{R_1+R_2+R_3}U \\ U_3 &= IR_3 = \frac{U}{R_1+R_2+R_3}R_3 = \frac{R_3}{R_1+R_2+R_3}U \end{aligned}\right\} \tag{2-5}$$

这就是三个电阻串联时的分压公式，推广到多个电阻串联，分压公式中的“分母”就是这几个电阻之和（总电阻），哪个电阻分到多少电压，“分子”就对应哪个电阻。这说明分压的大小与电阻成正比，即

$$U_1 : U_2 : U_3 : \cdots : U_n = R_1 : R_2 : R_3 : \cdots : R_n \tag{2-6}$$

同理，串联的每个电阻的功率也与它们的电阻成正比，即：

$$P_1 : P_2 : P_3 : \cdots : P_n = R_1 : R_2 : R_3 : \cdots : R_n \tag{2-7}$$

3. 应用

通常可以利用“串联分压”来扩展电压表的量程。电压表的表头所能测量的最大电压就是其量程，通常它都较小。在测量时，通过表头的电流是不能超过其量程的，否则将损坏电流表。而实际用于测量电压的多量程的电压表（例如，C30-V 型磁电系电压表）是由表头与电阻串联的电路组成，如图 2-3 所示。其中，R_g 为表头的内阻，I_g 为流过表头的电流，U_g 为表头两端的电压，R_1、R_2、R_3、R_4 为电压表各挡的分压电阻。对应一个电阻挡位，电压表有一个量程。

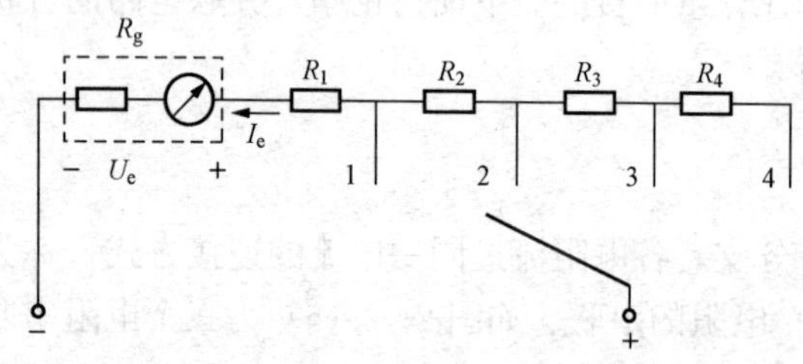

图 2-3　C30-V 型磁电系电压表电路图

［例 2-1］ 如果 C30-V 型磁电系电压表的表头的内阻 $R_g = 29.28\Omega$，各挡分压电阻分别为 $R_1 = 970.72\Omega$，$R_2 = 1.5\text{k}\Omega$，$R_3 = 2.5\text{k}\Omega$，$R_4 = 5\text{k}\Omega$；这个电压表的最大量程为 30V。试计算表头所允许通过的最大电流值 I_{gm}、表头所能测量的最大电压值 U_{gm} 以及扩展后的各量程的电压值 U_1、U_2、U_3、U_4。

解　当开关在“4”挡时，电压表的总电阻 R_i 为

$$\begin{aligned} R_i &= R_g + R_1 + R_2 + R_3 + R_4 = 29.28 + 970.72 + 1500 + 2500 + 5000 \\ &= 10\ 000(\Omega) = 10(\text{k}\Omega) \end{aligned}$$

通过表头的最大电流值 I_{gm} 为

$$I=\frac{U_4}{R_i}=\frac{30}{10}=3(\text{mA})$$

当开关在"1"挡时，电压表的量程 U_1 为

$$U_1=(R_g+R_1)I=(29.28+970.72)\times 3\text{mV}=3(\text{V})$$

当开关在"2"挡时，电压表的量程 U_2 为

$$U_2=(R_g+R_1+R_2)I=(29.28+970.72+1500)\times 3\text{mV}=7.5(\text{V})$$

当开关在"3"挡时，电压表的量程 U_3 为

$$\begin{aligned}U_3&=(R_g+R_1+R_2+R_3)I\\&=(29.28+970.72+1500+2500)\times 3\text{mV}=15(\text{V})\end{aligned}$$

表头所能测量的最大电压 U_{gm} 为

$$U_{gm}=R_{gI}=29.28\times 3\text{mV}=87.84(\text{mV})$$

由此可见，直接利用表头测量电压时，它只能测量 87.84mV 以下的电压，而串联了分压电阻 R_1、R_2、R_3、R_4 后，它就有 3、7.5、15、30V 四个量程，实现了电压表的量程扩展。以上就是利用了"串联分压"来扩大电压表的量程。

2.1.2 电阻的并联

1. 定义

两个或两个以上电阻的首尾两端分别连接在两个节点上，各电阻处于同一电压下的连接方式，称为电阻的并联。图 2-4（a）为三个电阻并联电路。

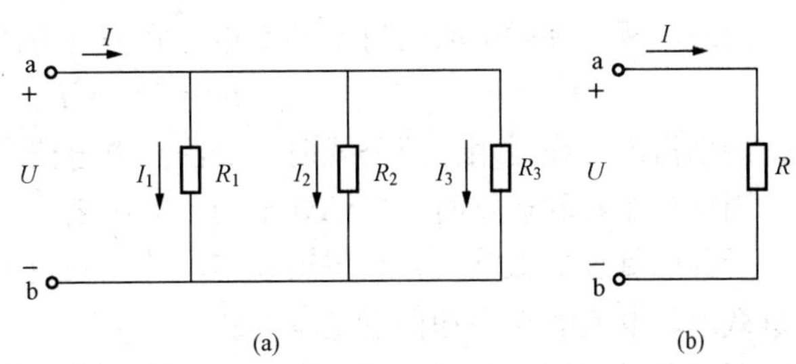

图 2-4 三个电阻的并联电路

2. 并联电路的等效电阻

如图 2-4（a）所示电路，根据 KCL 和欧姆定律，可列出

$$\begin{aligned}I&=I_1+I_2+I_3\\&=\frac{U}{R_1}+\frac{U}{R_2}+\frac{U}{R_3}=\left(\frac{1}{R_1}+\frac{1}{R_2}+\frac{1}{R_3}\right)U\end{aligned}\tag{2-8}$$

图 2-4（b），根据欧姆定律，可列出

$$I=\frac{U}{R}\tag{2-9}$$

两个电路等效的条件是具有完全相同的伏安特性，即式（2-8）与式（2-9）完全一致，由此可得

$$\frac{1}{R}=\frac{1}{R_1}+\frac{1}{R_2}+\frac{1}{R_3}\tag{2-10}$$

或

$$G=G_1+G_2+G_3\tag{2-11}$$

式中 R 称为并联等效电阻，G 称为并联等效电导。

推广到一般情况：n 个电阻并联等效电阻的倒数等于各个电阻的倒数之和，或 n 个电阻并联等效电导等于各个电导之和。即

$$\frac{1}{R}=\sum_{k=1}^{n}\frac{1}{R_k}\quad 或\quad G=\sum_{k=1}^{n}G_k\tag{2-12}$$

电阻并联通常记为

$$R_1 \parallel R_2 \parallel \cdots \parallel R_n$$

在电路计算中，通常遇到最多的情况就是两个电阻并联的，如图 2-5（a），其等效电阻如图 2-5（b），有

$$R = R_1 \parallel R_2 = \frac{R_1 R_2}{R_1 + R_2} \tag{2-13}$$

3. 并联分流

在图 2-5（a）所示电路中，两个电阻的电压相等，因此各电阻上的电流分别为

$$\left.\begin{aligned} I_1 = \frac{U}{R_1} = \frac{I\dfrac{R_1 \times R_2}{R_1 + R_2}}{R_1} = \frac{R_2}{R_1 + R_2} I \\ I_2 = \frac{U}{R_2} = \frac{I\dfrac{R_1 \times R_2}{R_1 + R_2}}{R_2} = \frac{R_1}{R_1 + R_2} I \end{aligned}\right\} \tag{2-14}$$

这是两个电阻并联时的分流公式，这说明两个电阻并联分流的大小与电阻成反比，即

$$I_1 : I_2 = R_2 : R_1 \tag{2-15}$$

同理，两个并联电阻的每个功率也与它们的电阻成反比，即

$$P_1 : P_2 = R_2 : R_1 \tag{2-16}$$

特别指出，在运用分流公式时，要注意总电流与支路电流的参考方向。

当负载在并联运行时，它们处于同一电压之下，可以认为任何一个负载的工作情况基本上不受其他负载的影响。并联负载越多，总电阻越小，电路中的总电流和总功率越大，但每个负载上的电流和功率却保持基本不变。

通常可以利用“并联分流”来扩展电流表的量程。实际用于测量电流的多量程的电流表是由表头与电阻串、并联的电路组成。图 2-6 所示为 C41—μA 磁电系电流表，其中 R_g 为表头的内阻，I_g 为流过表头的电流，U_g 为表头两端的电压，R_1、R_2、R_3、R_4 为电流表各挡的分流电阻。对应一个电阻挡位，电流表有一个量程。

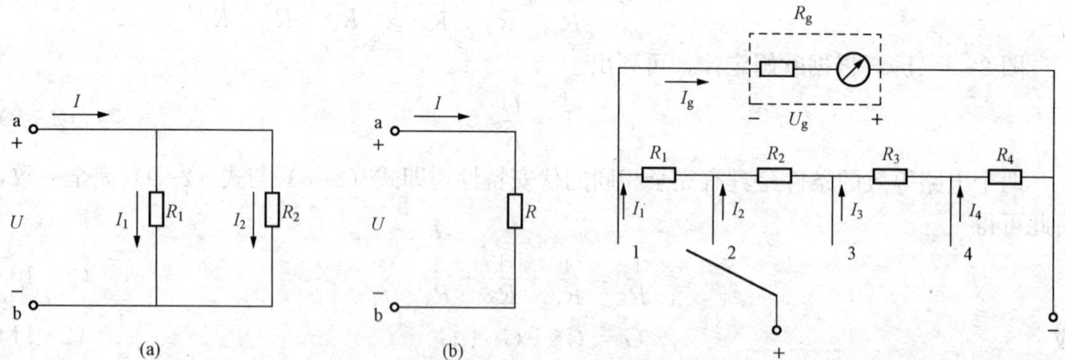

图 2-5 两个电阻的并联

图 2-6 C41—μA 磁电系电流表电路图

[例 2-2] 如图 2-6 所示的 C41-μA 型磁电系电流表的表头内阻 $R_g = 1.92\text{k}\Omega$，各分流电阻分别为 $R_1 = 1.6\text{k}\Omega$，$R_2 = 960\Omega$，$R_3 = 320\Omega$，$R_4 = 320\Omega$；表头所允许通过的最大电流为 62.5μA，试求表头所能测量的最大电压 U_{gm} 以及扩展后的电流表各量程的电流值 I_1、I_2、

I_3、I_4。

解 表头所允许通过的最大电流为 62.5μA。当开关在“1”挡时，R_1、R_2、R_3、R_4 是串联的，而 R_g 与它们相并联，根据分流公式可得

$$I_{gm}=\frac{R_1+R_2+R_3+R_4}{R_g+(R_1+R_2+R_3+R_4)}I_1$$

则有
$$I_1=\frac{R_g+(R_1+R_2+R_3+R_4)}{R_1+R_2+R_3+R_4}I_{gm}$$
$$=\frac{1920+1600+960+320+320}{1600+960+320+320}\times 62.5=100(\mu A)$$

当开关在“2”挡时，R_g、R_1 是串联的，而 R_2、R_3、R_4 与它们相并联，根据分流公式可得

$$I_{gm}=\frac{R_2+R_3+R_4}{R_g+(R_1+R_2+R_3+R_4)}I_2$$

则有
$$I_2=\frac{R_g+(R_1+R_2+R_3+R_4)}{R_2+R_3+R_4}I_{gm}$$
$$=\frac{1920+1600+960+320+320}{960+320+320}\times 62.5=200(\mu A)$$

同理，当开关在“3”挡时，R_g、R_1、R_2 是串联的，而 R_3、R_4 串联后与它们相并联，根据分流公式可得

$$I_{gm}=\frac{R_3+R_4}{R_g+(R_1+R_2+R_3+R_4)}I_3$$

则有
$$I_3=\frac{R_g+(R_1+R_2+R_3+R_4)}{R_3+R_4}I_{gm}$$
$$=\frac{1920+1600+960+320+320}{320+320}\times 62.5=500(\mu A)$$

当开关在“4”挡时，R_g、R_1、R_2、R_3 是串联的，而 R_4 与它们相并联，根据分流公式可得
$$I_{gm}=\frac{R_4}{R_g+(R_1+R_2+R_3+R_4)}I_4$$

则有
$$I_4=\frac{R_g+(R_1+R_2+R_3+R_4)}{R_4}I_{gm}$$
$$=\frac{1920+1600+960+320+320}{320}\times 62.5=1000(\mu A)$$

由此可见，直接利用该表头测量电流，它只能测量 62.5μA 以下的电流，而并联了分流电阻 R_1、R_2、R_3、R_4 后，作为电流表，它就有 100、200、500、1000μA 四个量程，实现了电流表量程的扩展。以上就是利用了“并联分流”来扩大电流表的量程。

2.1.3 电阻的混联

当电阻的连接既有串联又有并联时，称为电阻的串、并联，简称混联。这种电路在实际工作中应用广泛，形式多种多样。

分析混联电阻网络的一般步骤如下：

(1) 计算各串联电阻、并联电阻的等效电阻，再计算总的等效电阻。

(2) 由端口激励计算出端口响应。

(3) 根据串联电阻的分压关系、并联电阻的分流关系逐步计算各部分电压、电流。

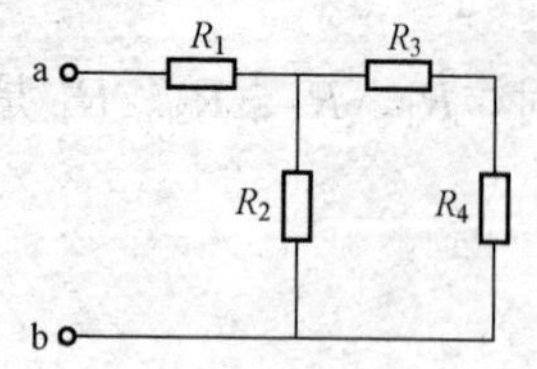

图 2-7　电阻的混联

对于较简单的电路可以通过观察直接得出，如图 2-7 所示的混联电路中，可以直接看出 R_1～R_5 串并联关系，故可求出 a、b 端钮的等效电阻 R_{ab} 为

$$R_{ab}=R_1+\frac{R_2(R_3+R_4)}{R_2+R_3+R_4} \tag{2-17}$$

当电阻串并联关系不能直观地看出时，可以在不改变元件间连接关系的条件下将电路画成容易比较判断串并联关系的直观图。

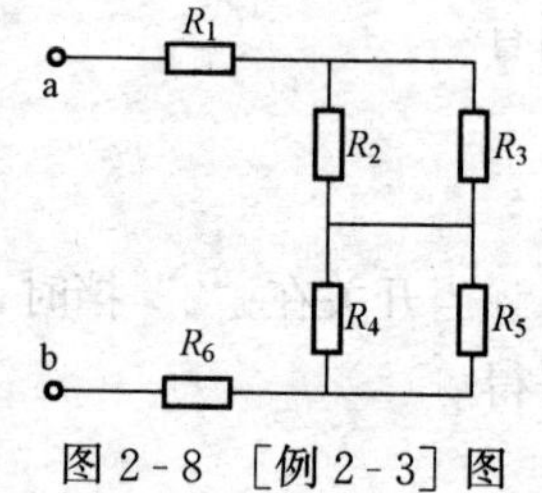

图 2-8 ［例 2-3］图

［例 2-3］ 求图 2-8 的等效电阻。

解 由 a、b 端向里看，R_2 和 R_3，R_4 和 R_5 均连接在相同的两点之间，因此是并联关系，把这 4 个电阻两两并联后，电路中除了 a、b 两点不再有结点，所以它们的等效电阻与 R_1 和 R_6 相串联。

$$R=R_1+R_6+(R_2 /\!/ R_3)+(R_4 /\!/ R_5)$$

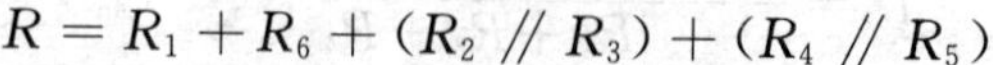

2.1.1　选择题（将正确的选项填入括号内）：

1. 在一段电路上，两个以上的电阻依次相连，组成一个无分支的电路，这种连接方式叫电阻的（　　）。

(A) 串联　　(B) 并联　　(C) 混连　　(D) 相连

2. 加在各并联电阻两端的（　　）相等。

(A) 电功率　　(B) 电抗　　(C) 电流　　(D) 电压

3. 将电阻值分别为 R_1 和 R_2 的两个电阻并联起来，并联后的总电阻为（　　）。

(A) $(R_1+R_2)/2$　　(B) R_1+R_2　　(C) R_1R_2　　(D) $R_1R_2/(R_1+R_2)$

4. 将 10 个 10Ω 的电阻并联起来，并联后的总电阻为（　　）。

(A) 100Ω　　(B) 0.1Ω　　(C) 10Ω　　(D) 1Ω

5. 流过串联电路各个电阻上的电流（　　）。

(A) 等于各个电阻上的电流之和　　(B) 等于各个电阻上电流之积

(C) 都不同　　(D) 都相等

6. 三只电阻值分别为 3、4、5Ω 的电阻串联时，其总电阻值为（　）。

(A) 7Ω　　(B) 9Ω　　(C) 12Ω　　(D) 8Ω

7. 在电阻串联电路中，电路消耗的总功率等于各个电阻所消耗的功率之（　　）。

(A) 和　　(B) 差　　(C) 积　　(D) 积分

2.1.2　判断题（正确的打"√"，错误的打"×"）：

1.（　　）将两个 10Ω 的电阻并联在一起，并联后的电阻是 5Ω。

2.（　　）电阻串联电路中，流过各个电阻的电流相等。

3.（　　）两个 10Ω 的电阻串联在一起，串联后的阻值为 20Ω。

4.（　　）两个 10Ω 的电阻并联在一起，并联后的阻值为 20Ω。

5.（　　）将若干个电阻的一端相连，另一端也连在一起所组成的电路，称为电阻的串联。

2.2 电压源与电流源的等效变换

在前面已经介绍了理想电压源和理想电流源的模型。但这两种理想的二端元件实际上是不存在的，下面我们来讨论两种实际的电源模型。

2.2.1 实际电压源

理想电压源是一种理想元件，电压不随电流变化，而实际电压源的端电压都是随着电流的变化而变化。例如，当干电池接通负载后，其电压就会降低，这是因为电池内部存在电阻的缘故。所以，干电池不是一个理想的电压源。

由此可见，一个实际电压源，我们可以用数值等于 U_S 的理想电压源和一个内阻 R_S 相串联的模型来表示，这个模型称为实际的电压源模型，见图 2-9（a）。

当实际电压源与外部电路接通后，见图 2-10，实际电压源的端电压 U 为

$$U = U_S - U_R = U_S - IR_S \tag{2-18}$$

式中：U_S 的参考方向与 U 的参考方向一致，取正号；U_R 的参考方向与 U 的参考方向相反，取负号。式（2-18）所描述的 U 与 I 的关系，即实际直流电压源的伏安特性，如图 2-9（b）所示。

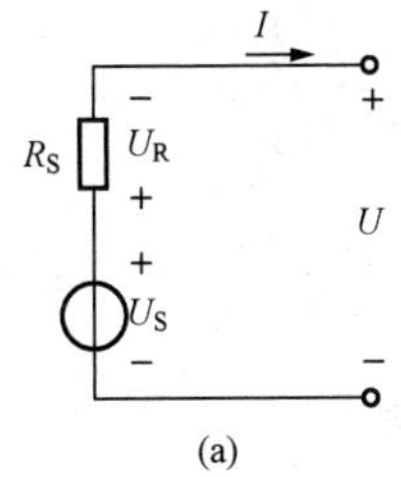

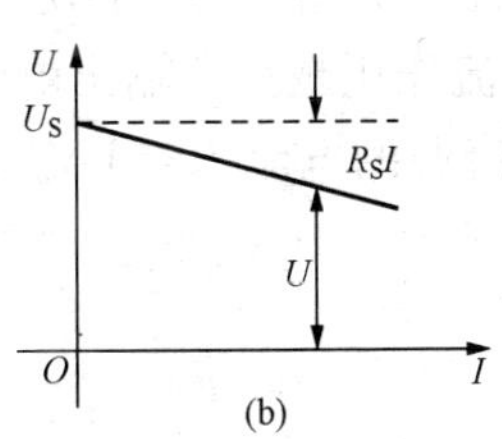

图 2-9　实际电压源模型及伏安特性

（a）实际电压源；（b）伏安特性

图 2-10　测试电路

由式（2-18）可知，R_S 越小，R_S 的分压作用越小，输出电压 U 越大。

[例 2-4]　图 2-11 所示电路，直流电压源的电压 U_S=10V。求：

（1）$R=\infty$ 时的电压 U，电流 I；

（2）$R=10\Omega$ 时的电压 U，电流 I；

（3）$R\to 0\Omega$ 时的电压 U，电流 I。

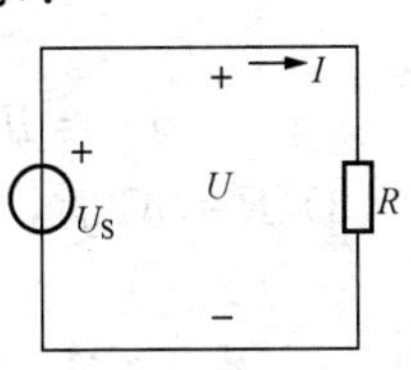

图 2-11 [例 2-4] 图

解　（1）$R=\infty$ 时即外电路开路，U_S 为理想电压源，故

$$U = U_S = 10\text{V}$$

则

$$I = \frac{U}{R} = \frac{U_S}{R} = 0$$

（2）$R=10\Omega$ 时

$$U = U_S = 10\text{V}$$

则
$$I=\frac{U}{R}=\frac{U_S}{R}=\frac{10}{10}(A)=(A)$$

（3）$R\to 0\Omega$ 时

$$U=U_S=10V$$

则
$$I=\frac{U}{R}=\frac{U_S}{R}\to\infty$$

2.2.2 实际电流源

理想电流源是一种理想元件，电流不随电压变化，而实际电流源的电流都是随着端电压的变化而变化。例如，光电池在一定照度的光线照射下，被光激发产生的电流，并不能全部外流，其中的一部分将在光电池内部流动。所以，光电池不是一个理想的电流源。

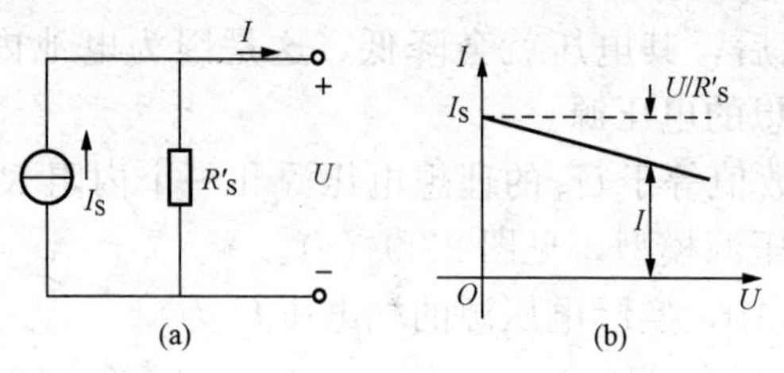

图 2-12 实际电流源模型及伏安特性
（a）实际电流源；（b）伏安特性

由此可见，一个实际的直流电流源我们可以用数值等于 I_S 的理想电流源和一个内阻 R'_S 相并联的模型来表示，这个模型称为实际电流源模型，如图 2-12（a）所示。

当实际电流源与外部电路相连时，实际电流源的输出电流 I 为

$$I=I_S-\frac{U}{R'_S} \tag{2-19}$$

式中：I_S 为实际直流电流源产生的恒定电流；U/R'_S 为其内部分流电流。式 2-19 所描述的 U 与 I 的关系，即实际直流电流源的伏安特性，如图 1-12（b）所示。

由式（2-18）可知，R'_S 越大，R'_S 的分流作用越小，输出电流 I 越大。

［例 2-5］ 图 2-13 所示电路，直流电流源的电流 $I_S=1A$。求：

（1）$R\to\infty$ 时的电流 I，电压 U；

（2）$R=10\Omega$ 时的电流 I，电压 U；

（3）$R=0\Omega$ 时的电流 I，电压 U。

解 （1）$R\to\infty$ 时即外电路开路，I_S 为理想电流源，故

$$I=I_S=1A$$

则
$$U=IR\to\infty$$

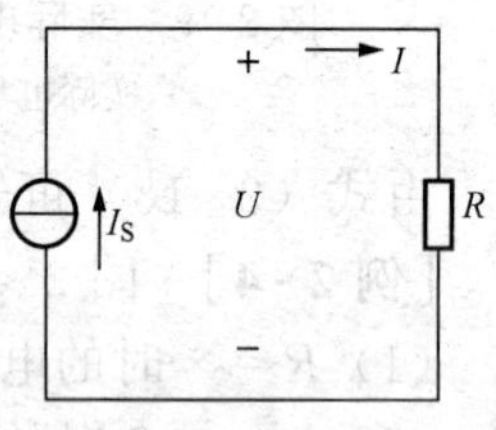

图 2-13 ［例 2-5］图

（2）$R=10\Omega$ 时，有

$$I=I_S=1A$$

则
$$U=IR=I_SR=1\times 10(V)=10(V)$$

（3）$R=0\Omega$ 时，有

$$I=I_S=1A$$

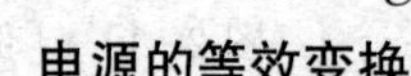

则
$$U=IR=I_SR=1\times 0(V)=0(V)$$

2.2.3 电源的等效变换

那么，实际电源用哪一种电源模型来表示？对外电路而言，只要两种电源模型的外部特性一致，则它们对外电路的影响是一样的。因此，实际电源可以用实际电压源模型表示，也可以用实际电流源模型表示。为了方便电路的分析和计算，常常把两种电源模型进行等效变换。

对于图 2-14（a），其伏安特性为

$$U=U_S-IR_S \tag{2-20}$$

对于图 2-14（b），其伏安特性为

$$I=I_S-\frac{U}{R'_S} \tag{2-21}$$

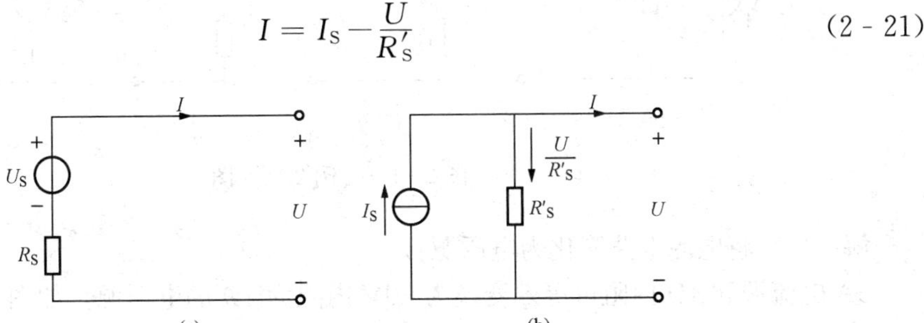

图 2-14　两种电源模型

经整理后得

$$U=I_SR'_S-IR'_S \tag{2-22}$$

根据等效的定义，图 2-14（a）与（b）若要相互等效，则两者的伏安特性必须一致，比较式（2-20）与式（2-22），可得

$$\begin{cases}I_S=\dfrac{U_S}{R_S}\\ R'_S=R_S\end{cases} \tag{2-23}$$

这就是两种电源模型等效的条件。即当实际电压源等效变换成实际电流源时，电流源的电流等于电压源的电压与其内阻的比值，电流源的内阻等于电压源的内阻；当实际电流源等效变换成实际电压源时，电压源的电压等于电流源的电流与其内阻的乘积，电压源的内阻等于电流源的内阻。在进行等效互换时，电压源的电压极性与电流源的电流方向的参考方向要求一致，也就是说电压源的正极对应着电流源电流的流出端。

另外，实际电源两种模型的等效互换只能保证其外部电路的电压、电流和功率相同，对其内部电路，并无等效而言。通俗地讲，两种电源模型等效变换仅对外电路成立，对电源内部是不等效的。当电路中某一部分用其等效电路替代后，未被替代部分的电压、电流应保持不变。当用电源等效变换法分析电路时应注意这样几点：

（1）电源等效互换是电路等效变换的一种方法。这种等效是对电源输出电流 I、端电压 U 的等效。

（2）有内阻 R_S 的实际电压源和实际电流源之间可以互换等效，理想的电压源与理想的电流源之间不能互换，因为它们不具备相同的伏安特性。

（3）等效变换后，电源内阻不变，电压源的电压等于电流源的电流与其内阻的乘积，电压源的正极对应着电流源电流的流出端。

（4）电源等效互换的方法可以推广运用，如果理想电压源与外接电阻串联，可把外接电阻看其作内阻，则可互换为电流源形式；如果理想电流源与外接电阻并联，可把外接电阻看作其内阻，则可互换为电压源形式。

［例 2-6］ 将图 2-15（a）所示电源分别简化为电压源和电流源。

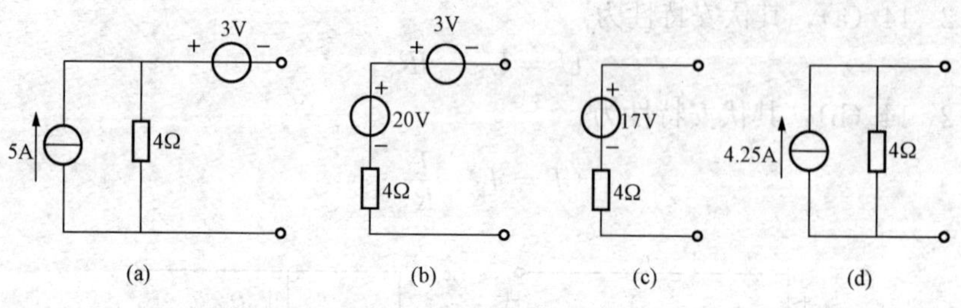

图 2-15 ［例 2-6］图

解 （1）将电源电路简化为电压源：

5A 电流源和 4Ω 内阻可等效变换为 20V 内阻为 4Ω 的电压源，如图 2-15（b）所示。

图 2-15（b）3V 电压源和 20V 电压源串联，极性相反，故可转化为一个电动势为 17V、内阻为 4Ω 的电压源，极性如图 2-15（c）所示。

（2）将电源电路简化为电流源：

由图 2-15（c）电压源可等效为图 2-15（d）电流源。

$$I_S = 17/4 = 4.25(\mathrm{A})$$

$$R_S = 4\Omega$$

［例 2-7］ 已知 I_S=1A，U_{S1}=15V，U_{S2}=12V，利用电源的等效变换求图 2-16（a）所示电路中 2Ω 电阻上的电流 I。

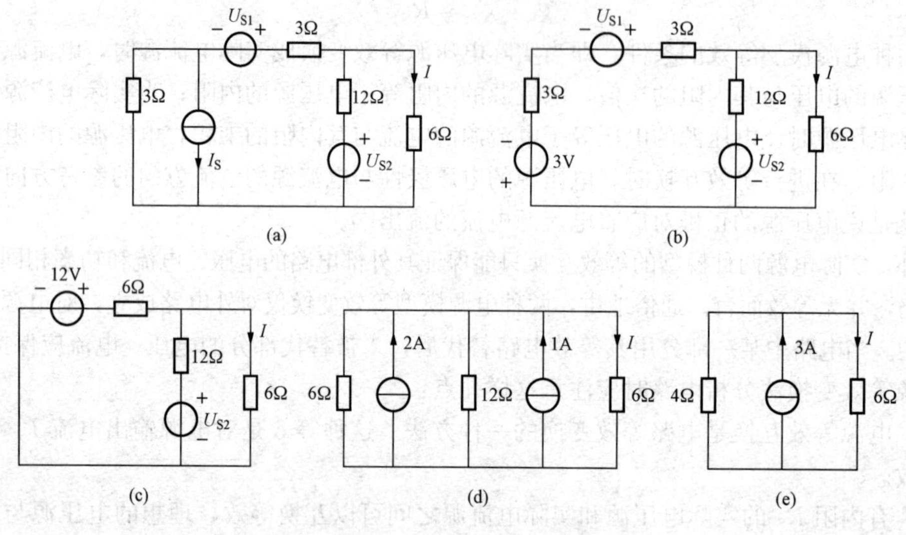

图 2-16 ［例 2-7］电路图

解 利用电源的等效变换进行化简，化简过程如图 2-16（b）～（e），有

$$I = \frac{4 \times 3}{4 + 6} = 1.2(\mathrm{A})$$

从［例 2-7］的分析过程可看出，利用电源等效变换分析电路，可将电路化简成单回路电路来求解，这种方法通常适用于多电源电路。但须注意的是，在整个变换过程中，所求量的所在支路不能参与等效变换，把它看成外电路始终保留。

思考题

2.2.1 选择题（将正确的选项填入括号内）：

电压源变换为电流源时：R_O 值（ ），连接方式由串联变换为并联；理想电流源（ ），方向和电动势极性（ ）。

(A) 不变，$I_S=E/R_O$，相反　　(B) 不变，$I_S=E/R_L$，相同

(C) 不变，$I_S=E/R_O$，相同　　(D) 变小，$I_S=E/R_O$，相同

2.2.2 判断题（正确的打"√"，错误的打"×"）：

1.（ ）能提供稳定的电压的装置称为恒压源。

2.（ ）理想电压源（$R_O=0$）和理想电流源（$R_O=\infty$）可等效变换。

3.（ ）能提供稳定的电压和电流的装置称为恒流源。

2.3 支路电流法

2.2 节中介绍的分析电路的方法是利用电源的等效变换，将电路化简成单回路电路后求出待求支路的电流或电压。但是对于复杂电路（例如多回路多节点电路）往往不能很方便地化简为单回路电路，也不能用简单的串、并联方法计算其等效电阻，因此需考虑采用其他分析电路的方法。本节介绍其中最基本、最直观的一种方法——支路电流法。

所谓"支路电流法"就是以支路电流为未知量，应用基尔霍夫电流定律（KCL）列出独立的节点电流方程，应用基尔霍夫电压定律（KVL）列出独立的回路电压方程，联立方程求出各支路电流，然后根据电路的基本关系求出其他未知量。

下面以图 2-17 为例来说明支路电流法的分析过程。从图中可看出支路数 $b=3$，节点数 $n=2$，各支路电流的参考方向如图所示。未知量为三个，因此需列出三个方程来求解。

首先，根据电流的参考方向对节点列 KCL 方程

节点 a：
$$I_1+I_2=I_3 \tag{2-24}$$

节点 b：
$$I_3=I_1+I_2 \tag{2-25}$$

比较式（2-24）与式（2-25）可看出两式完全相同，故只有一个方程是独立的。因此可以得出结论：具有 n 个节点的电路，只能列出（$n-1$）个独立的 KCL 方程。所以，n 个节点中，只有（$n-1$）个节点是独立的，称为独立节点。

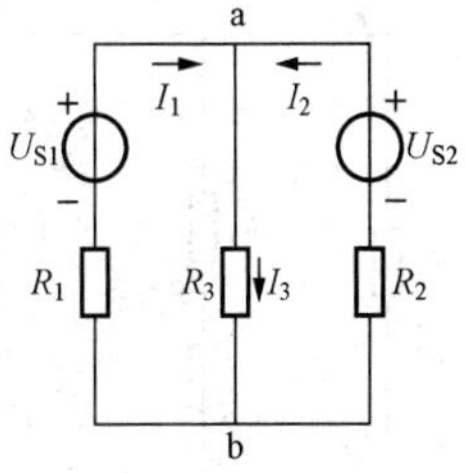

图 2-17 支路电流法举例

其次，对回路列 KVL 方程，图 2-16 中有三个回路，绕行方向均选择顺时针方向。

左面回路
$$I_1R_1-U_{S1}+I_3R_3=0 \tag{2-26}$$

右面回路
$$-I_3R_3+U_{S2}-I_2R_2=0 \tag{2-27}$$

整个回路
$$I_1R_1-U_{S1}+U_{S2}-I_2R_2=0 \tag{2-28}$$

将式（2-26）与式（2-27）相加正好得到式（2-28），可见在这三个回路方程中独立的方程为任意两个，这个数目正好与网孔个数相等。因此可以得出结论：若电路有 n 个节点，b 条支路，m 个网孔，可列出 $[b-(n-1)]$ 个独立的 KVL 方程，且 $[b-(n-1)]=m$。通常情况下，可选取网孔作为回路列 KVL 方程，因为每个网孔都是一个独立回路（包含一条在已选回路中未出现过的新支路），对独立回路列 KVL 方程能保证方程的独立性。值得注意是，网孔是独立回路，但独立回路不一定是网孔。

通过以上实例可得出，以支路电流为未知量的线性电路，应用 KCL 和 KVL 一共可列出 $(n-1)+[b-(n-1)]=b$ 个独立方程，可以解出 b 个支路电流。

综上所述，归纳支路电流法的计算步骤如下：

(1) 认定支路数 b，并选定各支路电流的参考方向。

(2) 认定节点数 n，选择 $(n-1)$ 个独立节点列 KCL 方程。

(3) 选取 $[b-(n-1)]$ 个独立回路，设定各独立回路的绕行方向，对其列 KVL 方程。

(4) 联立求解上述 b 个独立方程，得出待求的各支路电流，然后根据电路的基本关系求出其他未知量。

[例 2-8] 在图 2-17 电路中，已知 $R_1=2\Omega$，$R_2=3\Omega$，$R_3=8\Omega$，$U_{S1}=14V$，$U_{S1}=2V$，试求各支路电流。

解 设各支路电流的参考方向如图所示，并指定网孔的绕行方向为顺时针方向，应用 KCL 和 KVL 列出式（2-24）、式（2-26）及式（2-27）的方程组，并将数据代入，可得

$$\begin{cases} I_1+I_2=I_3 \\ 2I_1-14+8I_3=0 \\ -8I_3+2-3I_2=0 \end{cases}$$

解得 $I_1=3A$，$I_2=-2A$，$I_3=1A$。

[例 2-9] 在图 2-18 电路中，已知 $U_{S1}=12V$，$U_{S2}=12V$，$R_1=1\Omega$，$R_2=2\Omega$，$R_3=2\Omega$，$R_4=4\Omega$，求各支路电流。

解 设各支路电流的参考方向如图 2-18 所示。图中 $n=2$，$b=4$。列出节点和回路方程式如下：

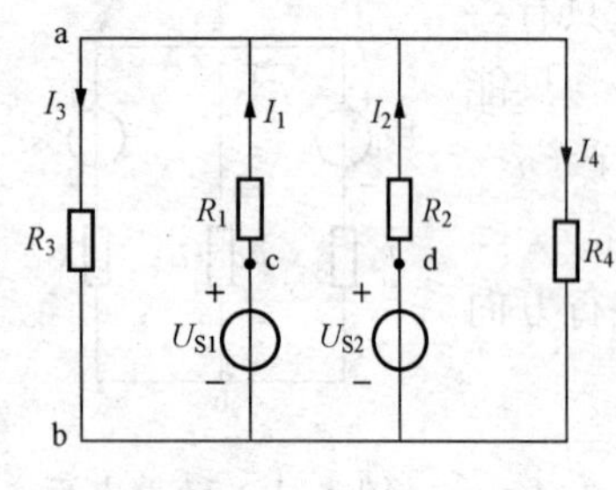

图 2-18 [例 2-9] 图

对于节点 a 列出

$$I_1+I_2-I_3-I_4=0$$

回路 acba 方程为

$$-I_1R_1+U_{S1}-I_3R_3=0$$

回路 adca 方程为

$$-I_2R_2-U_{S1}+U_{S2}+I_1R_1=0$$

回路 adba 方程为

$$I_4R_4-U_{S2}+I_2R_2=0$$

代入数据得

$$I_1=4A,\quad I_2=2A,\quad I_3=4A,\quad I_4=2A$$

思 考 题

2.3.1 使用支路电流法求解电路时，如果支路是纯粹的电流源，如何处理？如果是电流源串联电阻呢？

2.3.2 写出使用支路电流法求解电路的步骤。

2.4 节点电压法

2.4.1 电路中电位的概念及计算

在分析和计算电路时，特别是在电子技术中，常用“电位”的概念，即将电路中的某一点选作参考点，并规定其电位为零。于是电路中其他任何一点与参考点之间的电压便是该点的电位。参考点在电路图中用符号“⊥”表示，表示该点电位为零，并非真与大地相接。电位用“V”表示，如 A 点电位用“V_A”表示。

以图 2-19 所示电路为例，如以 a 点为参考点，则

$$V_a = 0, \quad V_c = -60V$$

如果以 c 点为参考点（见图 2-20），则

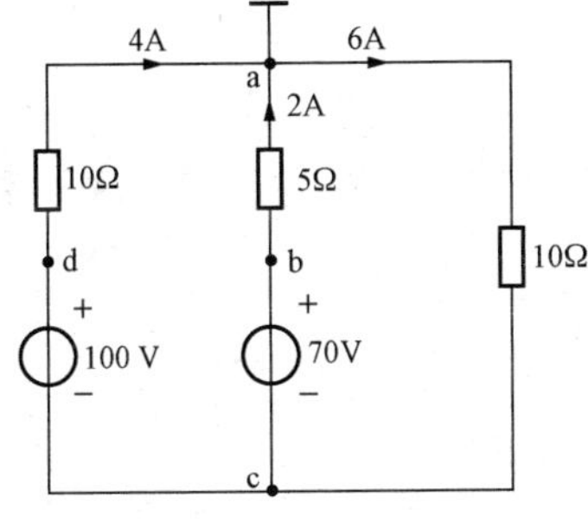

图 2-19 以 a 点为参考点

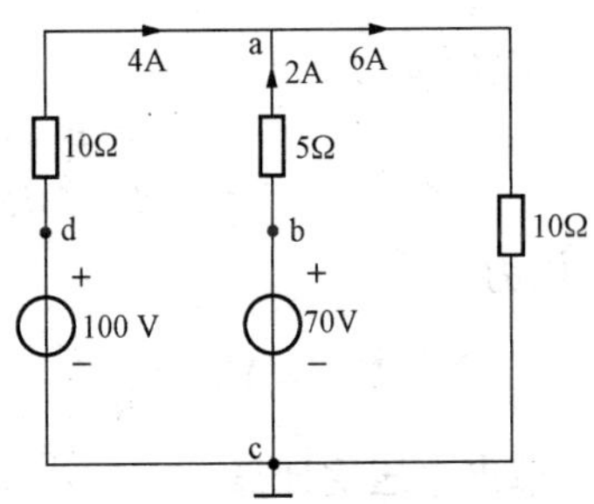

图 2-20 以 c 点为参考点

$$V_c = 0, \quad V_a = U_{ac} = 6 \times 10 = 60(V)$$

可见，电位也有正负之分，比参考电位高的为正，比参考电位低的为负。另外，在同一电路中由于参考点选得不同，各点的电位值也会随着改变，但是任意两点之间的电压值是不变的。所以各点的电位高低是相对的，而两点间的电压值是绝对的。

在电子电路中，为了绘图简便，习惯上常常不画出电源符号，而将电源一端接地，使其电位为零，在电源的另一端标出电位极性与数值。图 2-20 所示电路的简化电路如图 2-21 所示。

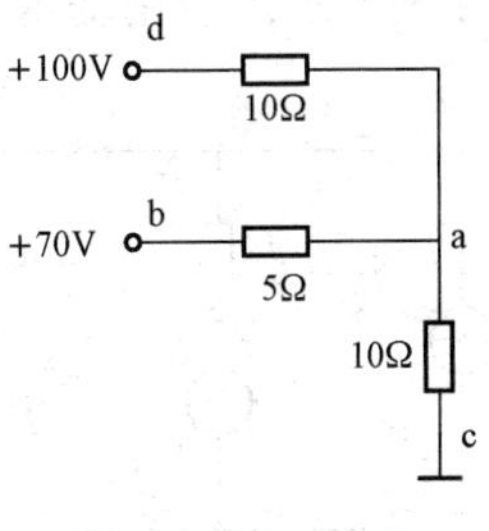

图 2-21 图 2-19 所示电路的简化电路

［例 2-10］ 求图 2-22 所示电路中开关 K 闭合和断开两种情况下 a、b、c 三点的电位。

解 当开关 K 闭合时，

$$V_a = 6\text{V}，\quad V_b = 3\text{V}，\quad V_c = 0\text{V}$$

当开关 K 断开时，$V_a = 6\text{V}$。

因为电路中无电流流过电阻，所以

$$V_a = V_b = 6\text{V}$$

c 点电位比 b 点电位低 3V，则

$$V_c = V_b - 3 = (6-3) = 3(\text{V})$$

[例 2-11] 电路如图 2-23 所示。已知 $U=15\text{V}$，$U_S=10\text{V}$，$R_1=22\Omega$，$R_2=8\Omega$，$R_3=3\Omega$，$R_4=7\Omega$，求 A 点电位 V_A。

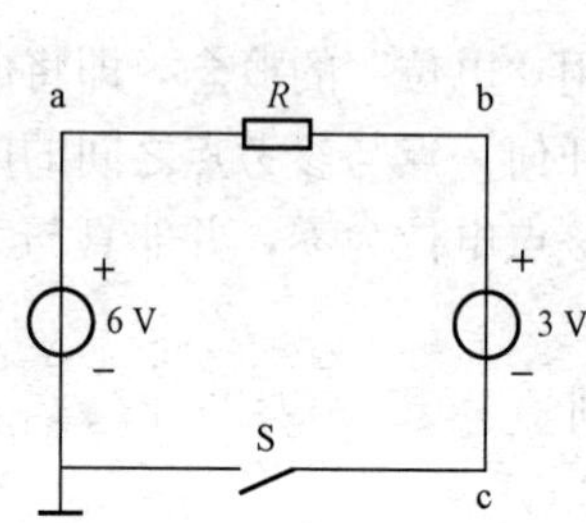

图 2-22 [例 2-10] 图

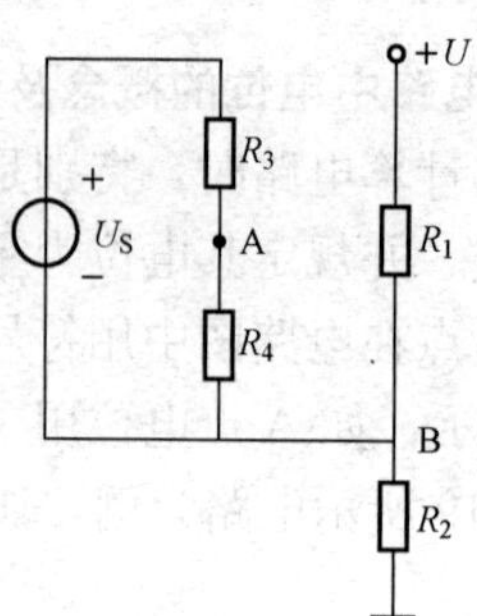

图 2-23 [例 2-11] 图

解 B 点电位为

$$V_B = \frac{R_2}{R_1+R_2}U = \frac{8}{22+8} \times 15 = 4(\text{V})$$

A 点电位为

$$V_A = V_B + \frac{R_4}{R_3+R_4}U_S = 4 + \frac{7}{3+7} \times 10 = 11(\text{V})$$

2.4.2 节点电压法计算

如果在一个电路中，任选一个节点作为参考点，则其他各个节点与参考点间的电压称为该节点的电位，又称为节点电压。以节点电压为未知量的电路分析方法称为节点电压法。节点电压法又称为节点电位法。

以图 2-24 所示的电路为例，介绍节点电压法。设节点电压 U_{ab} 和各支路电流的参考方向如图所示。应用基尔霍夫电压定律和欧姆定律，用节点电压表示支路电流，即

$$\left.\begin{aligned} U_{ab} &= I_1R_1 - U_{S1}，\quad I_1 = (U_{ab} + U_{S1})/R_1 \\ U_{ab} &= -I_2R_2 + U_{S2}，\quad I_2 = (U_{S2} - U_{ab})/R_2 \\ U_{ab} &= I_3R_3，\quad I_3 = U_{ab}/R_3 \end{aligned}\right\} \tag{2-29}$$

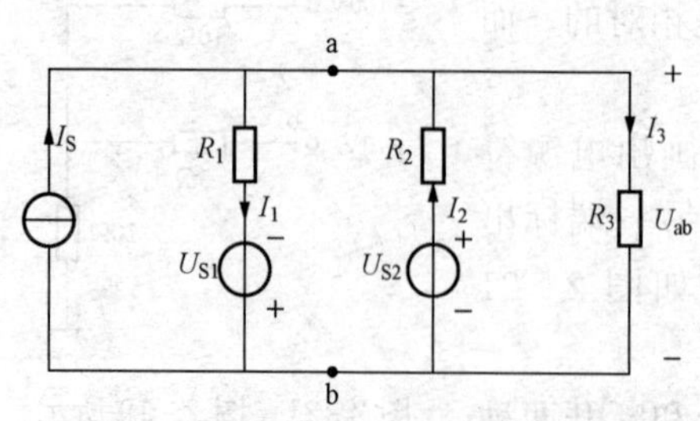

图 2-24 具有两个节点的电路

应用基尔霍夫电压定律列出节点 a 的电流方程为

$$I_S - I_1 + I_2 - I_3 = 0$$

即 $$I_S - \frac{U_{ab}+U_{S1}}{R_1} + \frac{U_{S2}-U_{ab}}{R_2} - \frac{U_{ab}}{R_3} = 0$$

整理上式后，得节点电压求解公式为

$$U_{ab}=\frac{I_S-\frac{U_{S1}}{R_1}+\frac{U_{S2}}{R_2}}{\frac{1}{R_1}+\frac{1}{R_2}+\frac{1}{R_3}}=\frac{\Sigma I_S+\Sigma\frac{U_S}{R}}{\Sigma\frac{1}{R}} \tag{2-30}$$

式（2-30）中，分子为电路中所有的电源（电压源和电流源）的流入电流。ΣI_S 为电流源的代数和，设流入 a 点的电流源为正，流出 a 点的电流源为负。$\Sigma\frac{U_S}{R}$为电压源的电动势与内阻之比的代数和，设电动势的正极与节点 a 相连时为正，电动势的负极与节点 a 相连时为负。分母$\Sigma\frac{1}{R}$为与节点 a 相连电阻（但与理想电压源并联的电阻、与理想电流源串联的电阻除外）阻值的倒数之和，恒为正。

节点电压公式式（2-30）仅适用于具有两个节点的电路。由式（2-30）求出节点电压 U_{ab}，再用式（2-30）求出各支路电流。

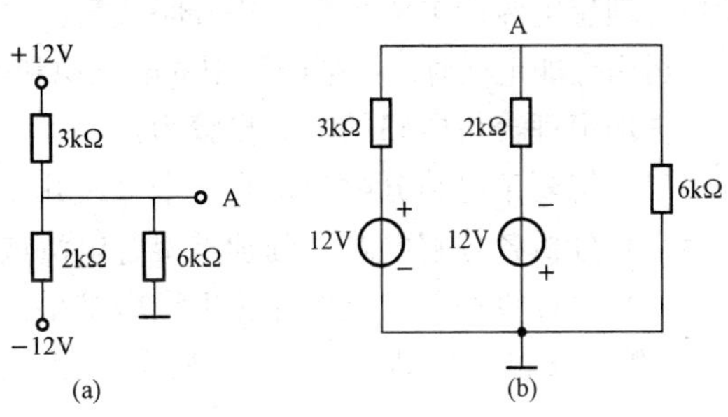

图 2-25 ［例 2-12］图

［例 2-12］ 试求图 2-25（a）所示的电路中 A 点的电位 V_A。

解 图 2-25（a）可等效为图 2-25（b）。因此，A 点的电位为

$$V_A=\frac{\frac{12}{3}-\frac{12}{2}}{\frac{1}{3}+\frac{1}{2}+\frac{1}{6}}=\frac{-2}{1}=-2(\text{V})$$

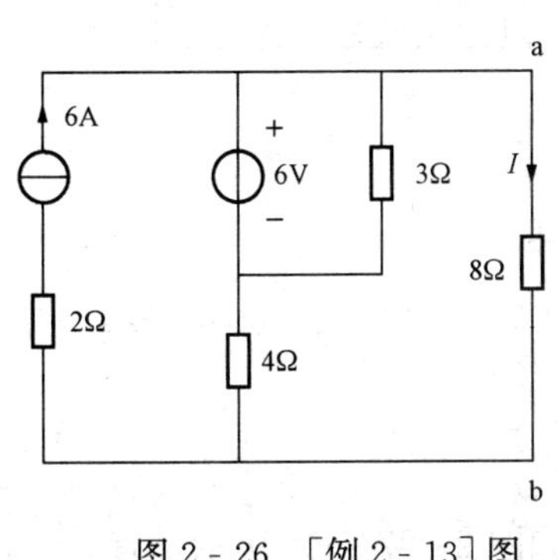

图 2-26 ［例 2-13］图

［例 2-13］ 试求图 2-26 所示电路中的电流 I。

解
$$U_{ab}=\frac{6+\frac{6}{4}}{\frac{1}{4}+\frac{1}{8}}=\frac{\frac{30}{4}}{\frac{3}{8}}=20(\text{V})$$

$$I=\frac{U_{ab}}{8}=\frac{20}{8}=2.5(\text{A})$$

思 考 题

2.4.1 使用结点电压法分析电路时，若电流源支路串联电阻，应用公式计算时，串联的电阻是否应该出现在公式内？为什么？

2.4.2 使用结点电压法分析电路时，若电流源支路并联电阻，应用公式计算时，并联的电阻是否应该出现在公式内？为什么？

2.4.3 叙述节点电压法分析电路的方法。

2.5 叠加原理

线性电路是指由线性元件所组成的电路。叠加定理是分析线性电路的一个重要定理，应用这一定理，常常使线性电路的分析变得十分方便。

叠加定理可表述为：在线性电路中，当有多个独立电源作用时，任一支路电流（或电压），等于各个电源单独作用时在该支路中产生的电流（或电压）的代数和。

当某一电源单独作用时，其他不作用的电源应置为零，即理想电压源电压为零，用短路代替；理想电流源电流为零，用开路代替。

运用叠加定理时，可把电路中的电压源和电流源分成几组，按组计算电流和电压再叠加。

叠加定理分析电路的一般步骤为：

（1）将复杂电路分解为含有一个（或几个）独立源单独作用的分解电路。

（2）分析各分解电路，分别求得各电流或电压分量。

（3）将计算的分量叠加计算出最后结果。

［**例 2-14**］ 如图 2-27（a）所示电路，试用叠加定理计算电流 I。

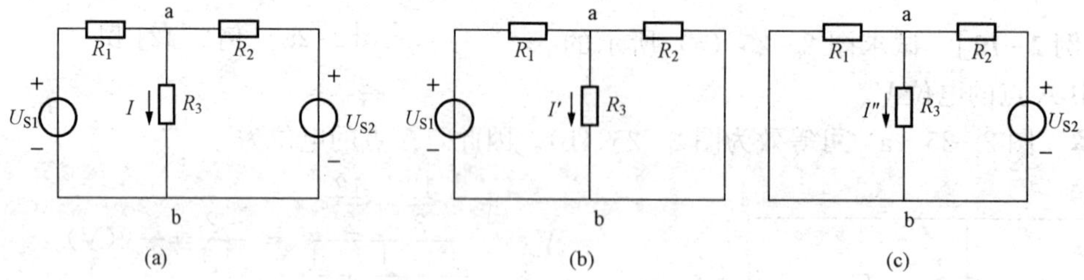

图 2-27 ［例 2-14］图

（a）电路图；（b）U_{S1} 作用；（c）U_{S2} 作用

解 （1）计算电压源 U_{S1} 单独作用于电路时产生的电流 I'，如图 2-27（b）所示，有

$$I' = \frac{U_{S1}}{R_1 + \frac{R_2R_3}{R_2+R_3}} \times \frac{R_2}{R_2+R_3}$$

（2）计算电压源 U_{S2} 单独作用于电路时产生的电流 I''，如图 2-27（c）所示，有

$$I'' = \frac{U_{S2}}{R_2 + \frac{R_1R_3}{R_1+R_3}} \times \frac{R_1}{R_1+R_3}$$

（3）由叠加定理，计算电压源 U_{S1}、U_{S2} 共同作用于电路时产生的电流 I，有

$$I = I' + I'' = \frac{U_{S1}}{R_1 + \frac{R_2R_3}{R_2+R_3}} \times \frac{R_2}{R_2+R_3} + \frac{U_{S2}}{R_2 + \frac{R_1R_3}{R_1+R_3}} \times \frac{R_1}{R_1+R_3}$$

［**例 2-15**］ 如图 2-28（a）所示电路，已知 $I_S=3\text{A}$，$U_S=20\text{V}$，$R_1=20\Omega$，$R_2=10\Omega$，$R_3=30\Omega$，$R_4=10\Omega$，试用叠加定理计算 U。

解 按叠加定理，做出电压源和电流源分别作用的分电路，如图 2-28（b）、（c）。

（1）电压源单独作用

$$I_1' = I_3' = \frac{U_S}{R_1+R_3} = \frac{20}{20+30} = 0.4(\text{A})$$

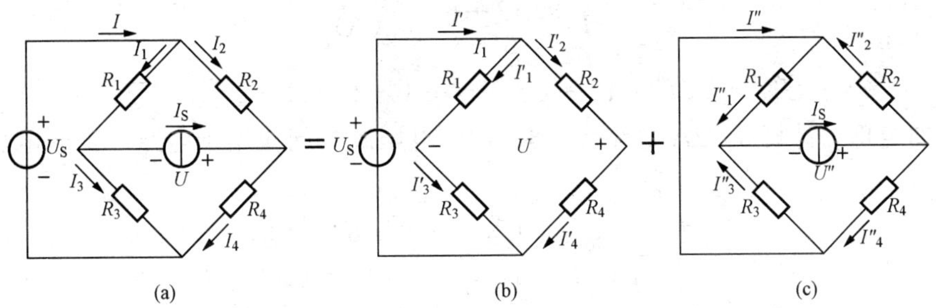

图 2-28 [例 2-15] 图

$$I'_2 = I'_4 = \frac{U_S}{R_2 + R_4} = \frac{20}{10+10} = 1(\mathrm{A})$$

$$U' = R_4 I'_4 - R_3 I'_3 = 10 \times 1 - 30 \times 0.4 = -2(\mathrm{V})$$

(2) 电流源单独作用

$$I'' = \frac{R_3}{R_1 + R_3} I_S = \frac{30}{20+30} \times 3 = 1.8(\mathrm{A})$$

$$I''_2 = \frac{R_4}{R_2 + R_4} I_S = \frac{10}{10+10} \times 3 = 1.5(\mathrm{A})$$

$$U'' = R_2 I''_2 + R_1 I''_1 = 10 \times 1.5 + 20 \times 1.8 = 51(\mathrm{V})$$

(3) 将分量进行叠加

$$U = U' + U'' = -2 + 51 = 49(\mathrm{V})$$

另外，运用叠加定理时，可把电路中的电压源和电流源分成几组，按组计算电流和电压再叠加。

[例 2-16] 如图 2-29 (a) 所示电路，求电压 U_{ab}、电流 I 和 6Ω 电阻的功率 P。

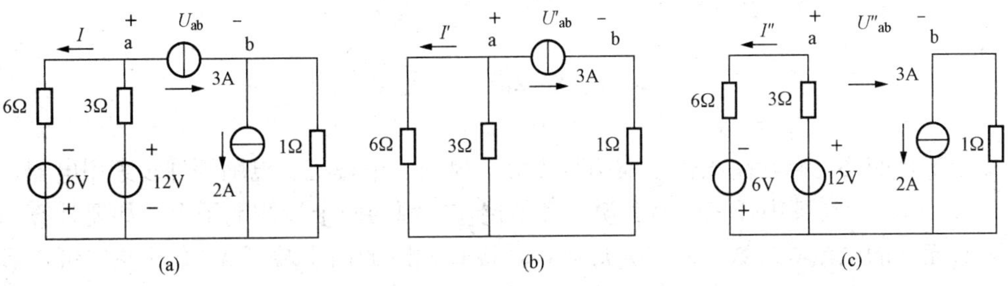

图 2-29 [例 2-16] 图

(a) 电路图；(b) 3A 电源作用；(c) 6V、12V、2A 电源作用

解 计算 3A 电流源单独作用于电路产生的电压 U_{ab}、电流 I，如图 2-29 (b) 所示，有

$$U'_{ab} = -\left(\frac{6 \times 3}{6+3} + 1\right) \times 3 = -9(\mathrm{V})$$

$$I' = \frac{-3}{3+6} \times 3 = -1(\mathrm{A})$$

计算 2A 电流源、6V 电压源及 12V 电压源共同作用于电路产生的电压 U_{ab}、电流 I，如图 2-29 (c) 所示，有

$$I'' = \frac{12+6}{6+3} = 2(\text{A})$$

$$U''_{ab} = -3I'' + 12 + 2 \times 1 = -3 \times 2 + 12 + 2 = 8(\text{V})$$

由叠加定理，计算 3、2A 电流源，6、12V 电压源共同作用于电路产生的电压 U_{ab}、电流 I，有

$$U_{ab} = U'_{ab} + U''_{ab} = -9 + 8 = -1\text{V}$$

$$I = I' + I'' = -1 + 2 = 1\text{A}$$

计算 6Ω 电阻的功率，有

$$P = 6I^2 = 6 \times 1^2 = 6(\text{W})$$

用叠加定理分析电路时，应注意以下几点：

（1）叠加定理只能用来计算线性电路的电流和电压，对非线性电路叠加定理不适用。由于功率不是电压或电流的一次函数，所以也不能应用叠加定理来计算。

（2）叠加时，电路的连接及所有电阻保持不变。当某一独立源单独作用时，其他不作用的独立源的参数都应置为零，即电压源代之以短路，电流源代之以开路。

（3）应用叠加定理求电压、电流时，应特别注意各分量的符号。若分量的参考方向与原电路中的参考方向一致，则该分量取正号；反之取负号。

（4）叠加的方式是任意的，可以一次使一个独立源单独作用，也可以一次使几个独立源同时作用，方式的选择取决于对分析计算问题的简便与否。

2.5.1 叙述用叠加定理分析电路的方法。

2.5.2 能否用叠加定理直接计算功率？简述理由。

2.6 戴 维 南 定 理

一个单相照明电路，要提供电能给日光灯、风扇、电视机、电脑等许多家用电器，如图 2-30（a）所示。对其中任一电器来说，都是接在电源的两个接线端子上。如要计算通过其中一盏日光灯的电流等参数，对日光灯而言，接日光灯的两个端子 a、b 的左边可以看做是日光灯的电源，此时电路中的其他电器设备均为这一电源的一部分。如图 2-30（b）所示。显然电路简单多了。

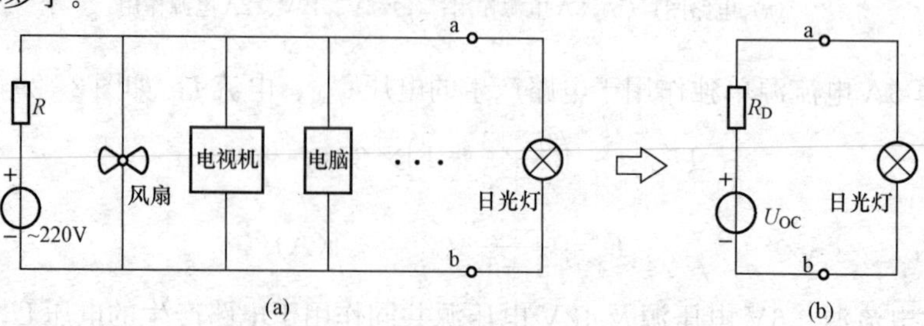

图 2-30 照明电路

（a）示意图；（b）等效电路

在电路分析中，有时只要研究某一条支路的电压、电流或功率，因此，对所研究的支路而言，电路的其余部分就构成一个有源二端网络。戴维南定理说明的就是如何将一个线性有源二端网络等效为一个电压源的重要定理。

如图 2 - 31（a）所示二端网络，其内部含有电源称为有源二端网络（active two-terminal network），符号用图 2 - 31（b）表示。

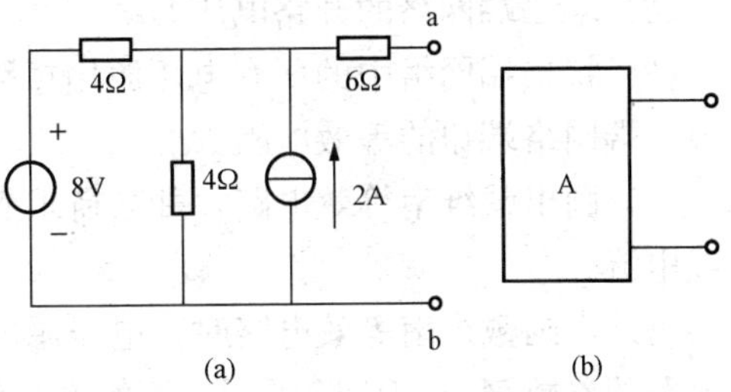

前面章节介绍无源二端网络的等效电路仍然是一条无源支路，支路中的电阻等于二端网络内所有电阻化简后的等效电阻。本节介绍有源二端网络的等效电路的计算方法。

图 2 - 31　有源二端网络及其符号

现以图 2 - 32（a）为例来导出戴维南定理。如要求出图 2 - 32（a）中的有源二端网络的等效电路，根据所学知识可采用以下方法：利用电源两种模型的等效变换进行化简，如图 2 - 32（b）、（c）、（d）。最后化简成一个 8V 电压源和一个 8Ω 电阻串联的模型，如图 2 - 32（e）。

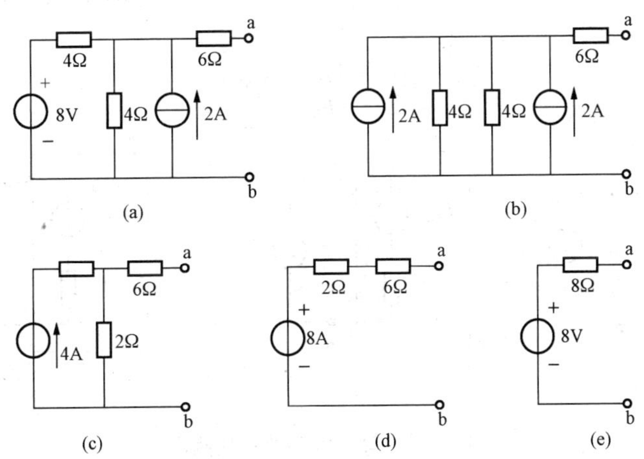

图 2 - 32　有源二端网络的化简

将上述分析进行总结可得：任何一个线性有源二端网络，对于外电路而言，可以用一电压源和内电阻相串联的电路模型来代替，如图 2 - 33 所示。并且理想电压源的电压就是有源二端网络的开路电压 U_{OC}，即将负载断开后 a、b 两端之间的电压。内电阻等于有源二端网络中所有电源电压源短路（即其电压为零）、电流源开路（即其电流为零）时的等效电阻 R_O。这就叫戴维南定理。

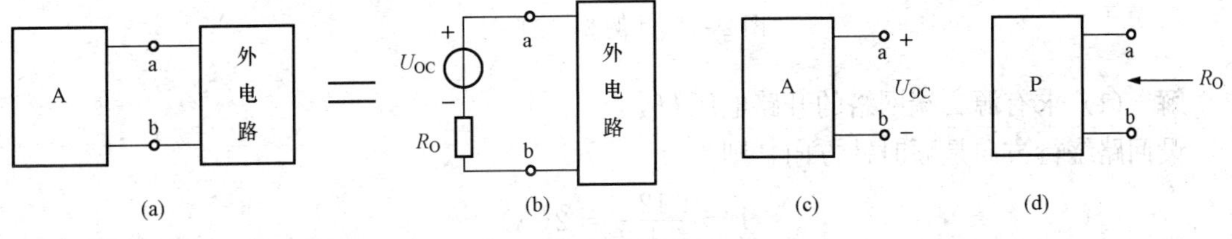

图 2 - 33　戴维南定理

综上所述，戴维南定理的计算步骤如下：

（1）将所求量的所在支路（或待求支路）与电路的其他部分断开，形成一个二端网络。

（2）求二端网络的开路电压 U_{OC}。

（3）将二端网络中的所有电压源用短路代替、电流源用开路代替，得到无源二端网络，求该二端网络端钮的等效电阻 R_O。

（4）画出戴维南等效电路，并与待求支路相连，得到一个无分支闭合电路，再求所求电压或电流。

另外，画戴维南等效电路时，电压源的极性必须与开路电压的极性保持一致。此外，等效电路的参数 U_{OC}、R_O 除了用计算的方法外，还可采用实验的方法测得。

含源二端网络的开路电压 U_{OC}，可以用电压表直接测得，如图 2-34（a）所示。等效电阻 R_O 可以用电流表先测出短路电流 I_{SC}，如图 2-34（b）所示，再计算出 R_O。

$$R_O = \frac{U_{OC}}{I_{SC}}$$

若二端网络不能短路，可外接一保护电阻 R'，再测出电流 I'_{SC}，如图 2-34（c）所示，则

$$R'_O = \frac{U_{OC}}{I'_{SC}} - R'$$

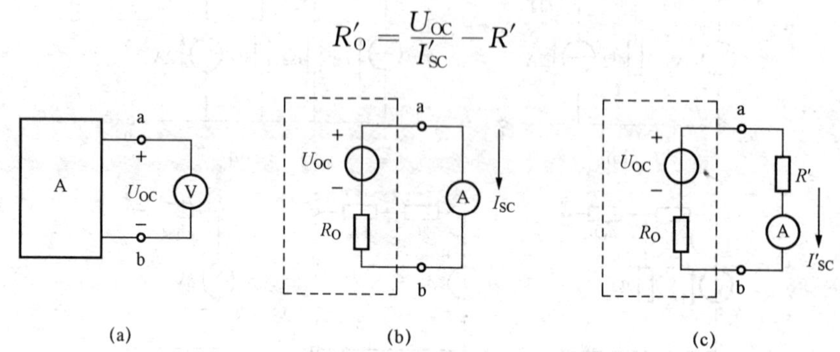

图 2-34　等效电路的参数测定

［例 2-17］ 求如图 2-35 所示电路的戴维南等效电路。

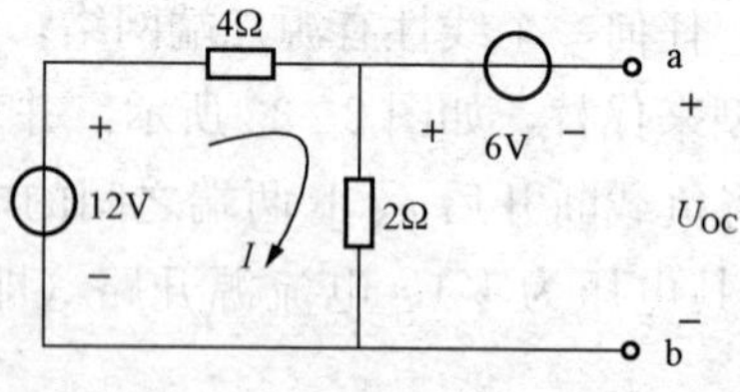

图 2-35 ［例 2-17］图

解　（1）求有源二端网络的开路电压 U_{OC}：

设回路绕行方向是顺时针方向，则

$$I = \frac{12}{4+2} = 2(\text{A})$$

4Ω 电阻的电压 U 为

$$U = RI = 4 \times 2 = 8(\mathrm{V})$$

$$U_{OC} = U_{ab} = -6 + (-8) + 12 = -2(\mathrm{V})$$

(2) 求内电阻 R_O，将电压源短路，得图 2-36 所示电路，有

$$R_O = \frac{4 \times 2}{4+2} = 1.33(\Omega)$$

戴维南等效电路如图 2-37 所示，注意电压源的方向。

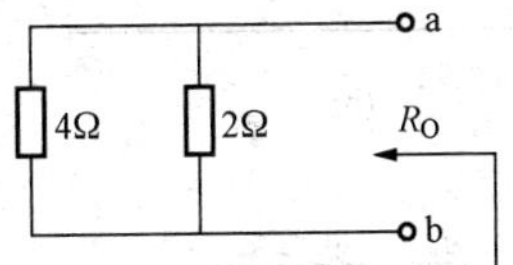

图 2-36 求解等效电阻

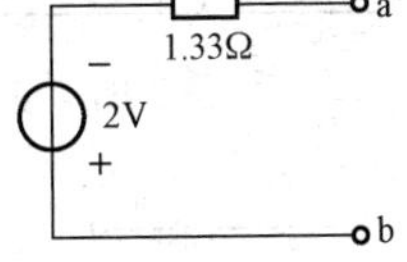

图 2-37 戴维南等效电路

[**例 2-18**] 求如图 2-38 所示电路的戴维南等效电路。

解 (1) 求有源二端网络的开路电压 U_{OC}。

由于回路中含有电流源，所以回路的电流为 1A，方向为逆时针方向。

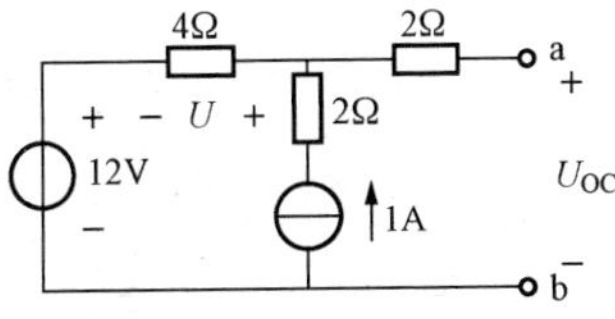

图 2-38 [例 2-18] 图

4Ω 电阻的电压为

$$U = RI = 4 \times 1 = 4(\mathrm{V})$$

开路电压 U_{OC} 为

$$U_{OC} = 4 + 12 = 16(\mathrm{V})$$

(2) 求内电阻 R_O，将电压源短路，电流源开路，得如图 2-39 所示电路，有

$$R_O = 2 + 4 = 6(\Omega)$$

戴维南等效电路如图 2-40 所示。

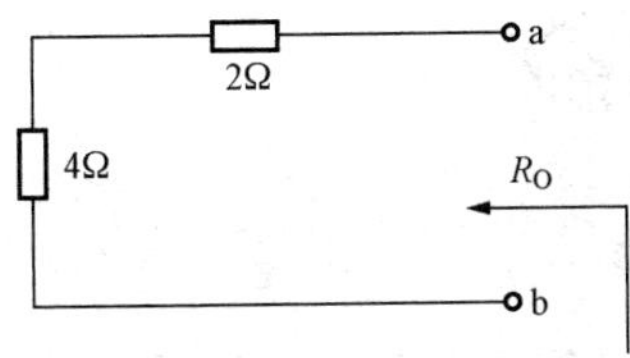

图 2-39 求解等效电阻

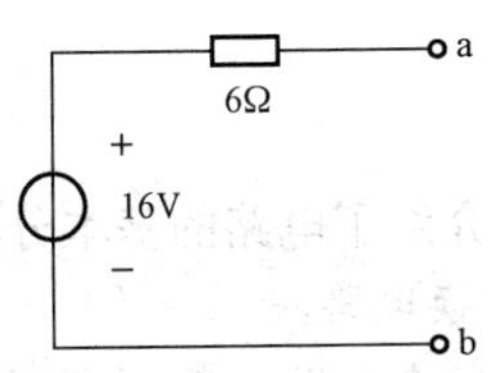

图 2-40 戴维南等效电路

[**例 2-19**] 在图 2-41 (a) 所示电路中，已知 $R_1=1\Omega$，$R_2=R_4=6\Omega$，$R_3=3\Omega$，$U_{S2}=22\mathrm{V}$，$U_{S1}=8\mathrm{V}$，$I_S=2\mathrm{A}$，用戴维南定理求电流 I_1。

解 等效电源的电压 U_S 可由图 2-41 (b) 求得

$$U_S = U_{abo} = U_{S2} - I_S R_3 = 22 - 2 \times 3 = 16(\mathrm{V})$$

等效电源的内阻 R_O 可由图 2-41 (c) 求得

$$R_O = R_3 = 3(\Omega)$$

图 2-41 (d) 所示为图 2-41 (a) 所示的等效电路，则

$$I_1 = \frac{U_S - U_{S1}}{R_O + R_1} = \frac{16-8}{3+1} = 2(\text{A})$$

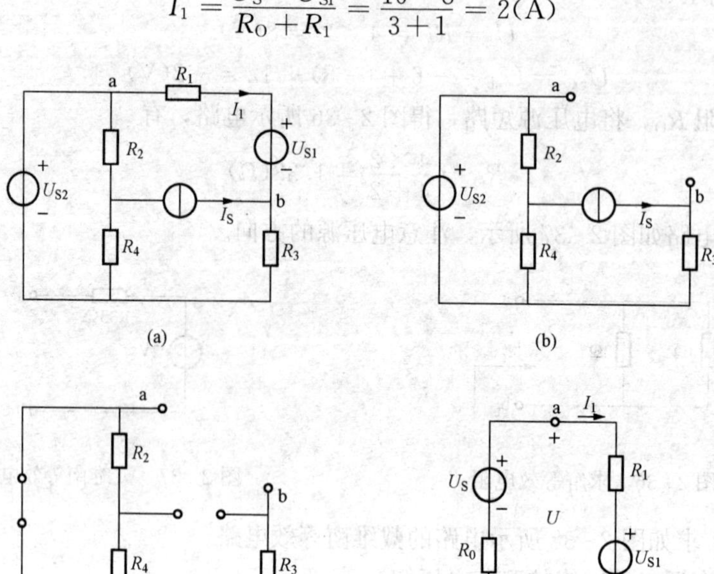

图 2-41 ［例 2-19］图

2.6.1　叙述用戴维南分析电路的方法。

2.6.2　用戴维南定理求等效电路的电阻时，对原网络内部电源如何处理？

本章小结

本章主要介绍了电路的基本分析方法。

1. 等效变换电路法

对于一个复杂电路一般要通过等效变换等手段，把复杂电路变成简单电路进行计算和分析。

（1）等效网络的概念

端口电压电流关系相同的两个网络称为等效网络。等效网络互换，它们的外部情况不变。

（2）n 个电阻串联的等效电阻公式为

$$R = \sum_{k=1}^{n} R_k$$

（3）n 个电阻并联的等效电导公式为

$$G = \sum_{k=1}^{n} G_k$$

（4）两种电源模型的等效变换

等效电源有两种模型。一种是理想电压源 E 和内阻 R_S 串联组成的电压源电路，另一种是理想电流源 I_S 和内阻 R_S' 并联组成的电流源电路。

电压源与电阻串联的模型和电流源与电阻并联的模型可以进行等效变换，等效变换公式为

$$I_S = \frac{U_S}{R_S}, \quad R_S' = R_S$$

2. 支路电流法

支路电流法是分析复杂电路最常用的方法。支路电流法是以支路电流为未知量，利用 KVL 和 KCL 列出独立的支路电流方程和独立的回路电压方程，联立方程求出各支路电流，然后根据电路的基本关系求出其他未知量。

3. 节点电压法

结点电压是指当选定电路中某一点为参考结点后，其余各结点对参考点的电压。节点电压法是在一个电路中，任选一个节点作为参考点，则其他各个节点与参考点间的节点电压为未知量的电路分析方法。

4. 叠加定理

叠加定理是指在由线性电阻、独立电源及受控源组成的线性电路中，任一支路的电流等于各个独立电源单独作用时在该支路产生的电流代数和。电路中任意两点的电压，等于各个独立电源单独作用时在这两点所产生的电压的代数和。

应用叠加定理应该注意的问题;

（1）叠加定理仅适用于线性电路。

（2）某个电源单独作用时，其他独立源取零值、电流源开路。

（3）叠加原理只适合于电流、电压的代数和计算，不适合功率的计算。

5. 戴维南定理

一个线性含源二端电阻网络，对外电路来说，总可以用一个电压源和电阻串联的模型来代替。该电压源的电压等于含源二端网络断开负载后 a、b 两端之间的电压 U_{OC}，电阻等于该网络中所有电压源短路、电流源开路时的等效电阻 R_O。

等效电源的方法是指在一个复杂电路中，若求某一支路的电压或电流，可以暂时把这条支路剔除，把复杂电路的其他部分简化为一个有源二端网络，再把剔除的支路接入二端网络求解电路。

有源二端网络可以简化为一个等效电源，经过这种变换后，待求支路中的电流和支路两端的电压不变。

2.1　填空题：

1. 支路电流法就是以__________为未知量，依据__________列出方程式，然后解方程组得到__________的解题方法。

2. 某电路有节点数为 n 个，网孔数为 e 个，则支路数有__________条。

3. 根据支路电流法解得的电流为正值时，说明电流的参考方向与实际方向__________；

电流为负值时，说明电流的参考方向与实际方向__________。

4. 在具有几个电源的__________电路中，各支路电流等于各电源单独作用时所产生的电流__________，这一定理称为叠加原理。叠加定理只适用于线性电路，并只限于计算线性电路中的__________和__________，不适用于计算电路的__________。

5. 任何一个复杂的线性有源二端网络，对外电路而言，均可用__________来代替，称为__________。

6. 运用戴维南定理将一个有源二端网络等效成一个电压源，则等效电压源的电压 U_s 为有源二端网络__________时的端电压 U_{oc}，其内电阻 R_{eq} 为有源二端网络内电压源作__________处理，电流源作__________处理时的等效电阻。

2.2　判断题：

1. 用支路电流法解题时，各支路电流参考方向可以任意假定。（　　）
2. 求电路中某元件上的功率时，可用叠加定理。（　　）
3. 回路就是网孔，网孔就是回路。（　　）
4. 应用叠加定理求解电路时，对暂不考虑的电压源将其作开路处理。（　　）
5. 任何一个有源二端线性网络，都可用一个恒定电压 U_{oc} 和内阻 R_{eq} 等效代替。（　　）

2.3　求图 2-42 中 a、b 两点间的电压 U_{ab}。

2.4　在图 2-43 所示电路中，已知 $I_{S1}=2A$，$I_{S2}=3A$，$R_1=1\Omega$，$R_2=2\Omega$，$R_3=2\Omega$，求 I_3、U_{ab} 和两理想电流源的端电压 U_{cb} 和 U_{db}。

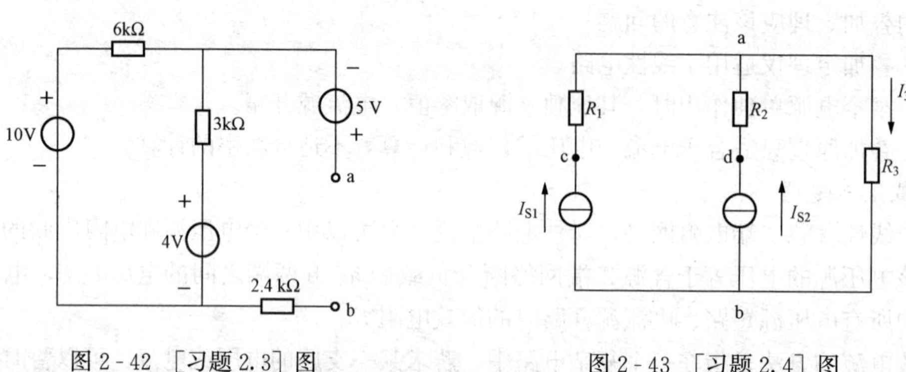

图 2-42 ［习题 2.3］图　　　　图 2-43 ［习题 2.4］图

2.5　求图 2-44 所示电路中的电压 U 和电流 I。

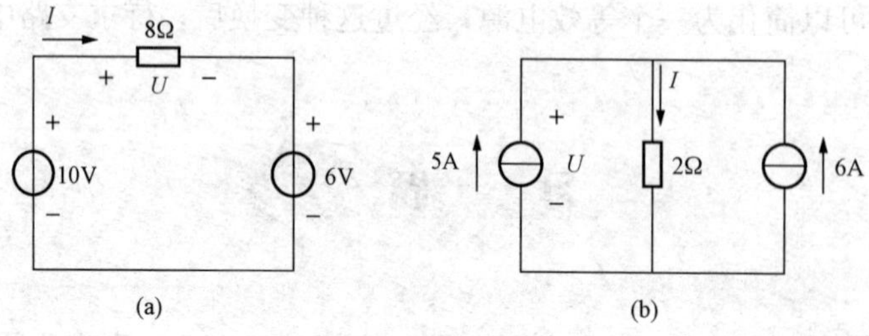

图 2-44 ［习题 2.5］图

2.6　求图 2-45 所示电路的等效电阻 R_{ab}。

2.7 计算如图 2-46 所示电路中的电流 I。

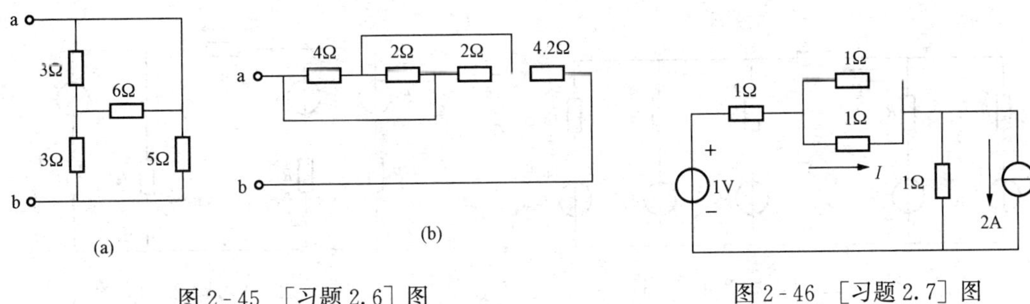

图 2-45 [习题 2.6] 图

图 2-46 [习题 2.7] 图

2.8 求图 2-47 所示电路的端口等效电源模型。

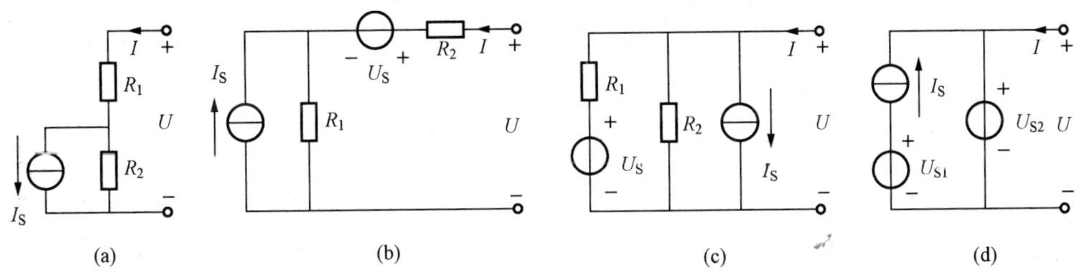

图 2-47 [习题 2.8] 图

2.9 用五种方法求如图 2-48 所示电路中的各支路电流。

2.10 如图 2-49 所示，已知电阻 $R_1=4\Omega$，$R_2=8\Omega$，$R_3=6\Omega$，$R_4=12\Omega$，电压 $U_{S1}=12V$，$U_{S2}=3V$，用叠加定理求电流 I。

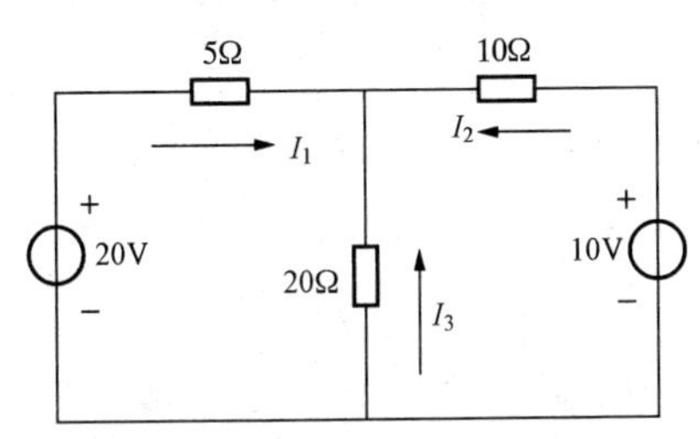

图 2-48 [习题 2.9] 图

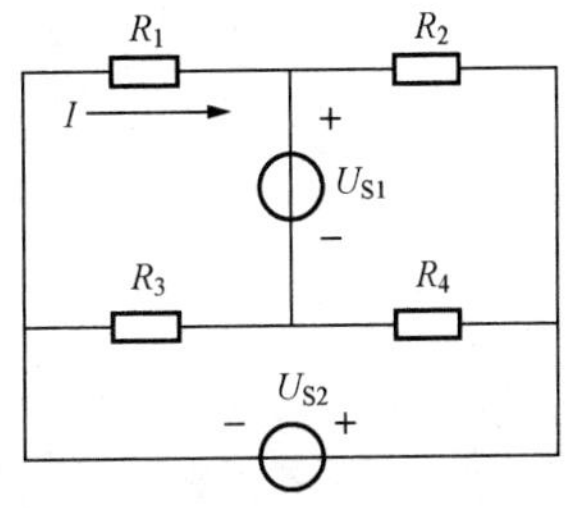

图 2-49 [习题 2.10] 图

2.11 如图 2-50 所示，已知电阻 $R_1=R_2=2\Omega$，$R_3=4\Omega$，$R_4=5\Omega$，电压 $U_{S1}=6V$，$U_{S3}=10V$，$I_{S4}=1A$，求戴维南等效电路。

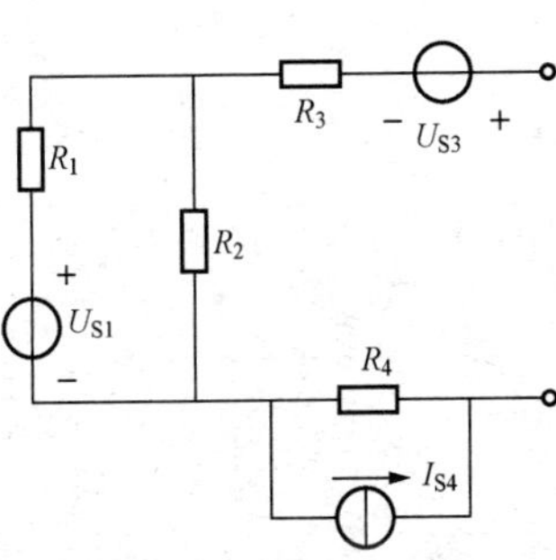

图 2-50 [习题 2.11] 图

2.12 如图 2-51 所示，已知电阻 $R_1=3k\Omega$，$R_2=6k\Omega$，$R_3=0.5k\Omega$，$R_4=R_6=2k\Omega$，$R_5=1k\Omega$，电压 $U_{S1}=15V$，$U_{S2}=12V$，$U_{S4}=8V$，$U_{S5}=7V$，$U_{S6}=11V$，试用戴维南定理求电流 I_3。

2.13 如图 2-52 所示，已知 $R_1=R_2=R_3=R_4=1\Omega$，$R_5=10\Omega$，$E_1=15V$，$E_2=13V$，$E_3=4V$。用戴维南定理求

流过电阻 R_5 的电流（要画出等效电路）。

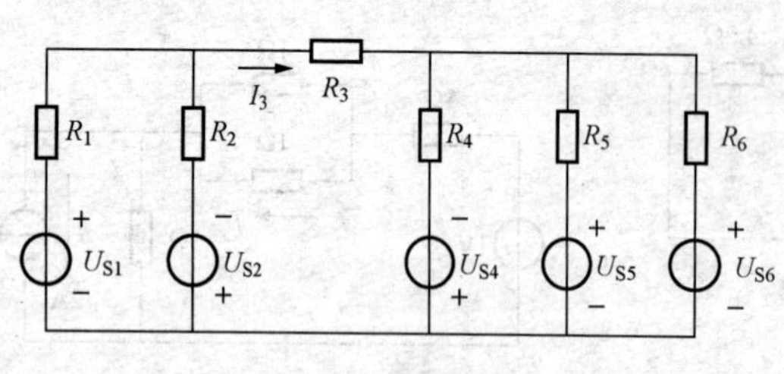

图 2-51 ［习题 2.12］图

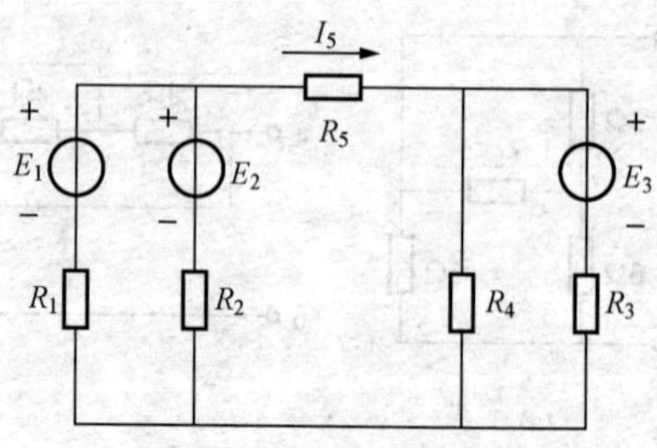

图 2-52 ［习题 2.13］图

3 单相正弦交流电路

【本章提要】 在前面章节中，所介绍的电压、电流，其大小和方向都不随时间变化，这种电压、电流称为直流电。与直流电相比，交流电更适合于远程供电，所以在人们日常生产和生活中，除使用直流电外，还广泛使用大小和方向随时间变化的交流电。

交流电的形式是多种多样的。在交流电中，应用最多的是随时间按正弦规律变化的交流电。非正弦的周期交流电，也可以用若干个正弦交流电叠加组成。因此，对正弦交流电路的分析研究有着重要的理论价值和实际意义。

本章主要学习单相正弦交流电路的有关知识，为今后进一步学习三相正弦交流电路及专业知识和其他科学技术打下基础。

本章主要内容有：正弦量的三要素及其相量表示；电路元件上电压电流数值及相位关系；用相量法分析正弦交流电路；电路中的功率；有功功率、无功功率、视在功率及功率因数的提高。

3.1 正弦交流电的基本概念

3.1.1 交流电的产生

1. 各种形式的交流电

交流电广泛地应用于电力工程、无线电电子技术和电磁测量中。

在电力系统中，从发电到输配电，都用的是交流电。这里的电源是交流发电机。交流发电机产生的电动势随时间变化的关系如图 3-1 所示，基本上是正弦或余弦函数的波形，这样的交流电叫做正弦交流电。

在无线电电子设备中的各种信号，大多数也是交流电信号。这里电信号的来源是多种多样的。在收音机、电视机中，通过天线接受了从电台发射到空间的电磁波，形成整机的信号源。在许多测量仪器（如交流电桥、示波器、频率计、Q 表等）中，交流电源来自各种信号发生器。实际中不同场合应用的交流电随时间变化的波形是多种多样的。例如市电是 50Hz 的正弦波［图 3-2（a)］，电子示波器用来扫描的信号是锯齿波［图 3-2（b)］，电子计算机中采用的信号是矩形脉冲［图 3-2（c)］，激光通信用来载波的是尖脉冲［图 3-2（d)］，广播电台发射的信号在中波段是 535～1605kHz 的调幅波［图 3-2（e)］，而电台和通信系统发射的信号兼有调幅波和调频波［图 3-2（f)］。

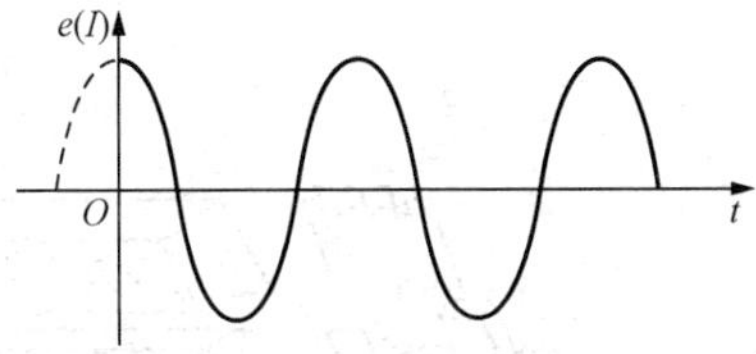

图 3-1 正弦交流电

虽然交流电的波形多种多样，但其中最重要的是正弦交流电。这不仅因为正弦交流电最常见，而更根本的还有以下两点理由：

（1）任何非正弦交流电都可以分解为一系列不同频率的正弦成分。

（2）不同频率的正弦成分在线性电路中彼此独立、互不干扰。

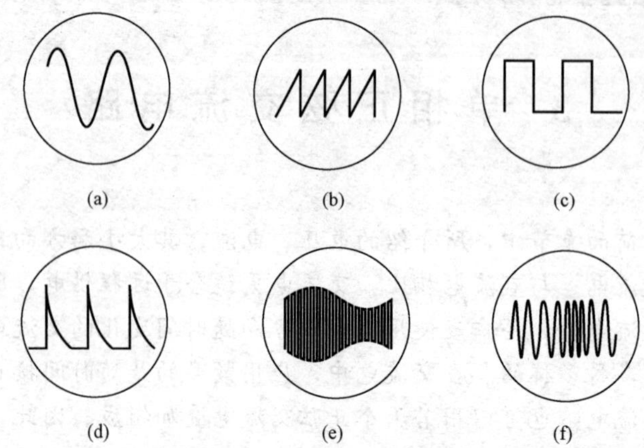

图 3-2 各种波形的交流电

(a) 正弦波；(b) 锯齿波；(c) 矩形脉冲；(d) 尖脉冲；(e) 调幅波；(f) 调频波

由于以上两点理由，在一切波形的交流电中，正弦交流电是最基本的。本章以后各节只讨论正弦交流电，这是处理一切交流电问题的基础。

2. 交流电的产生

图 3-3 是一个交流发电机的简单原理图。在电磁铁的两极 N 和 S 之间放一个由硅钢片叠成的圆柱体 A，称为电枢。其上绕着线圈，线圈两端分别接到两只绝缘的铜制集流环 R、R′上，环上放着和外电路相接的电刷 T 和 T′。磁极在制造时由于采取了适当的形状，使磁极与电枢之间的气隙从磁极中心向它的边棱逐渐增大，这样可以得到方向和电枢表面垂直、大小沿电枢圆周依正弦规律分布的磁感应强度。通过电枢中心和磁极轴线相垂直的平面称为中性面，如图 3-4 中垂直纸面的 OO′面。此中性面和电枢表面相交的地方，磁感应强度为零，在磁极中部磁感应强度最大为 B_{m}。令 α 为通过电枢轴线和电枢表面上一点 M 的平面与中性面之间的夹角，则该处的磁感应强度为

$$B = B_{m}\sin\alpha$$

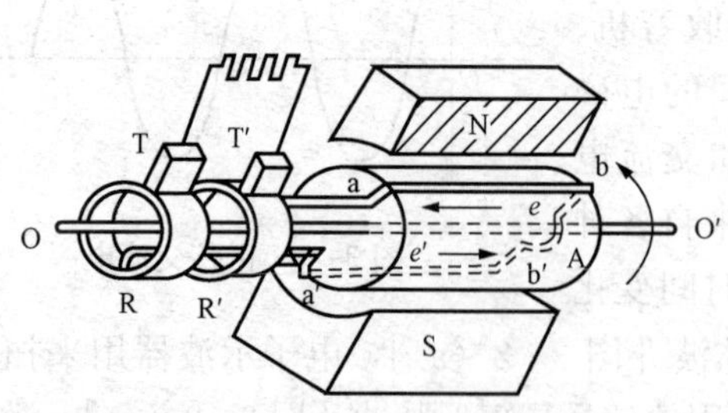

图 3-3 交流发电机原理图

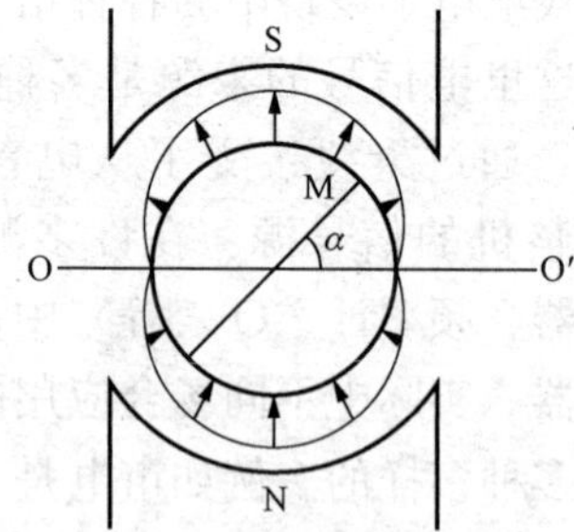

图 3-4 中性面磁感应强度

电枢在磁场中匀速转动时，导线垂直地切割磁感应线，根据公式 $e=Blu$，线圈转到上述位置时每一个有效边产生的感应电动势为

$$e' = B_{m}Lu\sin\alpha$$

由于线圈是两个有效边串联起来的，所以 N 匝线圈内的总电动势为

$$e = 2NB_{m}Lu\sin\alpha \tag{3-1}$$

当 $\alpha=90°$时，线圈中的电动势具有最大值，即

$$E_m = 2NB_mLv$$

这是一个与 α 大小无关的常数，把它代入式 $e=2NB_mLv\sin\alpha$ 中就得到

$$e = E_m\sin\alpha \tag{3-2}$$

设电枢开始旋转时，线圈平面与中性面之间的夹角为 φ，电枢作匀度旋转时的角速度为 ω，那么，在 t 秒内转过的角度为 ωt，故线圈平面在时间 t 这一瞬间所在的位置为

$$\alpha = \omega t + \varphi$$

在此时刻的电动势为

$$e = E_m\sin(\omega t + \varphi) \tag{3-3}$$

上述分析表明；如果气隙中的磁感应强度按正弦规律分布，电枢做匀速转动时，线圈中产生的电动势就是周期变化的正弦交变电动势。

当线圈与外电路接通时，线圈中便有电流流动，在此情况下，磁场便对载流导线要施加一个作用力。仔细分析作用力的方向，就知道线圈受到一个阻止它转动的力矩。为了使线圈继续转动，输出电功就必须用其他原动机（如水轮机、汽轮机、柴油机等）来带动，克服阻力矩做功。所以，发电机实际上是利用电磁感应将原动机供给的机械能转换为电能的装置。

实际的发电机，结构比较复杂。电枢不只一组而有多组，磁极也不只一对而有多对。但发电机的基本组成部分仍是电枢和磁极，电枢转动，而磁极不动的发电机，叫做旋转电枢式发电机。磁极转动，而电枢不动，线圈依然切割磁力线，电枢中同样会产生感应电动势，这种发电机叫做旋转磁极式发电机。不论哪种发电机，转动的部分都叫转子，不动的部分都叫定子。发电机在实际运用中，当发电机磁极对数为 p 时，其感应电动势可写为

$$e = E_m\sin p\ \alpha \tag{3-4}$$

旋转电枢式发电机，转子产生的电流必须经过裸露着的滑环和电刷引到外电路、如果电压很高，就容易发生火花放电，有可能烧毁电机。同时，电枢可能占有的空间受到很大限制。它的线圈匝数不可能很多，产生的感应电动势也不可能很高。这种发电机提供的电压一般不超过 500V。现代生产的大型发电机产生的电压较高。每台输出功率高达几万、几十万甚至百万千瓦，这时用电刷将电流输出就有困难了。通常都是把磁极安在转子上，线圈固定在定子上，线圈中的强大电流由固定的端线送出。所以大型发电机都是旋转磁极式的。

3.1.2 描述正弦交流电的特征物理量

和机械简谐振动一样，正弦交流电的任何变量（电动势 e、电压 u、电流 i）都可以写成时间 t 的正弦函数或余弦函数的形式，我们将采用正弦函数的形式，即

交变电动势 $$e(t) = E_m\sin(\omega t + \varphi_e) \tag{3-5}$$

交变电压 $$u(t) = U_m\sin(\omega t + \varphi_u) \tag{3-6}$$

交变电流 $$i(t) = I_m\sin(\omega t + \varphi_i) \tag{3-7}$$

从这些表达式中可以看出，描述任何一个变量，都需要三个特征量，即角频率、最大值和相位。现在分别讨论如下。

1. 频率和角频率

交流电和其他周期性过程一样，是用频率或周期来表示变化快慢的。在交流发电机中，线圈匀速转动一周，电动势、电流就按正弦规律变化一周。我们把交流电完成一次周期性变化所用的时间，叫做交流电的周期。周期通常用 T 表示，单位是 s（秒）。交流电在单位时

间内完成周期性变化的次数叫做交流电的频率，频率通常用 f 表示，单位是赫兹（Hz），简称赫。在无线电电子技术中遇到的交流电频率通常很高，频率的单位常用 KHz（千赫）或 MHz（兆赫）。它们与 Hz（赫兹）的关系为

$$1\text{kHz} = 10^3\text{Hz}，\ 1\text{MHz} = 10^6\text{Hz}$$

根据定义，周期与频率的关系是

$$T = \frac{1}{f} \quad 或 \quad f = \frac{1}{T} \tag{3-8}$$

在我国，发电厂提供的正弦交流电的频率是 50Hz，这一频率为工业标准频率，简称工频。许多国家采用 50Hz 工频，也有一些国家采用 60Hz 为工频。在其他技术领域还使用着不同频率的交流电，如电热方面：中频炉的频率是 500～8000Hz、高频炉的频率是 200～300kHz；无线电技术方面采用的频率范围是 10^5～3×10^{10} Hz 等。

正弦交流电量变化的快慢还可以用角频率来表示。由于正弦量变化一周相当于变化了 2π 弧度，角频率 ω 就是正弦量在单位时间（1s）内变化的角度，即

$$\omega = \frac{2\pi}{T} = 2\pi f \tag{3-9}$$

角频率的单位是 rad/s（弧度/秒），工频交流电的角频率 $\omega=100\pi\text{rad/s}=314\text{rad/s}$。为了避免与机械角度相混淆，我们把正弦量随时间变化的角度称为电角度。

2. 最大值

与机械振动的振幅相对应，每个交流正弦量都有自己的幅值，或称最大值，电动势、电压和电流的最大值分别用 E_m、U_m 和 I_m 表示。交流电的最大值在实际中有重要意义。例如把电容器接在交流电路中，就需要知道交流电压的最大值。电容器所能承受的电压要高于交流电压的最大值，否则电容器可能被击穿。但是，在研究交流电的功率时，最大值用起来却不够方便。它不适于用来表示交流电产生的效果。因此，在实际工作中通常用有效值来表示交流电的大小。

交流电的有效值是根据电流的热效应来规定的。让交流电和直流电通过同样阻值的电阻，如果它们在同一时间内产生的热量相等，就把这一直流电的数值叫做这一交流电的有效值。例如，在同一时间内，某一交流电通过一段电阻产生的热量，跟 3A 的直流电通过阻值相同的另一电阻产生的热量相等，那么，这一交流电流的有效值就是 3A。

交流电动势和电压的有效值可以用同样的方法来确定。通常用 E、U、I 分别表示交流电的电动势、电压和电流的有效值。下面我们就来分析一下交流电的最大值和有效值之间的关系。

设交流电流 i 通过电阻 R，则在 dt 时间内产生的热量为

$$\text{d}Q = 0.24i^2R\text{d}t$$

这个交流电流在一周时间内产生的热量为

$$Q = \int_0^T \text{d}Q = \int_0^T 0.24i^2R\text{d}t$$

某一直流电通过同阻值电阻 R 在相同时间内所产生的热量为

$$Q = 0.24I^2RT$$

根据有效值定义，这两个电流产生的热量应该相等，即

$$0.24I^2RT = \int_0^T 0.24i^2R\mathrm{d}t$$

由此式即可求出交流的有效值为

$$I = \sqrt{\frac{1}{T}\int_0^T i^2\mathrm{d}t}$$

即交流的有效值等于其瞬时值的平方在一周期内的平均值的平方根，又称为“均方根值”。

对于正弦交流电流 $i=I_m\sin\omega t$，则有

$$I = \sqrt{\frac{1}{T}\int_0^T i^2\mathrm{d}t} = \sqrt{\frac{1}{T}\int_0^T I_m^2\sin^2\omega t\mathrm{d}t} = \sqrt{\frac{I_m^2}{T}\int_0^T \frac{(1-\cos 2\omega t)\mathrm{d}t}{2}}$$

$$= \sqrt{\frac{I_m^2}{2T}\left(\int_0^T \mathrm{d}t - \int_0^T \cos 2\omega t\mathrm{d}t\right)} = \sqrt{\frac{I_m^2}{2T}(T-0)}$$

即

$$I = \frac{I_m}{\sqrt{2}} \approx 0.707I_m \qquad (3-10)$$

上述交流电流有效值的结论也适用于交流电的其他物理量。对于交变电动势、交变电压来说，有

$$E = \frac{E_m}{\sqrt{2}} \approx 0.707E_m \qquad (3-11)$$

$$U = \frac{U_m}{\sqrt{2}} \approx 0.707U_m \qquad (3-12)$$

我们通常说照明电路的电压是220V，便是指有效值。各种使用交流电的电气设备上所标的额定电压和额定电流的数值，一般交流电流表和交流电压表测量的数值，也都是有效值。以后提到交流电的数值，凡没有特别说明的，都是指有效值。

3. 相位

由交流电瞬时值的表达式可以看出，最大值相同、频率相同的交流电，在各瞬间的瞬时值和变化步调不一定相同，表达式中（$\omega t+\varphi$）这个量，对于确定交流电的大小和方向起着重要作用，（$\omega t+\varphi$）叫做交流电的相位。φ 是 $t=0$ 时的相位，叫做初相位，简称初相。

如果两个正弦量之间有相位差，就表示它们的变化步调不一致。两个频率相同的交流电，如果它们的相位相同，即相位差为零，就称这两个交流电为同相的。它们的变化步调一致、总是同时到达零和正负最大值，它们的波形图如图3-5（a）所示。两个频率相同的交流电，如果相位差为180°，就称这两个交流电为反相的。它们的变化步调恰好相反，一个到达正的最大值，另一个恰好到达负的最大值；一个减小到零，另一个恰好增大到零。它们的波形图如图3-5（b）所示。

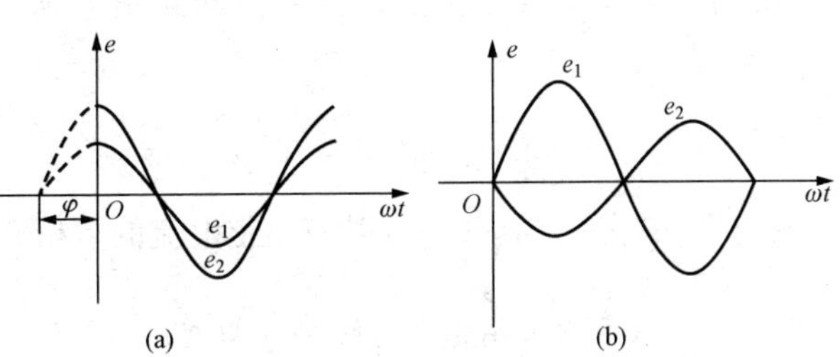

图3-5 交流电的同相和反相波形图

（a）同相；（b）反相

图3-6表示两个频率相同的交流电，但初相不同，且 $\varphi_1>\varphi_2$。从图中可以看出，它们的变化步调不一致，

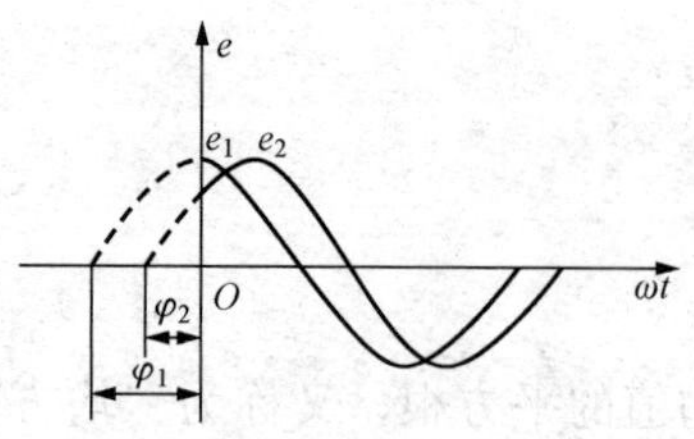

图 3-6 频率相同、初相不同的交流电

e_1 比 e_2 先到达正的最大值、零或负的最大值。这时我们说 e_1 比 e_2 超前 $\Delta\Phi(\Delta\Phi=\varphi_1-\varphi_2)$ 角，或者 e_2 比 e_1 落后 $\Delta\Phi$ 角。

最大值（或有效值）、频率（或周期）、初相是表征正弦交流电的三个重要物理量。知道了这三个量，就可以写出交流电瞬时值的表达式，从而知道正弦交流电的变化规律。故把它们称为正弦交流电的三要素。

3.1.3 正弦交流电的表示法

为了便于研究交流电，需要用各种不同的形式表示它。经常使用的形式有解析式表示法、波形图表示法、相量表示法和相量图表示法。

1. 解析式表示法

上文中的正弦交流电的电动势、电压和电流的瞬时值表达式就是交流电的解析式，即

$$\begin{cases} e(t)=E_{\mathrm{m}}\sin(\omega t+\varphi_{\mathrm{e}}) \\ u(t)=U_{\mathrm{m}}\sin(\omega t+\varphi_{\mathrm{u}}) \\ i(t)=I_{\mathrm{m}}\sin(\omega t+\varphi_{\mathrm{i}}) \end{cases} \tag{3-13}$$

如果知道了交流电的最大值（或有效值）、频率（或周期）和初相，就可以写出它的解析式，便可算出交流电任何瞬间的瞬时值。

例如：已知某正弦交流电压的最大值 $U_{\mathrm{m}}=310\mathrm{V}$，频率 $f=50\mathrm{Hz}$，初相 $\varphi=30°$，则它的解析式为

$$u=U_{\mathrm{m}}\sin(\omega t+\varphi_{\mathrm{u}})=310\sin(100\pi t+30°)(\mathrm{V})$$

$t=0.01\mathrm{s}$ 时的电压瞬时值为

$$u=310\sin(100\pi\times0.01+30°)=310\sin210°=-155(\mathrm{V})$$

2. 波形图表示法

正弦交流电还可用与解析式相对应的波形图，即正弦曲线来表示，如图 3-7 所示。图中的横坐标表示时间 t 或角度 ωt，纵坐标表示随时间变化的电动势、电压或电流的瞬时值，在波形上可以反映出最大值、初相和周期等。

根据图 3-7 的电流波形图可写出该正弦电流的解析式。从波形图可知 $I_{\mathrm{m}}=6\mathrm{A}$，$T=2\times(0.0175-0.0075)=0.02\ \mathrm{s}$，即 $f=\frac{1}{T}=50(\mathrm{Hz})$，$\omega=2\pi f=314\mathrm{rad/s}$。

因为 $\frac{T}{4}=\frac{0.02}{4}=0.005(\mathrm{s})$，所以初相角 φ 所对应的时间为

$$0.005-0.0025=0.0025(\mathrm{s})$$

$\varphi=\frac{0.0025\times2\pi}{0.02}=\frac{\pi}{4}$，所以该正弦电流的解析式为

$$i=6\sin\left(314t+\frac{\pi}{4}\right)(\mathrm{A})$$

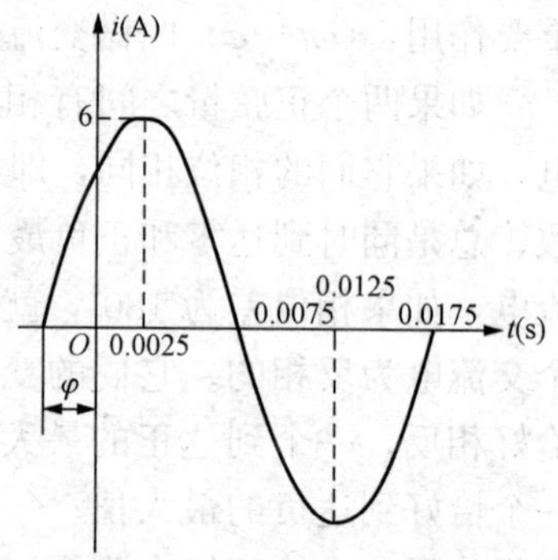

图 3-7 正弦交流电波形图

有时为了比较几个同频率正弦量的相位关系，也可以把它们的波形画在同一坐标系内，如图 3-6 所示。

3. 相量表示法

解析式和波形图虽然都能明确地表示某一个正弦量的三要素，但要将两个正弦量相加或相减时，这两种方法就很麻烦。为了使计算简单而又形象，常采用旋转矢量法。

所谓旋转矢量法，就是在平面直角坐标中，用一个通过原点的以逆时针方向旋转的矢量来表示一个正弦量的方法。该旋转矢量的长度表示正弦量的最大值；该旋转矢量的起始位置与横轴正方向的夹角表示初相角（规定从横轴正方向或参考位置按逆时针方向旋转的角度为正，按顺时针方向旋转的角度为负）；该旋转矢量逆时针旋转的角速度等于正弦量的角频率。

为什么这样的一个旋转矢量能表示一个正弦量呢？下面以旋转矢量表示正弦电压 $u=U_m\sin(\omega t+\varphi)$ 为例来说明。

在图 3-8 中，从坐标原点 O 在横轴上作矢量 **A** 等于电压的最大值 U_m，让 **A** 以角速度 ω（等于 u 的角频率 ω）绕原点 O 逆时针方向旋转。在 $t=t_0$ 时，**A** 与横铀的夹角为零值，**A** 在纵轴上的投影为零，此时 u 的瞬时值也为零。经过时间 t_1 后，旋转矢量 **A** 旋转了电角度 ωt_1，此时旋转矢量 **A** 在纵轴上的投影为 $U_m\sin\omega t_1$，这就是电压 u 在 $t=t_1$ 时的瞬时值。当 $t=t_2$ 时，**A** 旋转了电角度 $\omega t_2=90°$，**A** 在纵轴上的投影等于电压的最大值 U_m，此时 u 的瞬时值为 $U_m\sin\omega t_2=U_m\sin 90°=U_m$。可见，该旋转矢量在旋转过程中每一时刻在纵轴上的投影正好等于它所表达的正弦量的瞬时值。同理，正弦交流电动势、正弦交流电流都可引入相应的旋转矢量来表示。

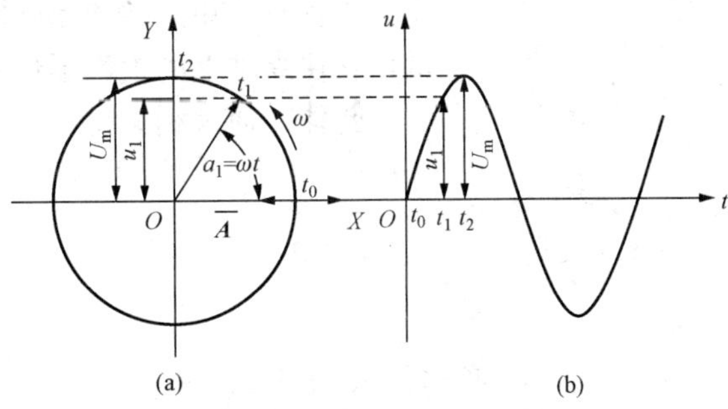

图 3-8 旋转矢量

由此可见，一个正弦量可以用一个旋转矢量表示。矢量以角速度 ω 沿逆时针方向旋转。显然，对于这样的矢量不可能也没有必要把它的每一瞬间的位置都画出来，只要画出它的起始位置即可。因此，一个正弦量只要它的最大值和初相确定后，表示它的矢量就可确定。必须指出，表示正弦交流电的矢量与一般的空间矢量（如力、速度等）是不同的，它只是正弦量的一种表示方法，为了与一般的空间矢量相区别，我们把表示正弦交流电的这一矢量称为相量，并用大写字母上加黑点的符号来表示，如 $\dot{E}_m$、$\dot{U}_m$ 和 $\dot{I}_m$ 分别表示电动势相量、电压相量和电流相量，有

$$\begin{cases}\dot{E}_m=E_m\angle\varphi_e\\ \dot{U}_m=U_m\angle\varphi_u\\ \dot{I}_m=I_m\angle\varphi_i\end{cases}\tag{3-14}$$

在实际问题中遇到的常是有效值，故把各个相量的长度缩小到原来的$\frac{1}{\sqrt{2}}$，这样，每个相量的长度不再是最大值，而是有效值，这种相量叫有效值相量，用符号 $\dot{E}$、$\dot{U}$ 和 $\dot{I}$ 表示。而原来最大值的相量叫最大值相量。式（3-14）写为有效值相量为

$$\begin{cases}\dot{E}=E\angle\varphi_e\\ \dot{U}=U\angle\varphi_u\\ \dot{I}=I\angle\varphi_i\end{cases} \tag{3-15}$$

4. 相量图表示法

相量也可以用复平面上的有向线段表示出来。当把各个同频率正弦量的相量画在同一复平面上时，所得到的图形称为相量图。由于旋转角频率都相同，相量彼此之间的相位关系始终保持不变，因此在研究同频相量的关系时，一般只按初相作出相量，而不必标出角频率。画相量图时一般用极坐标。

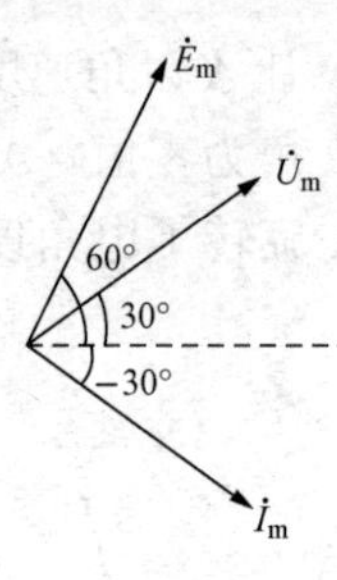

图 3-9　正弦量的相量图

例如有三个同频率的正弦量为 $e=60\sin(\omega t+60°)$(V)、$u=30\sin(\omega t+30°)$(V) 和 $i=5\sin(\omega t-30°)$(A)，其相量可表示为 $\dot{E}_m=60\angle 60°$(V)、$\dot{U}_m=30\angle 30°$(V) 和 $\dot{I}_m=5\angle -30°$(A)，则它们的相量图如图 3-9 所示。

作有效值相量图的原则同前，但必须指出，有效值相量是静止的相量，它在纵轴上的投影不代表正弦量瞬时值。

此外，通过相量图，根据几何图形关系，还可以对正弦电量进行计算。

[例 3-1]　$u_1=3\sqrt{2}\sin314t$(V)，$u_2=4\sqrt{2}\sin\left(314t+\frac{\pi}{2}\right)$。求：$u=u_1+u_2$。

解　先画出相量图，如图 3-10 所示。

根据相量相加减的原则，得出

$$\dot{U}=\dot{U}_1+\dot{U}_2$$

$\dot{U}$ 的大小为

$$U=\sqrt{U_1^2+U_2^2}=\sqrt{3^2+4^2}=5(\text{V})$$

$\dot{U}$ 的初相角为

$$\varphi=\arctan\frac{U_2}{U_1}=\arctan\frac{4}{3}=53°$$

得

$$u=5\sqrt{2}\sin(314t+53°)(\text{V})$$

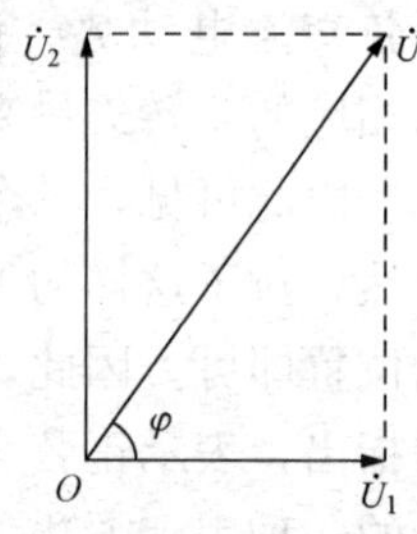

图 3-10 [例 3-1] 相量图

思考题

3.1.1　有一电容器，耐压为 220V，问能否接在电压为 220V 的交流电源上？

3.1.2　今有一正弦交流电压 $u=311\sin\left(314t+\frac{\pi}{4}\right)$V。求其角频率、频率、周期、幅值和初相角；当 $t=0$ 时，u 的值为多少？当 $t=0.01$s 时，u 的值又为多少？

3.1.3　判断下列各组正弦量哪个超前，哪个滞后？相位差等于多少？

(1) $i_1=5\sin(\omega t+50°)$(A)，$i_2=10\sin(\omega t+45°)$(A)

(2) $u_1=100\sin(\omega t-75°)$(V)，$u_2=200\sin(\omega t+100°)$(V)

(3) $u_1 = U_{1m}\sin(\omega t - 30°)$(V)，$u_2 = U_{2m}\sin(\omega t - 70°)$(V)

3.1.4　将下列各正弦量用相量形式表示，并画出其相量图。

(1) $u=110\sin314t$(V)　　(2) $u=20\sqrt{2}\sin(628t-30°)$(V)

(3) $i=5\sin(100\pi t-60°)$(A)　(4) $i=50\sqrt{2}\sin(1000t+90°)$(A)

3.1.5　如图 3-11 所示相量图，已知 $U=220$V，$I_1=5$A，$I_2=5\sqrt{2}$A，角频率为 314rad/s，试写出各正弦量的瞬时值表达式及相量。

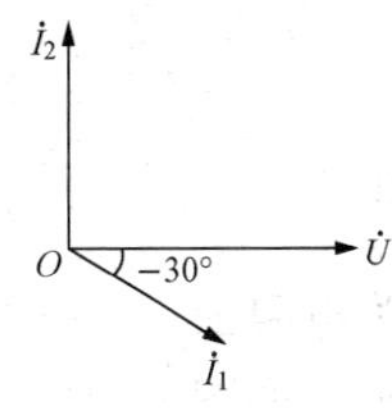

图 3-11 [思考题 3.1.5] 图

3.2　单一参数的正弦交流电路

如前所述，正弦交流电路和直流电路相比，有很大差别，在分析计算各正弦量时既要分析其大小，又要考虑其相位。电路中的负载既有电阻元件，又有电感元件和电容元件，它们对电路中的电压、电流及功率影响是否相同呢？通过本节内容的学习，我们将找到问题的答案。

3.2.1　元件概述

在直流电路中，负载对电流只表现出一种影响——电阻。如果在直流电路中接入线圈，除了暂态过程之外，电流只受线圈导线电阻的影响而与线圈的自感无关。如果在直流电路中接入电容器，由于电荷不能通过极板间的电介质，稳态时电容器所在支路就如同断路一般。

然而线圈及电容器对交变电流的影响却要复杂得多，由于电流变化，线圈将出现自感电动势，从而影响电流。由于交变电流对电容器的反复充放电，就使连接电容器的导线即使在稳态时也有交变电流通过。电阻器、线圈和电容器是交流电路中最常见的三种负载元件。

一个实际元件对交变电流往往不止提供一种影响。例如，用电阻丝在磁棒上绕成的线绕电阻器就既有电阻的影响又有电感的影响。但电感的影响远小于电阻的影响，因此可以看作“纯电阻”元件，简称**纯电阻**。白炽灯、电炉、电烙铁及各种电阻器一般可近似看作**纯电阻**。类似地，在一定的条件下，自感线圈可近似看作**纯电感**，电容器可近似看作纯电容。虽然并不存在绝对的纯电阻、纯电感和纯电容，但把这三种理想元件讨论清楚却有重要意义。因为，即使实际条件不允许把某些元件看作理想元件，往往也可以看作两、三个理想元件的串并联组合。

电阻值 R、自感系数 L 及电容量 C 是电阻元件、电感元件和电容元件的参数。参数为常数（不随电流而变）的元件叫**线性元件**，参数随电流而变的元件叫**非线性元件**。任一实际元件都或多或少地具有非线性，但在许多场合下可近似地当做线性元件处理。本节只讨论线性元件及由它们组成的线性电路

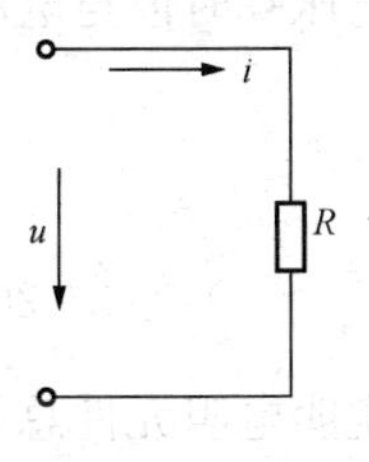

图 3-12　电阻元件的正弦交流电路

3.2.2　电阻元件接通正弦交流电

1. 电阻元件上电压和电流的关系

如图 3-12 所示的正弦交流电路中，只含有线性电阻元件 R。

对线性电阻元件，加在它两端的电压和流过它的电流都随时间而变，但在任何时刻均遵守欧姆定律。所以，在图示的参考方向下有

$$i = \frac{u}{R} \tag{3-16}$$

若电阻 R 两端所加的电压 $u=U_{\mathrm{m}}\sin(\omega t+\varphi)$，则流过电阻 R 的电流为

$$i=\frac{u}{R}=\frac{U_{\mathrm{m}}}{R}\sin(\omega t+\varphi)=I_{\mathrm{m}}\sin(\omega t+\varphi) \tag{3-17}$$

式中

$$I_{\mathrm{m}}=\frac{U_{\mathrm{m}}}{R}\quad 或\quad I=\frac{U}{R} \tag{3-18}$$

因为电阻 R 是一个实数，上面计算中相除后并不影响正弦量的频率和初相。电压和电流的波形图如图 3-13（a）所示。

下面进一步分析电阻元件上电压相量和电流相量的关系。

由 $u=U_{\mathrm{m}}\sin(\omega t+\varphi)$ 和式（3-17）可写出

$$\dot{U}=U\angle\varphi$$

$$\dot{I}=I\angle\varphi$$

则

$$\frac{\dot{U}}{\dot{I}}=\frac{U\angle\varphi}{I\angle\varphi}=R\angle0^{\circ}=R \tag{3-19}$$

电压与电流的相量图如图 3-13（b）所示。

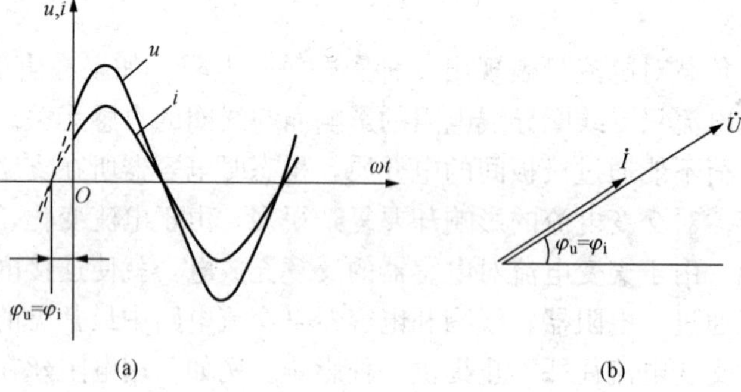

图 3-13　电阻元件的电压、电流波形图和相量图

（a）波形图；（b）相量图

通过上面的分析，可得如下结论：

（1）电阻元件上，正弦电流与正弦电压的瞬时值、最大值、有效值和相量均符合欧姆定律形式。

（2）电阻元件上正弦电压与正弦电流之比是电阻值 R，它是个实数。

（3）电阻元件上电压与电流是同频率同相位的正弦量，其波形图和相量图见图 3-13。

2. 电阻元件的功率和能量转换

在交流电路中，电压电流在关联参考方向下，任意瞬间电阻元件上的电压瞬时值与电流瞬时值的乘积称为该元件的瞬时功率。以小写字母 p 表示，即

$$\begin{aligned}p&=ui=\sqrt{2}U\sin\omega t\times\sqrt{2}I\sin\omega t=2UI\sin^{2}\omega t\\&=2UI\,\frac{1-\cos2\omega t}{2}=UI-UI\cos2\omega t\end{aligned} \tag{3-20}$$

由图 3-14 可知瞬时功率在变化过程中始终在坐标轴上方，即 $p\geqslant0$，说明电阻元件总是在吸收功率，它将电能转换为热能散发出来，只能是一个耗能元件。

瞬时功率时刻在变化，不便计算，通常都是计算一个周期内消耗功率的平均值，即平均

功率，又称为有功功率，用大写字母 P 来表示。电阻元件上平均功率为

$$P=\frac{1}{T}\int_{0}^{T}p\mathrm{d}t=\frac{1}{T}\int_{0}^{T}(UI-UI\cos 2\omega t)\mathrm{d}t=UI$$

因为 $U=IR$ 或 $I=\dfrac{U}{R}$，则有

$$P=UI=I^{2}R=\frac{U^{2}}{R} \tag{3-21}$$

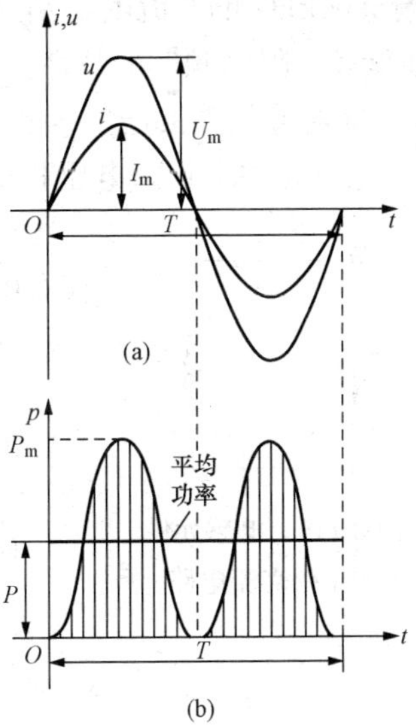

图 3-14 电阻元件上电压、电流和功率的波形

平均功率的单位为瓦（W），工程上也常用千瓦（kW）。一般用电器上所标的功率，如电灯的功率为 25W、电炉的功率为 1000W、电阻的功率为 1W 等都是指平均功率。

［例 3-2］ 一电阻 R 为 10Ω，通过 R 的电流 $i=10\sqrt{2}\sin(\omega t-30°)$A，求：

（1）电阻 R 两端的电压 U 及 u；

（2）电阻 R 消耗的功率 P；

（3）作出电压、电流的相量图。

解 （1）电阻 R 两端的电压 U 及 u 计算公式为

$$U=IR=\frac{10\sqrt{2}}{\sqrt{2}}\times 10=100(\mathrm{V})$$

则

$$u=100\sqrt{2}\sin(\omega t-30°)(\mathrm{V})$$

（2）电阻 R 消耗的功率 P 为

$$P=UI=100\times 10=1000(\mathrm{W})$$

（3）电压、电流相量图如图 3-15 所示。

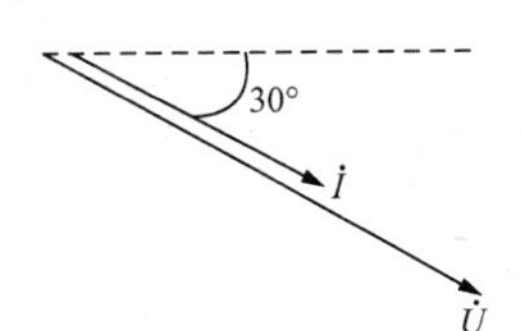

图 3-15 ［例 3-2］中电压、电流相量图

3.2.3 电感元件接通正弦交流电

1. 感抗

电感元件接通直流电源时，对电流起阻碍作用的只是线圈的电阻；而接通交流电源时，除了线圈的电阻外，由于通过电感线圈的是交变电流，电感线圈中必然产生阻碍电流变化的自感电动势，这样就形成了电感对电流的阻碍作用。

电感对电流的阻碍作用叫做**感抗**。用符号 X_L 表示，它的单位和电阻的单位一样，也是欧姆（Ω）。

感抗的大小与哪些因素有关呢？我们知道感抗是由自感现象引起的，线圈的自感系数 L 越大，自感作用就越大，因而感抗也越大；交流电的频率 f 越高，电流的变化率越大，自感作用也越大，感抗也就越大。进一步的研究指出，线圈的感抗 X_L 跟它的自感系数 L 和交流电的频率 f 的关系为

$$X_{L}=\omega L=2\pi fL \tag{3-22}$$

X_L、f、L 的单位分别是 Ω（欧姆）、Hz（赫兹）、H（亨利）。

对参数确定的电感线圈来说，感抗的大小是由电流的频率决定的。例如，自感系数是 1H 的线圈，对于直流电，$f=0$，$X_L=0$，相当于短路；对于 50Hz 的交流电，$X_L=314Ω$；

对于 500kHz 的交流电，$X_L=3.14\text{M}\Omega$。所以电感线圈在电路中有“通直流、阻交流”或“通低频、阻高频”的特性。

2. 电感元件上电压和电流的关系

电感元件上正弦电压和正弦电流的关系如何呢？下面就这个问题进行讨论。

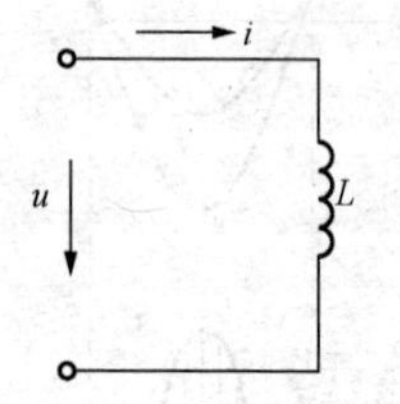

图 3-16 电感元件的正弦交流电路

如图 3-16 所示的正弦交流电路中，只含有线性电感元件 L。对仅有电感 L 的电路，在规定的参考方向下，其伏安关系是

$$u=L\frac{\mathrm{d}i}{\mathrm{d}t} \tag{3-23}$$

为了计算方便，设通过电感元件的正弦电流为

$$i=I_m\sin\omega t \tag{3-24}$$

代入式（3-23）可得电感元件的端电压为

$$u=I_m\omega L\cos\omega t=I_mX_L\sin\left(\omega t+\frac{\pi}{2}\right)$$

即

$$u=U_m\sin\left(\omega t+\frac{\pi}{2}\right) \tag{3-25}$$

式中

$$U_m=I_mX_L \quad 或 \quad U=IX_L=I\omega L \tag{3-26}$$

可见，如果电流初相为零，则电压初相为$\frac{\pi}{2}$。电压和电流的波形图如图 3-17（a）所示。

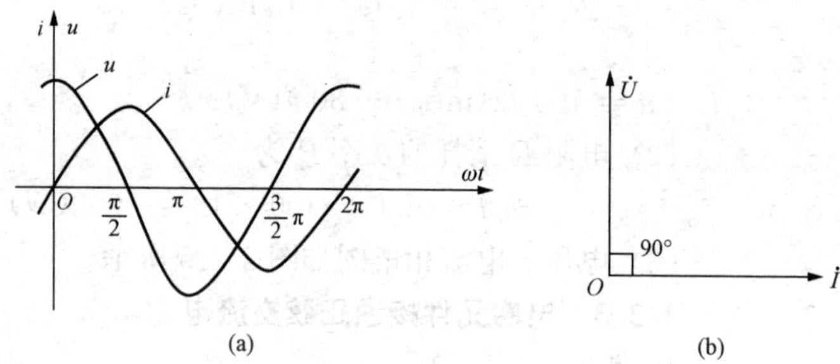

图 3-17 电感元件的电压、电流波形图及相量图

下面进一步分析电感元件上电压相量和电流相量的关系。由式（3-24）和式（3-25）可得

$$\dot{I}=I\angle 0°;\quad \dot{U}=U\angle 90°$$

则

$$\frac{\dot{U}}{\dot{I}}=\frac{U\angle 90°}{I\angle 0°}=\frac{U}{I}\angle 90°=X_L\angle 90°=\mathrm{j}X_L \tag{3-27}$$

电流与电压的相量图如图 3-17（b）所示。

通过上面的分析，可得如下结论：

（1）电感元件上，正弦电流与正弦电压的瞬时值的关系是积分或微分的关系（注意：不是欧姆定律）。

（2）引入感抗 X_L 后，正弦电流、正弦电压的最大值、有效值之间具有欧姆定律的形式，如式（3-26）所示。

（3）电压和电流相量之间也具有欧姆定律的形式，如式（3-27），式中 $\mathrm{j}X_L$ 是感抗的复数形式。

(4) 在相位上，电压超前电流$\frac{\pi}{2}$（或90°）。

3. 电感元件的功率和能量转换

(1) 瞬时功率：电感元件上的瞬时功率总等于电感元件上瞬时电压与瞬时电流的乘积，即

$$p = ui = \sqrt{2}U\sin(\omega t + 90°)\sqrt{2}I\sin\omega t = UI\sin 2\omega t$$

由上式可见，瞬时功率 p 是一个幅值是 UI，并以频率 2ω 随时间交变的正弦量，波形图如图 3-18 所示。

图 3-18 表明：在第一和第三个四分之一周期内，u 和 i 同为正值或同为负值，瞬时功率 p 为正。由于电流 i 是从零增加到最大值，电感元件建立磁场，将从电源吸收的电能转换为磁场能量，储存在磁场中；在第二个和第四个四分之一周期内，u 和 i 一个为正值，另一个为负值，故瞬时功率为负值。在此期间，电流 i 是从最大值下降为零，电感元件中建立的磁场在消失。这期间电感中储存的磁场能量释放出来，转换为电能返送给电源。在以后的每个周期中都重复上述过程。

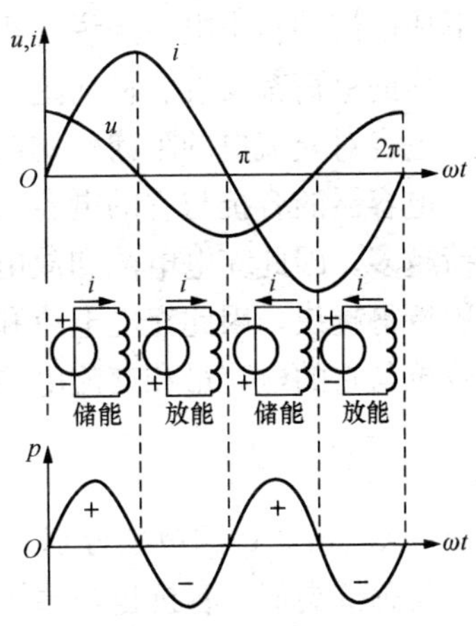

图 3-18 电感元件的瞬时功率波形图

(2) 平均功率（有功功率）：电感元件瞬时功率在一个周期内的平均值，即

$$P = \frac{1}{T}\int_0^T p\mathrm{d}t = \frac{1}{T}\int_0^T UI\sin 2\omega t\,\mathrm{d}t = 0(\mathrm{W})$$

电感元件的平均功率为零，即纯电感元件不消耗能量，是储能元件。

(3) 无功功率：电感元件虽然不消耗能量，但它与电源之间的能量交换客观上是存在的。在电工技术中，通常用瞬时功率的幅值来衡量电感元件与电源之间能量交换的规模，即用无功功率来衡量。

无功功率用大写字母"Q"表示，即

$$Q_{\mathrm{L}} = U_{\mathrm{L}}I_{\mathrm{L}} = I_{\mathrm{L}}^2X_{\mathrm{L}} = \frac{U_{\mathrm{L}}^2}{X_{\mathrm{L}}} \tag{3-28}$$

无功功率的单位为乏（var），常用的还有千乏（kvar）。

[例 3-3] 把一个0.1H 的电感元件接到 $u = 110\sqrt{2}\sin(314t - 30°)$V 的电源上，求通过该元件的电流 i 及电感的无功功率并作出电压、电流的相量图。

解 已知电压对应的相量为

$$\dot{U} = 110\angle -30°\mathrm{V}$$

$$X_{\mathrm{L}} = \omega L = 314 \times 0.1 = 31.4\Omega$$

$$\dot{I} = \frac{\dot{U}}{\mathrm{j}X_{\mathrm{L}}} = \frac{110\angle -30°}{\mathrm{j}31.4} = \frac{110\angle -30°}{31.4\angle 90°} \approx 3.5\angle -120°\mathrm{A}$$

则有

$$i = 3.5\sqrt{2}\sin(314t - 120°)(\mathrm{A})$$

无功功率为

$$Q = UI = 110 \times 3.5 = 385(\mathrm{var})$$

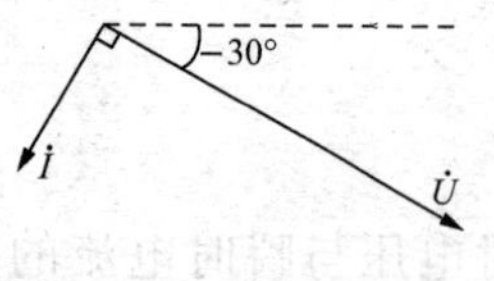

图 3 - 19 ［例 3 - 3］中电压、电流相量图

电压、电流相量图如图 3 - 19 所示。

一般要求解瞬时电压或电流时，最好用相量来求，这样可同时求出数值和初相位。

3.2.4 电容元件接通正弦交流电

1. 容抗

电容器和电感器一样，对电流存在阻碍作用。对于电容器电路形成电流的自由电荷来说，当电源电压推动它们向某一方向作定向运动时，电容器两极板上积累的电荷都反抗它们向这个方向的定向运动，这就形成了电容对交流电的阻碍作用。

电容对交流电的阻碍作用叫做**容抗**。用符号 X_C 表示，它的单位也是欧姆（Ω）。

电容器的容抗与它的电容和交流电的频率有关。电容越大，在同样电压下电容器容纳的电荷越多，因此充电电流和放电电流就越大，容抗就越小。交流电的频率越高，充电和放电就进行得越快，因此充电电流和放电电流就越大，容抗就越小。进一步的研究表明，电容器的容抗与它的电容量和交流电的频率有如下关系

$$X_C = \frac{1}{\omega C} = \frac{1}{2\pi f C} \tag{3 - 29}$$

式中：X_C、f、C 的单位分别是 Ω（欧姆）、Hz（赫）、F（法拉）。

与感抗类似，容抗也与通过的电流的频率有关。容抗与频率成反比，频率越高，容抗越小。例如，10μF 的电容器，对于直流电，$f=0$、X_C 为∞，相当于断路；对于 50Hz 的交流电，$X_C=318\Omega$；对于 500kHz 的交流电，$X_C=0.0318\Omega$。所以电容器在电路中有“通交流、隔直流”或“通高频、阻低频”的特性。这种特性使电容器成为电子技术中的一种重要元件。

2. 电容元件上电压和电流的关系

电容元件上正弦电压和正弦电流的关系如何呢？下面就这个问题进行讨论。

如图 3 - 20 所示的正弦交流电路中，只含有电容元件 C。前面已经讲过，对仅有电容 C 的电路，在规定的参考方向下，其伏安关系是

$$i = C\frac{\mathrm{d}u}{\mathrm{d}t} \tag{3 - 30}$$

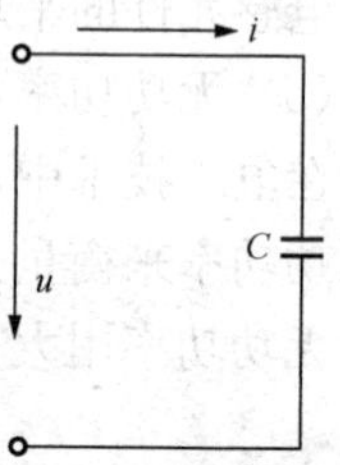

图 3 - 20 电容元件的正弦交流电路

为了计算方便，设电容元件两端的正弦电压为

$$u = U_m \sin\omega t \tag{3 - 31}$$

则通过理论推导，电容元件上的电流

$$i = U_m \omega C \cos\omega t = \frac{U_m}{X_C}\sin\left(\omega t + \frac{\pi}{2}\right) = I_m \sin\left(\omega t + \frac{\pi}{2}\right) \tag{3 - 32}$$

式中

$$I_m = \frac{U_m}{X_C} \quad 或 \quad I = \frac{U}{X_C} \tag{3 - 33}$$

由式（3 - 32）可见，如果电压的初相为零，则电流的初相为π/2（或 90°）。电压、电流波形图如图 3 - 21（a）所示。

下面进一步分析电容元件上电压相量和电流相量的关系。由式（3 - 31）和式（3 - 32）分别写出

$$\dot{U} = U\angle 0°$$

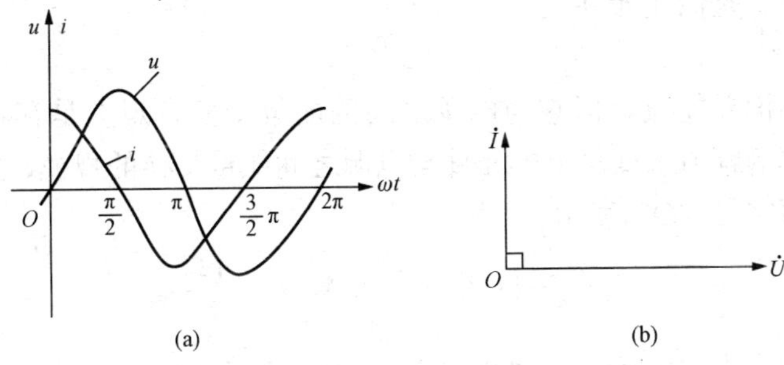

图 3-21 电容元件的电压、电流波形图和相量图
(a) 波形图；(b) 相量图

$$\dot{I} = I\angle 90^\circ$$

则
$$\frac{\dot{U}}{\dot{I}} = \frac{U\angle 0^\circ}{I\angle 90^\circ} = X_C\angle -90^\circ = -\mathrm{j}X_C \tag{3-34}$$

电压和电流的相量图如图 3-21（b）所示。

通过以上分析，所得结论为：

（1）电容元件上，正弦电流与正弦电压的瞬时值的关系是积分或微分的关系（注意：不是欧姆定律）。

（2）引入容抗 X_C 后，正弦电流、正弦电压的最大值、有效值之间具有欧姆定律的形式，如式（3-33）所示。

（3）电压和电流相量之间也具有欧姆定律的形式，如式（3-34），式中 $-\mathrm{j}X_C$ 是容抗的复数形式。

（4）在相位上，电流超前电压 90°。

3. 电容元件的功率和能量转换

（1）瞬时功率：电容元件上的瞬时功率总等于电容元件上瞬时电压与瞬时电流的乘积，即

$$p = ui = \sqrt{2}U\sin\omega t\,\sqrt{2}I\sin(\omega t + 90^\circ) = UI\sin 2\omega t$$

显然电容上的瞬时功率 p 也是一个幅值是 UI，并以频率 2ω 随时间交变的正弦量，波形图如图 3-22 所示。

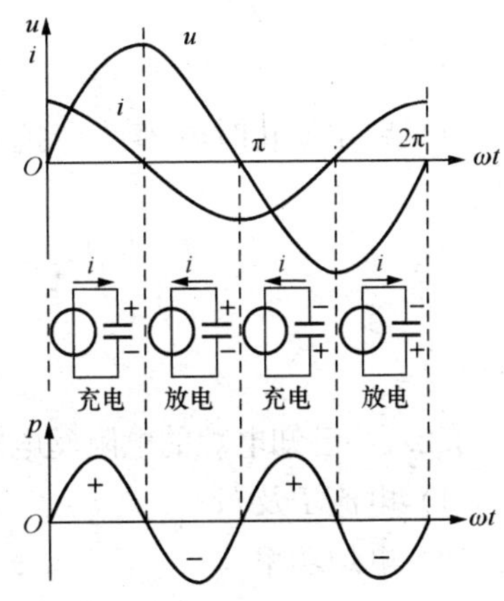

图 3-22 电容元件的电压、电流和瞬时功率波形

图 3-22 表明：在第一和第三个四分之一周期内，u 和 i 同为正值或同为负值，瞬时功率 p 为正。由于电压 u 是从零增加到最大值，电容元件建立电场，将从电源吸收的电能转换为电场能量，储存在电场中；在第二个和第四个四分之一周期内，u 和 i 一个为正值，另一个为负值，故瞬时功率为负值。在此期间，电压 u 是从最大值下降为零，电容元件中建立的电场在消失。这期间电容中储存的电场能量释放出来返送给电源。在以后的每个周期中都重复上述过程。

（2）平均功率（有功功率）：

电容元件瞬时功率在一个周期内的平均值为零，即电容元件的平均功率 $P=0$，说明纯

电容元件不消耗能量，是储能元件。

(3) 无功功率：

电容元件虽然不消耗能量，但它与电源之间的能量交换客观上是存在的。在电工技术中，通常用瞬时功率的幅值来衡量电容元件与电源之间能量交换的规模，即用无功功率来衡量，无功功率用大写字母“Q”表示：

$$Q_C = -U_C I_C = -I_C^2 X_C = -\frac{U_C^2}{X_C} \tag{3-35}$$

［例 3-4］ 已知在电源电压 $u = 220\sqrt{2}\sin(314t - 30°)$V 中，接入电容 C=31.9μF 的电容器，求 i 及无功功率。如电源的频率变为 1000Hz，其他条件不变再求电流 i 及无功功率。

解 f=50Hz，则

$$X_C = \frac{1}{\omega C} = \frac{1}{314 \times 31.9 \times 10^{-6}} \approx 100(\Omega)$$

$$\dot{U} = 220\angle -30°\text{V}$$

$$\dot{I} = \frac{\dot{U}}{-jX_C} = \frac{220\angle -30°}{100\angle -90°} = 2.2\angle 60°(\text{A})$$

$$i = 2.2\sqrt{2}\sin(314t + 60°)(\text{A})$$

$$Q = -I^2 X_C = -2.2^2 \times 100 = -484(\text{var})$$

当 f=1000Hz 时，则

$$X_C = \frac{1}{2\pi f C} = \frac{1}{2 \times 3.14 \times 1000 \times 31.9 \times 10^{-6}} \approx 5(\Omega)$$

$$\dot{I} = \frac{\dot{U}}{-jX_C} = \frac{220\angle -30°}{5\angle -90°} = 44\angle 60°(\text{A})$$

$$i = 44\sqrt{2}\sin(6280t + 60°)\text{A}$$

$$Q = -I^2 X_C = -44^2 \times 5 = -9680(\text{var})$$

可见频率变化时电容的容抗也跟着变化，在相同电源电压时，电流、无功功率也会变化。

思考题

3.2.1 已知电炉的电阻丝电阻 R=242Ω，接在 $\dot{U} = 220\angle 45°$V 的电源上，求：

(1) 电流 I 及 i；

(2) 电炉功率。

3.2.2 有一电感 L=0.626H，加正弦交流电压 $\dot{U} = 220\angle 0°$V，f=50Hz。求：

(1) 电感中的电流 I_m、I 和 i；

(2) 画出电流、电压相量图。

3.2.3 若已知 U=220V，I=5A。求：

(1) 容抗及 f=50Hz 时和 f=100Hz 时所需的电容量；

(2) 若取电流为参考相量，分别写出电压相量和电流相量。

3.3 电阻、电感和电容元件串联的交流电路

电阻、电感、电容串联电路是具有一般意义的典型电路，因为它包含三个不同的电路参数。常见的串联电路，都可以认为是这种电路的特例。

3.3.1 电流与电压的关系

如图 3-23 所示为一个 R、L、C 串联电路。电路两端加一正弦电压 u，电路中将有正弦电流 i 流过。

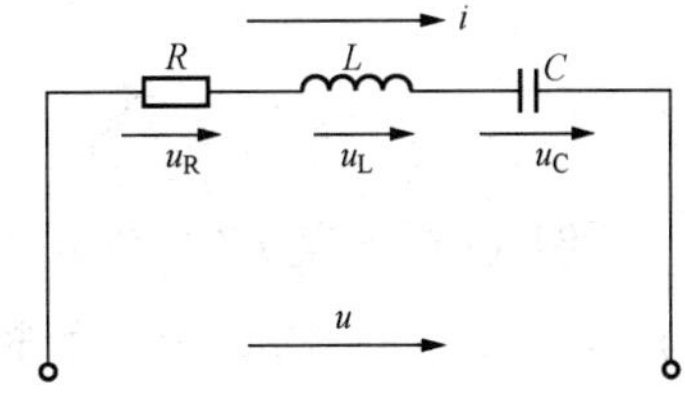

图 3-23 *RLC* 串联电路

若电流为 $i=\sqrt{2}I\sin\omega t$，其相量为

$$\dot{I}=I\angle 0^\circ=I$$

那么电阻上的电压应为

$$\dot{U}_R=\dot{I}R$$

电感上的电压应为

$$\dot{U}_L=\dot{I}\mathrm{j}X_L$$

电容上的电压应为

$$\dot{U}_C=\dot{I}(-\mathrm{j}X_C)$$

电路的总电压等于各段电压之和，具体如下：

瞬时值的写法为

$$u=u_R+u_L+u_C$$

相量形式为

$$\dot{U}=\dot{U}_R+\dot{U}_L+\dot{U}_C=\dot{I}R+\dot{I}\mathrm{j}X_L-\dot{I}\mathrm{j}X_C=\dot{I}[R+\mathrm{j}(X_L-X_C)]$$

即

$$\dot{U}=\dot{I}Z \tag{3-36}$$

式中

$$Z=R+\mathrm{j}(X_L-X_C)=R+\mathrm{j}X=|Z|\angle\varphi \tag{3-37}$$

称 Z 为这个电路的复阻抗。而 $X=X_L-X_C$ 为感抗和容抗的代数和，称为“电抗”。式中 $|Z|=\sqrt{R^2+X^2}$，为电路复阻抗 Z 的模，称为阻抗；$\varphi=\arctan\dfrac{X_L-X_C}{R}$，为复阻抗的幅角，称为阻抗角。

3.3.2 电路的性质

在 *RLC* 串联电路中，各参数值不同，使电路中呈现不同的情况和性质。根据 X_L 和 X_C 的相对大小可以得到下面三种情况：

(1) 当 $X_L>X_C$ 时，$U_L>U_C$，如图 3-24 (a) 所示。此时 $\varphi>0$，总电压 $\dot{U}$ 超前电流 $\dot{I}$ φ 角，类似于 *RL* 串联电路，此时电路呈感性。

(2) 当 $X_L<X_C$ 时，$U_L<U_C$，如图 3-24 (b) 所示。$\varphi<0$，总电压 $\dot{U}$ 滞后电流 $\dot{I}$ φ 角，类似于 *RC* 串联电路，此时电路呈容性。

(3) 当 $X_L=X_C$ 时，$U_L=U_C$，如图 3-24 (c) 所示。$\varphi=0$，$Z=R$，总电压 $\dot{U}$ 与电流 $\dot{I}$ 同相，类似于 R 元件电路，此时电路呈阻性。

由相量图 3-24 中的几何关系可得电路总电压大小为

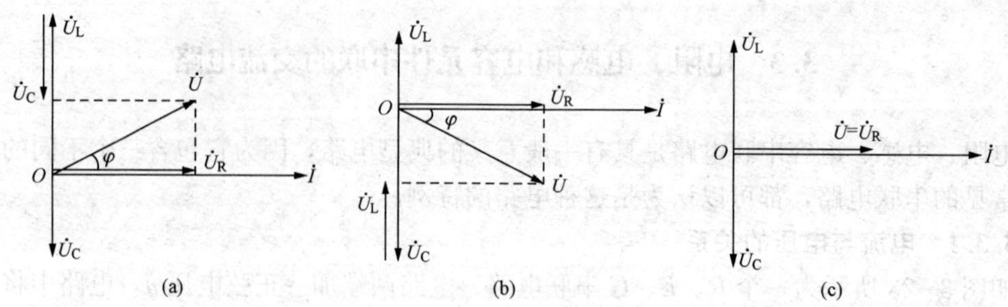

图 3-24　*RLC* 串联电路的相量图

(a) 感性；(b) 容性；(c) 阻性

$$U = \sqrt{U_R^2 + U_X^2} = \sqrt{U_R^2 + (U_L - U_C)^2} \tag{3-38}$$

［例 3-5］ 某 *RLC* 串联电路，其中 $R=15\Omega$，$L=0.3\text{mH}$，$C=0.2\mu\text{F}$，外加电压 $u=5\sqrt{2}\sin(\omega t+60°)\text{V}$，电压的频率 $f=30\text{kHz}$，求：

(1) 电路中的电流 i；

(2) 电路各元件上的电压的大小（U_R、U_L、U_C）。

解　先计算出电路的复阻抗

$$X_L = \omega L = 2\pi f L$$
$$= 2\pi \times 30\,000 \times 0.3 \times 10^{-3} = 56.52(\Omega)$$
$$X_C = \frac{1}{\omega C} = \frac{1}{2\pi f C}$$
$$= \frac{1}{2\pi \times 30\,000 \times 0.2 \times 10^{-6}} = 26.5(\Omega)$$
$$Z = R + \text{j}(X_L - X_C)$$
$$= 15 + \text{j}(56.52 - 26.5) = 33.6\angle 63.5°(\Omega)$$

电压的相量由已知条件可以写出，即

$$\dot{U} = 5\angle 60°\text{V}$$

则电流为

$$\dot{I} = \frac{\dot{U}}{Z} = \frac{5\angle 60°}{33.6\angle 63.5°} = 0.149\angle -3.5°(\text{A})$$

由此可写出

$$i = 0.149\sqrt{2}\sin(\omega t - 3.5°) \approx 0.211\sin(\omega t - 3.5°)(\text{A})$$

电阻上的电压为

$$U_R = IR = 0.149 \times 15 = 2.235(\text{V})$$

电感上的电压为

$$U_L = IX_L = 0.149 \times 56.52 = 8.42(\text{V})$$

电容上的电压为

$$U_C = IX_C = 0.149 \times 26.5 = 3.89(\text{V})$$

［例 3-6］ 已知某线圈的电阻 17Ω，电感 173mH，它与 80μF 的电容串联后，接入 $u=220\sqrt{2}\sin\omega t\text{V}$ 的工频交流电源。求总电流 i、线圈两端的电压 u_{RL} 及电容两端电压 u_C。

解 感抗为

$$X_L = 2\pi fL$$
$$= 2\times3.14\times50\times173\times10^{-3} = 54.3(\Omega)$$

容抗为

$$X_C = \frac{1}{2\pi fC}$$
$$= \frac{1}{2\times3.14\times50\times80\times10^{-6}} = 39.8(\Omega)$$

复阻抗为

$$Z = R + j(X_L - X_C)$$
$$= 17 + j(54.3 - 39.8) = 17 + j14.5 = 22.3\angle 40.5^\circ(\Omega)$$

电源电压相量为

$$\dot{U} = 220\angle 0^\circ(V)$$

总电流相量为

$$\dot{I} = \frac{\dot{U}}{Z} = \frac{220}{22.3}\angle -40.5^\circ = 9.9\angle -40.5^\circ(A)$$

总电流为

$$i = 9.9\sqrt{2}\sin(\omega t - 40.5^\circ)(A)$$

线圈的复阻抗为

$$Z_{RL} = R + jX_L = 17 + j54.3 = 56.9\angle 72.6^\circ(\Omega)$$

线圈两端的电压相量为

$$\dot{U}_{RL} = Z_{RL}\dot{I} = 56.9\angle 72.6^\circ\times9.9\angle -40.5^\circ = 563.3\angle 32.1^\circ(V)$$

$$u_{RL} = 563.3\sqrt{2}\sin(\omega t + 32.1^\circ)(V)$$

电容电压为

$$\dot{U}_C = -jX_C\dot{I}$$
$$= 39.8\angle -90^\circ\times9.9\angle -40.5^\circ = 394\angle -130.5^\circ$$

$$u_C = 394\sqrt{2}\sin(\omega t - 130.5^\circ)(V)$$

由上例的结果可知，电容、线圈两端电压有效值均大于总电源电压有效值，在不同性质元件交流电路中，不能用有效值的形式，即 $U \neq U_R + U_L + U_C$。

思考题

3.3.1 下列各式 RLC 或 RL 或 RC 串联电路中的电压和电流，哪些式子是对的？哪些是错的？

(1) $i=\frac{u}{|Z|}$；(2) $I=\frac{U}{R+X_L}$；(3) $\dot{I}=\frac{\dot{U}}{R-j\omega C}$；(4) $I=\frac{U}{|Z|}$；(5) $u=u_R+u_L+u_C$；(6) $U=U_R+U_L+U_C$。

3.3.2 如图 3-25 所示，各图中的电压表的读数应为多少？

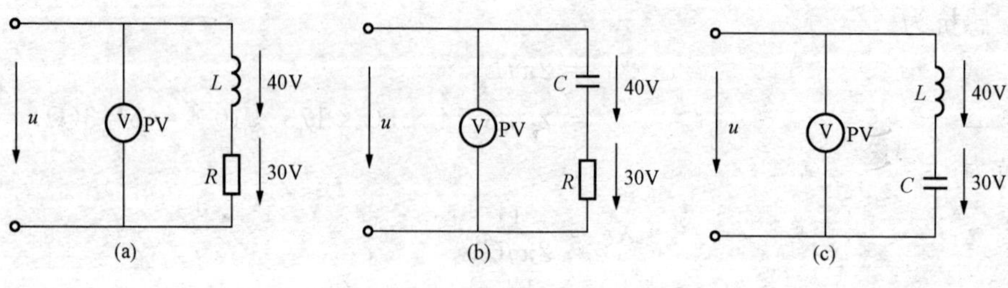

图 3-25 ［思考题 3.3.2］图

3.3.3 如图 3-26 所示，已知 $R=X_L=X_C=10\Omega$，$U=220V$，则图中各电压表的读数为多少？

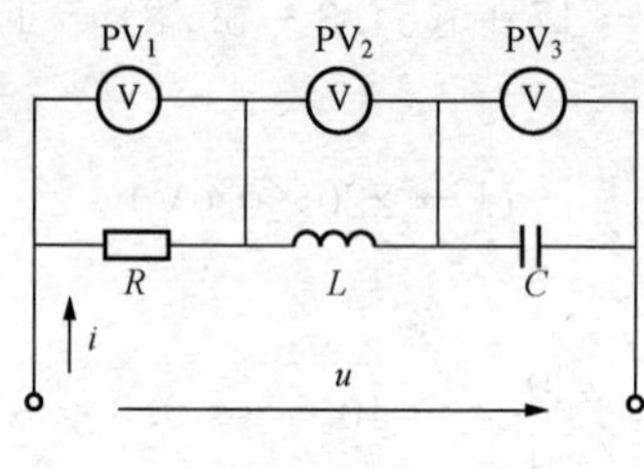

图 3-26 ［思考题 3.3.3］图

3.4 *RLC* 并联电路及复阻抗的串并联

3.4.1 *RLC* 并联电路

如图 3-27 是 *RLC* 并联电路。在正弦电压 u 的作用下，各支路的电流 i_R、i_L、i_C 为同频率的正弦量。设电源电压为 $u=\sqrt{2}U\sin\omega t$，则

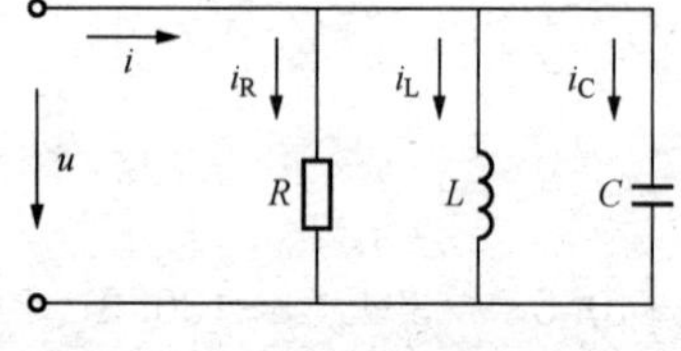

图 3-27 *RLC* 并联电路

$$\dot{U}=U\angle 0^\circ$$

各支路电流对应的相量为

$$\dot{I}_R=\frac{\dot{U}}{R}=\frac{U}{R}\angle 0^\circ$$

$$\dot{I}_L=\frac{\dot{U}}{jX_L}=\frac{U}{X_L}\angle -90^\circ$$

$$\dot{I}_C=\frac{\dot{U}}{-jX_C}=\frac{U}{X_C}\angle 90^\circ$$

由 *KCL* 定律，可得出并联电路的电流相量方程为

$$\dot{I}=\dot{I}_R+\dot{I}_L+\dot{I}_C=\dot{U}\left(\frac{1}{R}-j\frac{1}{X_L}+j\frac{1}{X_C}\right)$$

图 3-28 为 *RLC* 并联电路电压、电流的相量图。由相量图 3-27 中的几何关系可得

$$I=\sqrt{I_R^2+(I_L-I_C)^2}$$

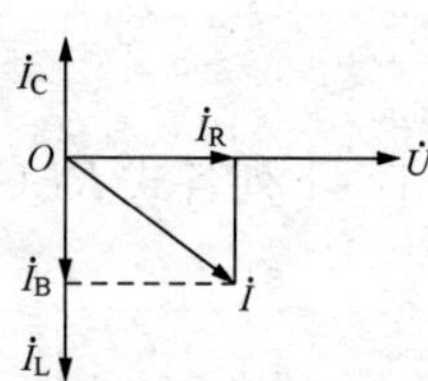

图 3-28 *RLC* 并联电路的相量图

3.4.2 复阻抗的概念

在正弦交流电路中，电压相量与电流相量的比值，称为复阻抗，用 Z 表示。一般形式可写为

$$Z=\frac{\dot{U}}{\dot{I}}=\frac{U}{I}\angle(\varphi_u-\varphi_i)=|Z|\angle\varphi \tag{3-39}$$

式中 $|Z|$ 为复阻抗 Z 的模，称为阻抗，反映了电压和电流的大小关系，其大小是电压与电流有效值的比值，即

$$|Z|=\frac{U}{I} \tag{3-40}$$

φ 为复阻抗 Z 的幅角，称为阻抗角，反映了电压与电流的相位关系，阻抗角 φ 是电压超前电流的角度，即

$$\varphi=\varphi_u-\varphi_i \tag{3-41}$$

阻抗值与阻抗角大小取决于电源的频率和电路元件的参数。RLC 串联电路中，有

$$\begin{aligned}Z&=R+\mathrm{j}(X_L-X_C)\\&=\sqrt{R^2+(X_L-X_C)^2}\angle\arctan\frac{X_L-X_C}{R}\end{aligned}$$

阻抗值为

$$|Z|=\sqrt{R^2+(X_L-X_C)^2}=\sqrt{R^2+\left(\omega L-\frac{1}{\omega C}\right)}$$

阻抗角为

$$\varphi=\arctan\frac{X_L-X_C}{R}=\arctan\frac{\omega L-\frac{1}{\omega C}}{R}$$

复阻抗描述了电阻、电容和电感的综合特性，单位为欧姆（Ω）。

要注意，复阻抗不是时间的正弦函数，仅仅是一个复数，不是正弦量，与电压相量和电流相量的意义不同。

3.4.3 复阻抗的串联电路

图 3-29（a）是两个阻抗串联的电路。根据基尔霍夫电压定律，电路的总电压相量 $\dot{U}$ 等于各串联复阻抗电压的相量和，即

$$\dot{U}=\dot{U}_1+\dot{U}_2=\dot{I}Z_1+\dot{I}Z_2=\dot{I}(Z_1+Z_2)$$

可见，两个复阻抗串联可用一个等效复阻抗来代替，如图 3-29（b）所示，此等效复阻抗应等于串联的各复阻抗之和，即

$$Z=Z_1+Z_2 \tag{3-42}$$

通常情况下，正弦交流电路中，由于 $U\neq U_1+U_2$，即

$$I|Z|\neq I|Z_1|+I|Z_2|$$

也就是

$$|Z|\neq|Z_1|+|Z_2|$$

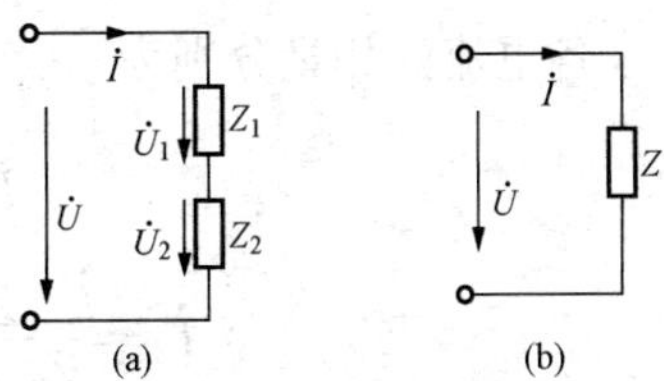

图 3-29 复阻抗的串联电路

可见，在复阻抗串联电路中，等效复阻抗是所有复阻抗之和，阻抗之和不等于等效阻抗。即

$$Z = Z_1 + Z_2 + Z_3 + \cdots = \sum Z_k \tag{3-43}$$

若需求等效阻抗$|Z|$，需先求出电路总的复阻抗Z，复阻抗的模即阻抗值$|Z|$。

3.4.4 复阻抗的并联电路

如图3-30（a）所示是两个复阻抗的并联电路，根据基尔霍夫电流定律，电路总电流的相量$\dot{I}$等于各并联复阻抗支路的电流相量之和。即

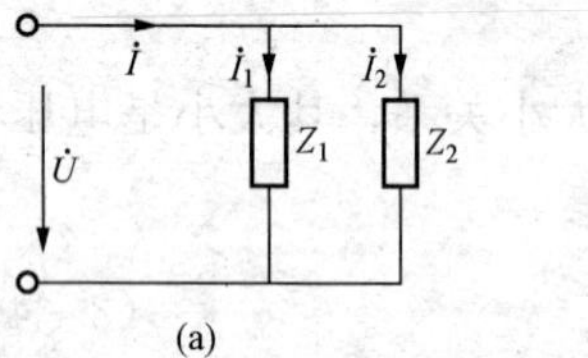

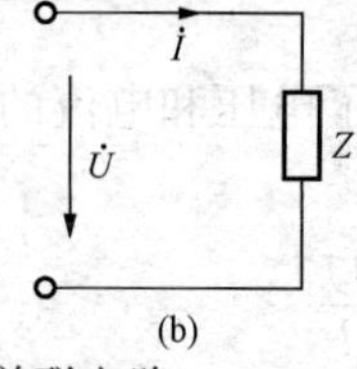

图3-30 复阻抗的并联电路
（a）两个复阻抗；（b）一个复阻抗

$$\dot{I} = \dot{I}_1 + \dot{I}_2 = \frac{\dot{U}}{Z_1} + \frac{\dot{U}}{Z_2} = \dot{U}\left(\frac{1}{Z_1} + \frac{1}{Z_2}\right)$$

可见，两个复阻抗的并联可用一个等效复阻抗来代替，如图3-30（b）所示，即

$$\frac{1}{Z} = \frac{1}{Z_1} + \frac{1}{Z_2} \tag{3-44}$$

若只有两个复阻抗并联，还可以表示为

$$Z = \frac{Z_1 Z_2}{Z_1 + Z_2}$$

通常情况下，正弦交流电路中，由于$I \neq I_1 + I_2$，即

$$\frac{U}{|Z|} \neq \frac{U}{|Z_1|} + \frac{U}{|Z_2|}$$

所以

$$\frac{1}{|Z|} \neq \frac{1}{|Z_1|} + \frac{1}{|Z_2|}$$

可见，在复阻抗串联电路中，只有等效复阻抗的倒数才等于各个复阻抗的倒数之和。即

$$\frac{1}{Z} = \frac{1}{Z_1} + \frac{1}{Z_2} + \cdots = \sum \frac{1}{Z_k} \tag{3-45}$$

从上面的推导可知，复阻抗串并联的等效，其计算方法与纯电阻串并联等效计算方法是相近的，不同的是复阻抗的计算是复数的运算，而电阻是实数的运算。

［例3-7］ 如图3-31所示，设$Z_1 = \text{j}100\Omega$，$Z_2 = -\text{j}100\Omega$，$Z_3 = 100 + \text{j}100\Omega$，$\dot{U} = 220\text{V}$。试求：

（1）$\dot{I}$、$\dot{I}_2$、$\dot{I}_3$；

（2）$\dot{U}_1$、$\dot{U}_2$；

（3）画出电压、电流相量图。

解 （1）$Z = Z_1 + \dfrac{Z_3 \cdot Z_2}{Z_3 + Z_2} = \text{j}100 + \dfrac{-\text{j}100(100+\text{j}100)}{-\text{j}100 + 100 + \text{j}100} = 100(\Omega)$

各电流的相量分别为

$$\dot{I} = \frac{\dot{U}}{Z} = \frac{220}{100}\angle 0^\circ = 2.2\angle 0^\circ(\text{A})$$

$$\dot{I}_2 = \frac{Z_3}{Z_2 + Z_3}\dot{I} = \frac{100+\text{j}100}{-\text{j}100 + 100 + \text{j}100} \times 2.2\angle 0^\circ$$

$$= 2.2 + \text{j}2.2 = 3.11\angle 45^\circ(\text{A})$$

$$\dot{I}_3 = \dot{I} - \dot{I}_2 = 2.2 - 2.2 - \text{j}2.2 = 2.2\angle -90^\circ(\text{A})$$

（2）各电压分别为

$$\dot{U}_1 = Z_1 \dot{I} = \mathrm{j}100 \times 2.2 = 220\angle 90°(\mathrm{V})$$

$$\begin{aligned}\dot{U}_2 &= Z_2 /\!/ Z_3 \dot{I} = (100 - \mathrm{j}100) \times 2.2 \\ &= 311\angle -45°(\mathrm{V})\end{aligned}$$

(3) 相量图如图 3-32 所示。

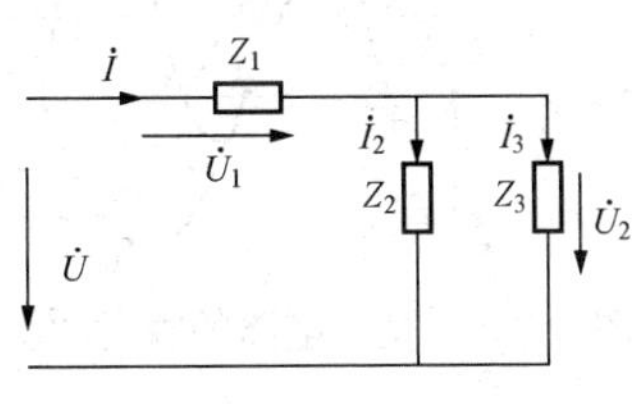

图 3-31 [例 3-7] 电路图

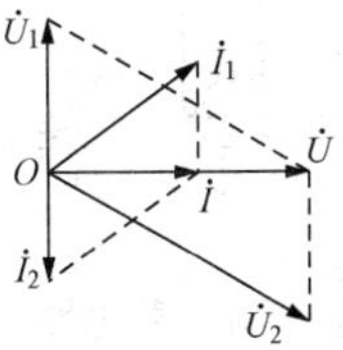

图 3-32 [例 3-7] 电压电流相量图

思 考 题

3.4.1 在多个复阻抗串联的电路中，每个复阻抗的电压是否一定小丁电路总电压？

3.4.2 在多个复阻抗的串联电路中，等效复阻抗是否一定等于各个复阻抗之和？等效阻抗是否一定等于各个阻抗之和？

3.4.3 已知某正弦交流电路电压 $\dot{U} = 220\angle 0°\mathrm{V}$，电流 $\dot{I} = 5\angle 45°\mathrm{A}$。求电路的复阻抗 Z。

3.4.4 复阻抗 Z_1、Z_2 串联后接入某正弦交流电路，已知电路电压 $\dot{U} = 100\angle 0°\mathrm{V}$，电流 $\dot{I} = 5\angle 45°\mathrm{A}$，$Z_1 = 6 + \mathrm{j}8\Omega$。求复阻抗 Z_2。

3.5 正弦交流电路的功率及功率因数的提高

在第二节中，我们分析了单一元件交流电路的功率，本节将讨论单相交流电路中一般交流负载情况下的功率计算。

3.5.1 瞬时功率

一般负载的交流电路如图 3-33 所示。交流负载的端电压 u 和 i 之间存在相位差为 φ。φ 的正负、大小由负载的具体情况决定。因此负载的端电压 u 和 i 之间的关系可表示为

$$i = \sqrt{2} I \sin\omega t \quad u = \sqrt{2} U \sin(\omega t + \varphi)$$

则负载取用的瞬时功率为

$$\begin{aligned}p &= ui = \sqrt{2} U \sin(\omega t + \varphi) \sqrt{2} I \sin\omega t \\ &= UI\cos\varphi - UI\cos(2\omega t + \varphi)\end{aligned}$$

正弦交流电路的电压、电流及瞬时功率的波形如图 3-34 所示。从图中可以看出，瞬时功率有时为正，有时为负。正值时，表示负载从电源吸收功率，负值表示电路向电源回馈功率。这是因为，一方面电路中含有耗能元件电阻，电阻从电源吸收功率；同时，电路中又含有储能元件电容和电感，而电容和电感是与电源交换功率的，所以一般情况下，功率波形的

正负面积不等，负载吸收的功率总是大于释放的功率，说明电路在消耗能量，这是由于电路存在电阻的缘故。

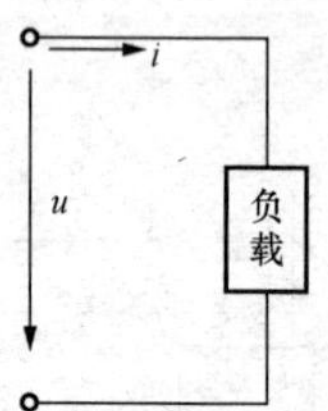

图 3-33　一般交流负载电路

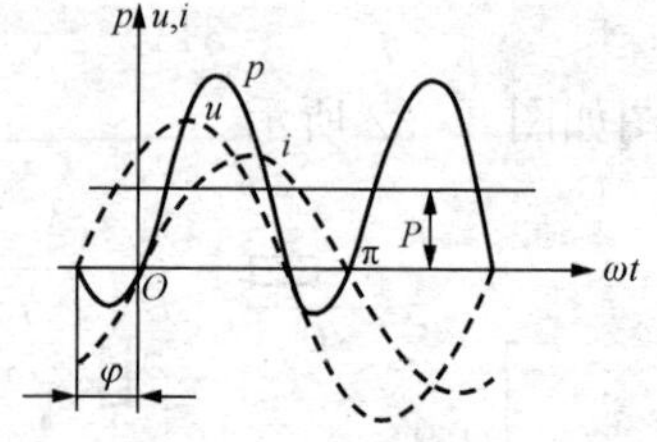

图 3-34　交流电路的瞬时功率和平均功率

3.5.2　有功功率和功率因数

上述瞬时功率在一个周期内的平均值称为平均功率（即有功功率），其值为

$$P=\frac{1}{T}\int_0^T p\mathrm{d}t=\frac{1}{T}\int_0^T[UI\cos\varphi-UI\cos(2\omega t+\varphi)]\mathrm{d}t=UI\cos\varphi$$

即

$$P=UI\cos\varphi \tag{3-46}$$

可见，有功功率等于电路端电压有效值 U 与流过负载的电流有效值 I 的乘积，再乘以 $\cos\varphi$。式 3-46 中的 $\cos\varphi$ 称为功率因数。$\cos\varphi$ 中的 φ 即电压与电流的相位差（电压超前电流的角度），在这里也叫功率因数角，也就是电路的阻抗角，它的大小由电源频率和元件参数决定。有功功率的大小，不仅取决于电压、电流有效值的乘积，而且与它们的相位差（即阻抗角）有关。因为 $\cos\varphi\leqslant 1$，所以有功功率总小于电压有效值与电流有效值乘积 UI，这一点与直流电路不同。

对于 RLC 电路，因为有电阻元件存在，所以电路中总是有功率损耗。电路中有功功率即电阻上消耗的功率。在一定的 UI 条件下，当相位差 $\varphi=0$ 时，有功功率 P 最大，其值为 UI，在这种情况下电路和电源之间不出现能量互换的情况；当 $\varphi=90°$时，有功功率 P 为零，电路不吸收能量。

3.5.3　无功功率

由于电路中有储能元件电感和电容，它们虽不消耗功率，但与电源之间要进行能量交换。用无功功率表示这种能量交换的规模，用大写字母 Q 表示，对于任意一个无源二端网络的无功功率可定义为

$$Q=UI\sin\varphi \tag{3-47}$$

式（3-47）中的 φ 角为电压和电流的相位差，也是电路等效复阻抗的阻抗角。对于感性电路，$\varphi>0$，则 $\sin\varphi>0$，无功功率 Q 为正值；对于电容性电路，$\varphi<0$，则 $\sin\varphi<0$，无功功率 Q 为负值。当 $Q>0$ 时，为吸收无功功率；当 $Q<0$ 时，则为发出无功功率。

在电路中既有电感元件又有电容元件时，无功功率相互补偿，它们在电路内部先相互交换一部分能量后，不足部分再与电源进行交换，则无源二端网络的无功功率又可写成

$$Q=Q_L+Q_C \tag{3-48}$$

上式表明，二端网络的无功功率是电感元件的无功功率与电容元件无功功率的代数和。式中的 Q_L 为正值，Q_C 为负值，Q 为一代数量，可正可负，单位为乏（var）。

3.5.4　视在功率和功率三角形

在交流电路中，端电压与电流的有效值乘积称为视在功率，用 S 表示。即

$$S = UI \tag{3-49}$$

视在功率的单位为伏安（VA）或千伏安（kVA）。

视在功率 S 表明了交流电气设备可能转换的最大功率，即能提供或取用功率的能力。

视在功率有着重要的实用意义。电源（发电机、变压器等）在铭牌上都标出它的输出电压和输出电流的额定值（所谓输出电流的额定值是指电源可能供给的最大电流），这就是说，电源的视在功率是给定的，至于输出的有功功率大小，不取决于电源本身，而是取决于和电源相连的二端网络。因此视在功率可作为描写电源特征的物理量之一。电源的视在功率也称为电源的额定容量（简称容量），用户必须根据用电设备的视在功率来选用与它配套的电源。

由上所述，有功功率 P，无功功率 Q，视在功率 S 之间存在如下关系：

$$\left.\begin{aligned} P &= UI\cos\varphi = S\cos\varphi \\ Q &= UI\sin\varphi = S\sin\varphi \\ S &= \sqrt{P^2 + Q^2} = UI \\ \cos\varphi &= \frac{P}{S},\quad \tan\varphi = \frac{Q}{P} \end{aligned}\right\} \tag{3-50}$$

显然，P、Q、S 构成一个直角三角形，如图 3-35 所示。此三角形称为功率直角三角形，它与电压三角形、阻抗三角形相似。

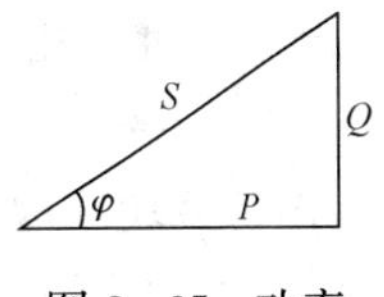

图 3-35　功率三角形

［例 3-8］　RLC 串联电路中，已知 $R=30\Omega$，$L=127\text{mH}$，$C=40\mu\text{F}$，电源电压 $u=220\sqrt{2}\sin(314t+20^\circ)\text{V}$。求：

（1）感抗、容抗、复阻抗及阻抗角；

（2）电流的大小及瞬时值表达式；

（3）各元件两端电压大小及其随时间变化规律；

（4）有功功率、无功功率及视在功率；

（5）判断该电路性质。

解　(1) $X_L = \omega L = 314 \times 127 \times 10^{-3} \approx 40(\Omega)$

$$X_C = \frac{1}{\omega C} = \frac{1}{314 \times 40 \times 10^{-6}} \approx 80(\Omega)$$

$$Z = R + \text{j}(X_L - X_C) = 30 + \text{j}(40 - 80) = 30 - \text{j}40 = 50\angle -53^\circ(\Omega)$$

(2) $I = \dfrac{U}{|Z|} = 220/50 = 4.4(\text{A})$

$$i = 4.4\sqrt{2}\sin(314t + 20^\circ + 53^\circ) = 4.4\sqrt{2}\sin(314t + 73^\circ)(\text{A})$$

(3) $U_R = IR = 4.4 \times 30 = 132(\text{V})$

$$u_R = 132\sqrt{2}\sin(314t + 73^\circ)(\text{V})$$

$$U_L = IX_L = 4.4 \times 40 = 156(\text{V})$$

$$u_L = 156\sqrt{2}\sin(314t + 73^\circ + 90^\circ) = 156\sqrt{2}\sin(314t + 163^\circ)(\text{V})$$

$$U_C = IX_C = 4.4 \times 80 = 352(\text{V})$$

$$u_C = 352\sqrt{2}\sin(314t + 73^\circ - 90^\circ) = 352\sqrt{2}\sin(314t - 17^\circ)(\text{V})$$

(4) $P = UI\cos\varphi = 220 \times 4.4 \times \cos(-53^\circ) = 580(\text{W})$

$$Q = UI\sin\varphi = 220 \times 4.4 \times \sin(-53^\circ) = -774(\text{var})$$

$$S = UI = 220 \times 4.4 = 968(\text{VA})$$

因为电路中只有电阻产生有功功率，而电感和电容产生无功功率，所以，也可以用下列方法计算，即

$$P = I^2R = 4.4^2 \times 30 = 580(\mathrm{W})$$

$$Q = I^2X_L - I^2X_C = 4.4^2 \times 40 - 4.4^2 \times 80 = -774(\mathrm{var})$$

（5）电路为容性（通过阻抗角的正与负、电压与电流之间的相位关系、无功功率的正与负，都可以得出电路为容性）。

3.5.5 功率因数的提高

1. 提高功率因数的意义

供电系统中的负载，就其性质来说，多属电感性负载。例如，厂矿企业中使用的异步电动机、控制电路中的交流接触器，以及照明用的荧光灯等，都是感性负载。由于感性负载中的电流滞后于电压（$\varphi \neq 0$），使得功率因数总是小于 1。这将给供电系统带来一些不良后果。

前已述及，交流电源（交流发电机和变压器）的容量通常用额定视在功率表示，它代表电源所能输出的最大有功功率的数值。但负载上能否得到这样大的功率，还取决于负载的性质，即功率因数 $\cos\varphi$ 的高低。例如，视在功率为 1000kVA 的发电机，当负载功率因数 $\cos\varphi = 0.8$ 时，输出有功功率为

$$P = S\cos\varphi = 1000 \times 0.8 = 800(\mathrm{kW})$$

当负载功率因数 $\cos\varphi = 0.6$ 时，输出有功功率为

$$P = S\cos\varphi = 1000 \times 0.6 = 600(\mathrm{kW})$$

两种负载状态，输出相差 200kW。可见，负载功率因数较低时，电源容量不能得到充分利用。

此外，当电源电压和输出的有功功率 P 一定时，功率因数 $\cos\varphi$ 越低，负载电流为

$$I = \frac{P}{U\cos\varphi}$$

就愈大，输电线路上的电压降和电能损耗也越大。

综上所述，提高功率因数，能使电源容量得到充分利用，也减少了线路中的能量损耗，这将在同样的供电设备条件下，提高供电能力。可见，提高供电线路的功率因数，是节约能源的重要途径。

按照供电及用电规则，高压供电的工业和企业单位平均功率因数不得低于 0.95，其他单位不得低于 0.9。因此，提高功率因数是一个必须要解决的问题。这里说的提高功率因数，是提高线路的功率因数，而不是提高某一负载的功率因数。应注意的是，功率因数的提高必须在保证负载正常工作（即不改变负载原有电压、电流）的前提下实现。

2. 提高功率因数的方法

对于感性负载，既要提高线路的功率因数，又要保证感性负载正常工作，常用的方法是在感性负载两端并联适当大小的电容器，称为并联补偿。其电路如图 3-36 所示。它的补偿原理可以用相量图说明。

从图 3-36 所示电路和相量图可见，未并电容时，线路电流 $\dot{I}$ 等于负载电流 $\dot{I}_1$，这时的功率因数是 $\cos\varphi_1$。并联电容器之后，增加了一个超前电压 90°的电流 $\dot{I}_C$，这时线路中的电流 $\dot{I}$ 等于负载电流 $\dot{I}_1$ 与电容电流 $\dot{I}_C$ 的相量和。如果电容量的大小选择适当，由相量图可以

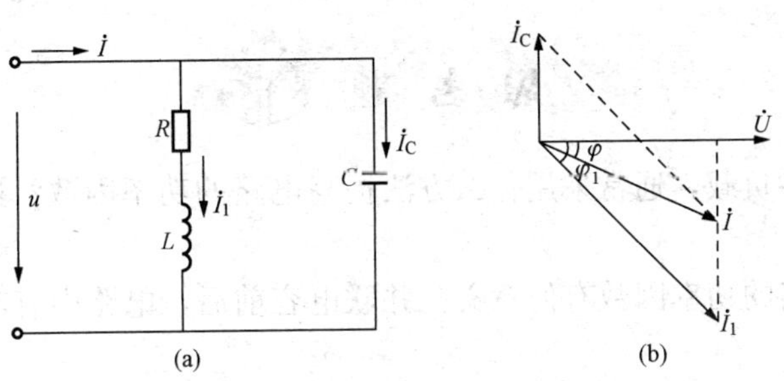

图 3-36　并联补偿法提高功率因数

(a) 电路图；(b) 相量图

看出 $\dot{I}$ 比 $\dot{I}_1$ 小，即线路中总电流减小了，线路中的电压 $\dot{U}$ 与电流 $\dot{I}$ 之间的相位差 φ 角减小了，因此功率因数提高了。

应当注意，感性负载并联补偿后，对原负载的工作状态没有任何影响，即电感性负载电流、电压及功率均未改变。提高功率因数只意味着负载所需的无功功率大部分由并联电容器供给，能量的储放大部分在负载与电容器之间进行，这样就减少了电源的负担，也降低了线路的损耗。

[例 3-9]　某工频电路为感性负载，其有功功率为 10kW，$U=220\text{V}$，$\cos\varphi_1=0.8$。现用电容补偿法，使功率因数提高到 0.95，试计算补偿电容量。

解　可以从图 3-36 导出计算补偿电容量的公式。由图 3-36 可得

$$I_C = I_1\sin\varphi_1 - I\sin\varphi$$

又由 $P=UI_1\cos\varphi_1=UI\cos\varphi$ 可得

$$I_1 = \frac{P}{U\cos\varphi_1} \quad I = \frac{P}{U\cos\varphi}$$

所以

$$I_C = \frac{P}{U\cos\varphi_1}\sin\varphi_1 - \frac{P}{U\cos\varphi}\sin\varphi = \frac{P}{U}(\tan\varphi_1 - \tan\varphi)$$

再由 3-36 电路图可得

$$I_C = \frac{U}{X_C} = U\omega C$$

所以

$$U\omega C = \frac{P}{U}(\tan\varphi_1 - \tan\varphi)$$

则得

$$C = \frac{P}{\omega U^2}(\tan\varphi_1 - \tan\varphi) \tag{3-51}$$

下面根据式 (3-51) 计算补偿电容量：

当 $\cos\varphi_1=0.8$，则

$$\varphi_1 = 36.87°, \quad \tan\varphi_1 = 0.75$$

当 $\cos\varphi=0.95$，则

$$\varphi = 18.19°, \quad \tan\varphi = 0.83$$

故由 $\cos\varphi_1=0.8$ 提高到 $\cos\varphi=0.95$，所需并联补偿电容量为

$$C = \frac{P}{\omega U^2}(\tan\varphi_1 - \tan\varphi) = \frac{10\times10^3}{2\pi\times50\times220^2}(0.75-0.33) = 276.4(\mu\text{F})$$

思考题

3.5.1　对于感性负载，通常采用什么方法提高电路的功率因数？提高功率因数的前提是什么？

3.5.2　提高电路的功率因数有何意义？并联电容前后，电路中有功功率及无功功率有何变化？

3.5.3　若通过并联补偿法将一台单相异步电动机的功率因数由 0.5 提高到 0.9，则并联电容器前后，电动机的功率因数、电动机中的电流、线路中的电流及电路的有功功率和无功功率有无变化？若有变化，怎样变化？

3.5.4　一台工频变压器，额定容量为 100kVA，输出额定电压为 220V，供给一组电感性负载，其功率因数为 0.5。要使功率因数提高到 0.9，求所需并联的电容量为多少？电容并联前，变压器满载。问并联电容前后输出电流各为多少。

3.6　电路的谐振

所谓电路的谐振，通常是指包含有电感和电容元件的交流电路，在满足一定的条件下，发生电路的总电压与总电流同相，整个电路呈现阻性，这时称电路发生了谐振。产生谐振现象的电路，就叫谐振电路。研究谐振的目的就是要认识这种客观现象，并在生产上充分利用谐振的特征，同时又要预防它所产生的危害。按发生谐振的电路的不同，谐振现象可分为串联谐振和并联谐振。

3.6.1　串联谐振

1. 串联谐振的条件

图 3 - 37（a）是串联谐振电路。由本章前面章节对 *RLC* 串联电路的分析可知，要使 $\dot{U}$ 与 $\dot{I}$ 同相，感抗与容抗应该相等，即

$$X_L = X_C$$

即串联谐振的条件是

$$\frac{1}{\omega C} = \omega L \tag{3-52}$$

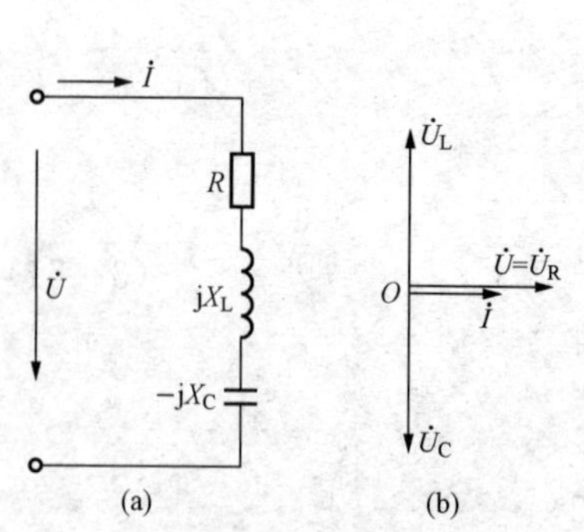

图 3 - 37　串联谐振
（a）电路图；（b）相量图

可见只要调节电路参数 *L*、*C* 或电源频率都能使电路发生谐振。将式（3 - 52）整理后得

$$\omega = \frac{1}{\sqrt{LC}} \quad \text{或} \quad f = \frac{1}{2\pi\sqrt{LC}}$$

我们把谐振时的角频率和频率分别叫做谐振角频率和谐振频率，用 ω_0 和 f_0 表示，以便与非谐振时角频率和频率区别，于是有

$$\omega_0 = \frac{1}{\sqrt{LC}} \quad \text{或} \quad f_0 = \frac{1}{2\pi\sqrt{LC}} \tag{3-53}$$

从式（3 - 53）可见，串联电路的谐振角频率 ω_0、谐振频率 f_0 由电路元件的参数所决

定，当L、C一定时，ω_0、f_0就有确定的数值。所以ω_0、f_0称为RLC串联电路的固有频率。

2. 串联谐振电路的特征

（1）阻抗。因为$X_L=X_C$，所以电路的复阻抗就等于电路中的电阻R，复阻抗的模即阻抗（$|Z|=R$）最小，阻抗角$\varphi=0$，电路呈阻性；

（2）电流。在电源电压一定的条件下，因阻抗$|Z|$最小，电路中的I达到最大值。用I_0表示，称为谐振电流，即$I_0=U/R$；

（3）电压。此时电感上的电压$\dot{U}_L$与电容上的电压$\dot{U}_C$大小相等、方向相反，所以电阻上的电压就等于电源电压，即$\dot{U}_R=\dot{U}$。当$X_L\gg R$、$X_C\gg R$时，则$U_L=U_C\gg U$，即出现了电路中部分电压远大于电源电压的现象。故串联谐振也称电压谐振。电感或电容上产生过电压，将危及设备和人身安全，对此要有充分的认识和注意。

（4）品质因数Q_P。在串联谐振（电压谐振）时，电感电压（或电容电压）有效值与总电压有效值之比称为品质因数，即

$$Q_P=\frac{U_L}{U}=\frac{U_C}{U}=\frac{IX_L}{IR}=\frac{X_L}{R}=\frac{X_C}{R}=\frac{\omega_0 L}{R}=\frac{1}{\omega_0 CR} \tag{3-54}$$

品质因数Q_P表明在串联谐振时，电容或电感元件上的电压是总电压的Q_P倍。

（5）串联谐振中的功率。因谐振时电流与总电压同相，故阻抗角$\varphi=0$，因此，有功功率为

$$P=UI\cos\varphi=UI=S \tag{3-55}$$

而无功功率为

$$Q=UI\sin\varphi=0 \tag{3-56}$$

式（3-55）说明，电源供给的能量全部是有功功率，被电阻所消耗，电源与电路之间不发生能量的互换，能量的互换仅发生在电感线圈与电容器之间。

由于串联谐振的特点，它在无线电工程中有广泛的应用。例如，在收音机的输入电路中，就是调节电容值，使某一频率的信号在电路中发生谐振，在电容上产生较高电压而被选出来。

［例3-10］ 已知RLC串联电路中的$L=30\mu H$，$C=211pF$，$R=9.4\Omega$，电源电压为100mV。若电路产生串联谐振，试求电源频率f_0、回路的品质因数Q_P及电感上电压U_{L0}。

解 谐振时电源频率为

$$f_0=\frac{1}{2\pi\sqrt{LC}}=\frac{1}{2\times3.14\sqrt{30\times10^{-6}\times211\times10^{-12}}}=2(\text{MHz})$$

回路的品质因数为

$$Q_P=\frac{\omega_0 L}{R}=\frac{2\times3.14\times2\times10^6\times30\times10^{-6}}{9.4}=40$$

电感上电压为

$$U_{L_0}=U_{C_0}=Q_P U=40\times100\times10^{-3}=4(\text{V})$$

3.6.2 并联谐振

串联谐振电路适用于电源低内阻的情况。如果电源内阻很大，采用串联谐振电路将严重地降低回路的品质因数，从而使电路的选择性变坏。这种情况宜采用并联谐振电路。

1. 并联谐振的条件

由 RLC 并联电路发生的谐振现象称为并联谐振。工程上遇到的是由含有电阻的电感线圈和电容器并联组成的谐振电路（可简写成 RLC 并联）。图 3-38 为并联谐振电路及其相量图。线圈支路复阻抗为

$$Z_1=R_L+jX_L=R_L+j\omega L \quad (其中\ X_L\gg R_L)$$

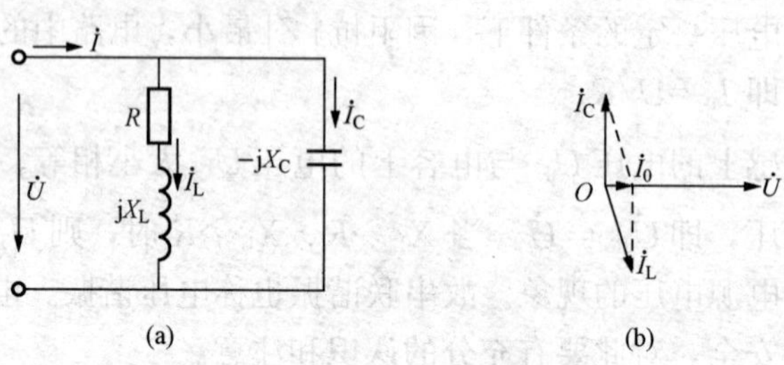

图 3-38 并联谐振
(a) 电路图；(b) 相量图

电容支路复阻抗为

$$Z_2=-jX_C=-j\frac{1}{\omega C}$$

电路总复阻抗为

$$Z=\frac{Z_1Z_2}{Z_1+Z_2}$$

将 Z_1、Z_2 代入总复阻抗 Z 的计算式，并经数学计算（谐振时复阻抗的虚部为零）可得并联谐振的条件为

$$\frac{1}{X_C}-\frac{X_L}{R_L^2+X_L^2}=0 \quad 或 \quad \omega C-\frac{\omega L}{R_L^2+\omega^2L^2}=0 \tag{3-57}$$

式（3-57）是并联谐振的条件，可见只要调节电路参数和电源频率就能使电路发生谐振。将（3-57）整理后，解出满足并联谐振条件的角频率为

$$\omega_0'=\frac{1}{\sqrt{LC}}\sqrt{1-\frac{CR_L^2}{L}}=\omega_0\sqrt{1-\frac{CR_L^2}{L}}$$

即

$$f_0'=\frac{1}{2\pi\sqrt{LC}}\sqrt{1-\frac{CR_L^2}{L}}=f_0\sqrt{1-\frac{CR_L^2}{L}}$$

因通常线圈电阻 R_L 很小，故可近似认为

$$\omega_0'\approx\frac{1}{\sqrt{LC}}=\omega_0 \tag{3-58}$$

$$f_0'\approx\frac{1}{2\pi\sqrt{LC}}=f_0 \tag{3-59}$$

2. 并联谐振的特征

(1) 阻抗　RL-C 并联谐振时，经计算阻抗 $|Z|=\frac{L}{R_LC}$，达到最大值，电路呈阻性；

(2) 电流　在电源电压一定的条件下，因阻抗 $|Z|$ 最大，故谐振电流达到最小值。经计算可得，$I_L\approx I_C\gg I_0$，即谐振时各并联支路的电流近似相等，远大于电路的总电流。故并联

谐振也称为电流谐振。

(3) 品质因数 Q_P 在并联谐振（电流谐振）时，线圈支路电流（或电容支路电流）有效值与电路总电流有效值之比称为品质因数。即支路电流 I_L 和 I_C 近似相等，是总电流的 Q_P 倍，也就是谐振时电路的阻抗为支路阻抗的 Q_P 倍。

(4) 并联谐振中的功率 因谐振时总电流与电压同相，故阻抗角 $\varphi=0$，因此，有功功率为

$$P = UI\cos\varphi = UI = S$$

而无功功率为

$$Q = UI\sin\varphi = 0$$

即电源供给的能量全部是有功功率，被电阻所消耗，电源与电路之间不发生能量的互换，能量的互换仅发生在电感线圈与电容器之间。

并联谐振在无线电工程和工业电子技术中也常应用。例如利用并联谐振时阻抗大的特点来选择信号或消除干扰。

思考题

3.6.1 什么叫电路谐振？电路谐振时有何特征？这些特征与电路结构是否有关？

3.6.2 什么叫串联谐振，串联谐振时电路有何特征？串联谐振又叫什么？

3.6.3 什么叫并联谐振，并联谐振时电路有何特征？并联谐振又叫什么？

3.6.4 某收音机的输入回路，可简化为由一电阻元件、电感元件及可变电容元件串联组成的电路，已知电感 $L=300\mu$H，今欲接收中央人民广播电台中波信号，其频率范围是从 525～1605kHz。试求电容 C 的变化范围。

本章小结

1. 正弦交流电及三要素

正弦交流电是大小和方向按正弦规律变化交流电，在任一时刻的瞬时值 i 或 u 是由最大值、频率和初相位这三个特征量即正弦量的三要素确定的。可以用瞬时值三角函数式、正弦波形图、相量式及相量图四种方式来表示正弦交流电。四种表达方式各有所长，应按具体情况而定，但最常用的是相量表示法。

2. 相量表示法

由于正弦交流电频率一定，只要确定幅值和初相位，它的瞬时值也确定了。因此用具有幅值和初相位的相量（复数）即可表示正弦量的瞬时值。在电工技术中常用有效值表示正弦量的大小。正弦量有效值形式的相量表示为

$$\dot{I} = I\angle\varphi = I(\cos\varphi + \mathrm{j}\sin\varphi)$$

正弦量用相量表示后，就可以根据复数的运算关系来进行运算，即将正弦量的和差运算换成复数的和差运算。

相量还可以用相量图表示。相量图能形象地直观地表示各电量的大小和相位的关系，并可以应用相量图的几何关系求解电路。只有同频率正弦量才能画在同一个相量

图中。

相量与正弦量之间是一一对应的关系，它们之间是一种表示关系，而不是相等关系。

3. 单一参数的正弦交流电路

单一参数的交流电路，是交流电路分析的基础。电阻、电感和电容的交流电路的电压和电流关系在表 3-1 中进行了小结。

表 3-1　电阻、电感和电容的交流电路的电压和电流关系

电路元件		电阻 R	电感 L	电容 C
元件性质		R 为耗能元件，电能与热能间转换	L 为储能元件，电能与磁场能间转换	C 储能元件，电能与电场能间转换
频率特性		R 与频率无关	感抗与频率成正比	容抗与频率成反比
电压与电流的关系	瞬时值	$u_R=iR$	$u_L=L\dfrac{di}{dt}$	$i=C\dfrac{du_C}{dt}$
	有效值	$U_R=IR$	$U_L=IX_L$	$U_C=IX_C$
	相位关系	电压与电流同相	电压超前电流 90°	电压滞后电流 90°
	相量关系	$\dot{U}_R=\dot{I}R$	$\dot{U}_L=\dot{I}jX_L$	$\dot{U}_C=\dot{I}(-jX_C)$
有功功率		$P=UI=I^2R=U^2/R$	0	0
无功功率		0	$Q_L=IU_L=I^2X_L=\dfrac{U_L^2}{X_L}$	$Q_C=-IU_C=-I^2X_C=-\dfrac{U_C^2}{X_C}$

4. *RLC* 串联和并联电路

在分析 *RLC* 串联电路时，*KVL* 的相量形式，可导出相量形式的欧姆定律，即 $\dot{U}=\dot{I}Z$。阻抗 Z 是推导出的参数，它表示为

$$Z=\frac{\dot{U}}{\dot{I}}=R+jX=|Z|\angle\varphi$$

其中 R 为电路的电阻，$X=X_L-X_C$ 为电路的电抗，复阻抗的模 $|Z|$ 称为电路的总阻抗。其辐角 φ 称为阻抗角，也是电路总电压与电流之间的相位差。$|Z|$、φ 与电路参数的关系为

$$|Z|=\sqrt{R^2+X^2},\quad \varphi=\mathrm{arctg}\frac{X}{R}$$

它们之间的数值关系可用阻抗三角形来表示。

当 $\varphi>0$ 时，电路呈电感性；$\varphi<0$ 时，电路呈电容性；$\varphi=0$ 时，电路呈电阻性，此时电路发生串联谐振。

5. 正弦交流电路的功率

正弦交流电路吸收的有功功率用 P 来表示，$P=UI\cos\varphi$，$\cos\varphi$ 称为功率因数。

反映电路与电源之间能量交换规模的物理量用无功功率 Q 来表示，$Q=UI\sin\varphi$。电感元件的 Q 为正数，电容元件的 Q 为负数。

视在功率 $S=UI=\sqrt{P^2+Q^2}$，P、Q 与 S 可用功率三角形来表示。

功率因数 $\cos\varphi$ 的大小取决于负载本身的性质。提高电路的功率因数对充分发挥电源设

备的潜力，减少线路的损耗有重要意义。在感性负载两端并联适当的电容元件可以提高电路的功率因数，并联电容后，负载的端电压和负载吸收的有功功率不变，而电路上电流的无功分量减少了，总电流也减少了。

6. 谐振电路

在含有电感和电容元件的电路中，总电压相量和总电流相量同相时，电路就发生谐振。按发生谐振的电路不同，可分为串联谐振和并联谐振。

RLC 串联谐振时，电路阻抗最小，电流最大，谐振频率为 $f_0=\frac{1}{2\pi\sqrt{LC}}$，电路呈电阻性，品质因数 $Q_P=\frac{\omega_0 L}{R}=\frac{1}{\omega_0 CR}$，$U_L=U_C=Q_P U$，因此串联谐振又称为电压谐振。

感性负载与电容元件并联谐振时，电路阻抗最大，总电流最小，电路呈电阻性，品质因数 $Q_P=\frac{\omega_0 L}{R}=\frac{1}{\omega_0 CR}$，$I_{C_0}=I_{L_0}=Q_P I_0$，因此并联谐振又称为电流谐振。

无论是串联谐振还是并联谐振，电源提供的能量全部是有功功率，并全被电阻所消耗。无功能量互换仅在电感与电容元件之间进行。

3.1 今有一正弦交流电压 $u=311\sin(314t-30°)$V。求：

(1) 角频率、频率、周期、最大值、有效值和初相角；

(2) 当 $t=0$ 时，u 的值；

(3) 当 $t=0.01$s 时 u 的值。

3.2 把下列各电压相量和电流相量转换为瞬时值函数式（设 $f=50$Hz）：

(1) $\dot{U}=200\angle 45°$V，$\dot{I}=\sqrt{2}\angle -30°$A。

(2) $\dot{U}=-\mathrm{j}100$V，$\dot{I}=\mathrm{j}5$A。

(3) $\dot{U}=(60+\mathrm{j}80)$V，$\dot{I}=(2-\mathrm{j}2)$A。

3.3 试求下列两正弦电压之和 $u=u_1+u_2$，并画出对应的相量图，为

$$u_1=120\sqrt{2}\sin\left(\omega t+\frac{\pi}{3}\right)\text{V},\quad u_2=160\sqrt{2}\sin(\omega t-30°)\text{V}$$

3.4 如图 3-39 所示相量图，已知 $U=100$V，$I_1=2$A，$I_2=4$A，角频率为 314rad/s，试写出各正弦量的瞬时值表达式及相量。

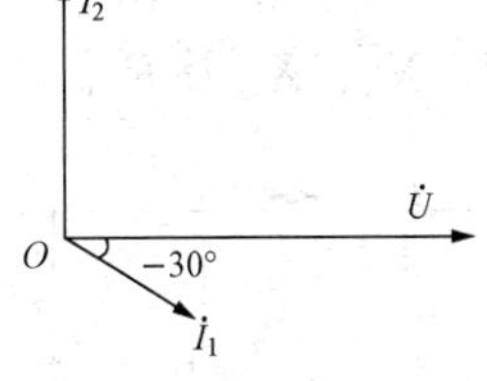

图 3-39 [习题 3.4] 图

3.5 用于工频电压 220V 的白炽灯功率为 100W，求：

(1) 它的电阻；

(2) 如果电流初相为 30°，试写出 u、i 的解析式及相量表达式。

3.6 在纯电感正弦交流电路中，已知 $i_L=3\sqrt{2}\sin(628t-90°)$，$L=40$mH。试求 u_L、U_L。

3.7 电容为 20μF 的电容器，接在电压 $u=600\sin314t$V 的电源上，写出电流的瞬时值

表达式，算出无功功率并画出电压与电流的相量图。

3.8 在 RLC 串联电路中，已知 $I=1A$、$U_R=15V$、$U_L=80V$、$U_C=60V$。求电路的总电压、有功功率、无功功率、视在功率和功率因数。

3.9 如图 3-40 所示电路中，电压表 PV_1、PV_2、PV_3 的读数都是 50V，试求电路中电压表 PV 的读数。

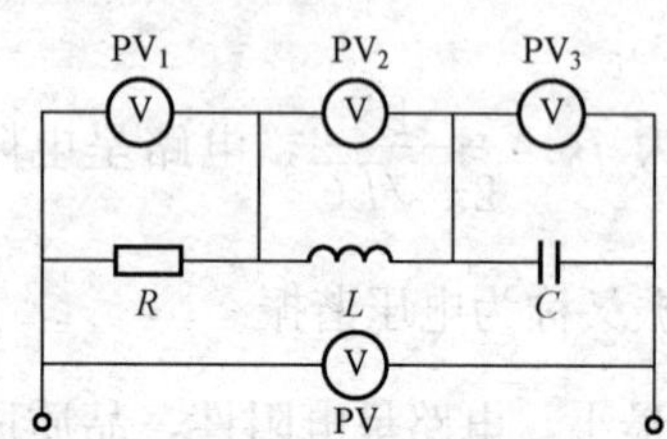

图 3-40 ［习题 3.9］电路图

3.10 日光灯管与镇流器串联后接入交流电压源。已知日光灯管电阻为 260Ω，镇流器的电阻为 40Ω，电感为 1.28H，电源电压为 220V，频率为 50Hz。求电流、灯管及镇流器两端的电压各为多少？灯管和镇流器消耗的功率各为多少？电路的功率因数多大？

3.11 某 RLC 串联电路中，电阻为 40Ω，线圈的感抗为 90Ω，电容器的容抗为 120Ω，电路两端的电压 $u=220\sqrt{2}\sin(\omega t+60°)V$。求：

（1）电路的阻抗值；

（2）电流的有效值；

（3）各元件两端电压的有效值；

（4）电路的有功功率、无功功率、视在功率及功率因数；

（5）电路的性质；

（6）画出电路电压、电流的相量图。

3.12 在 RLC 串联电路中，已知电路电流 $I=1A$，各电压为 $U_R=15V$，$U_L=60V$，$U_C=80V$。求：

（1）电路总电压 U；

（2）有功功率 P、无功功率 Q 及视在功率 S；

（3）R、X_L、X_C。

3.13 在 RLC 串联电路中，已知外加电压 $u=220\sqrt{2}\sin314tV$，当电流 $I=10A$ 时，电路功率 $P=200W$，$U_C=80V$，试求：电阻 R、电感 L、电容 C 及功率因数。

3.14 如图 3-41 所示电路中，$I_1=I_2=10A$，$U=100V$，$\dot{U}$ 与 $\dot{I}$ 同相，试求：I、R、X_C、X_L。

3.15 如图 3-42 所示电路在谐振时，$I_1=I_2=5A$，$U=50V$，求 R、X_L 及 X_C。

3.16 如图 3-43 所示，已知 $I_1=10A$，$I_2=10\sqrt{2}A$，$U=200V$，$R_1=5\Omega$，$R_2=X_L$。试求 I、X_C、X_L 及 R_2。

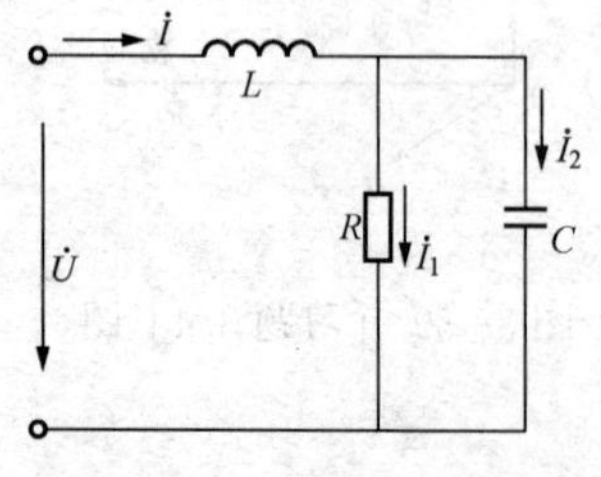

图 3-41 ［习题 3.14］图

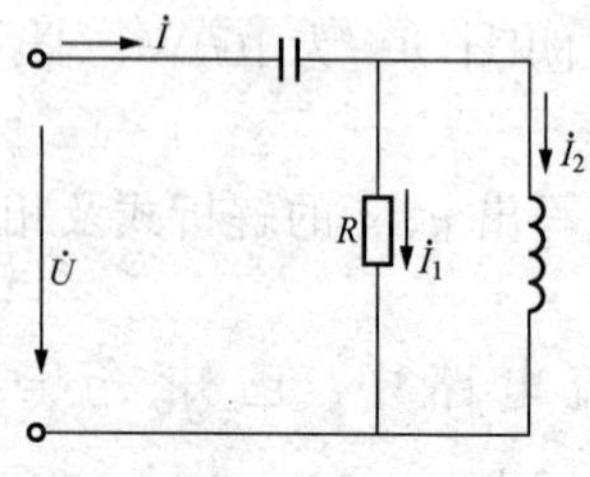

图 3-42 ［习题 3.15］图

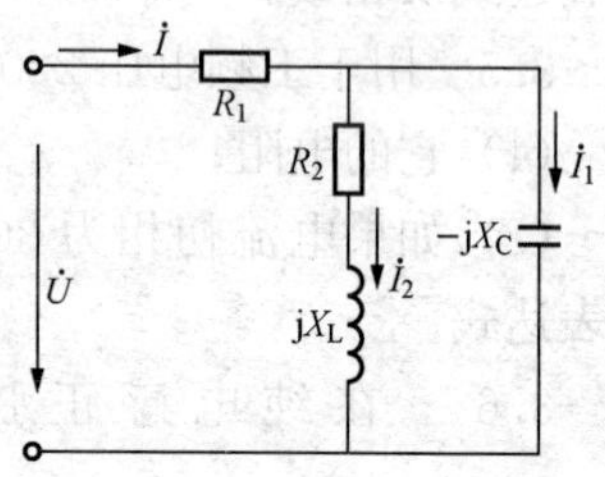

图 3-43 ［习题 3.16］图

3.17 某感性负载的额定功率为10kW，功率因数为0.6，电源电压为220V，频率为50Hz。现欲将功率因数提高到0.8，应并联多大电容？

3.18 有一感性负载，功率为10kW，功率因数为0.6，接在电压为220V、频率为50Hz的交流电源上。

(1) 若将功率因数提高到0.95，需并联多大的电容？

(2) 并联电容前后线路电流各为多大？

(3) 若要将功率因数再从0.95提高到1，还需并联多大的电容？

(4) 若电容继续增大，功率因数会怎样变化？

3.19 一台功率为1.1kW的单相电动机接到220V的工频电源上，其电流为15A，求：

(1) 电动机的功率因数；

(2) 若在电动机两端并联$C=75\mu F$的电容器，功率因数又为多少？

3.20 有一串联谐振电路，$L=0.256mH$，电容$C=100\mu F$，品质因数$Q_P=100$，电源电压为$U_S=1mV$。试求电路的谐振频率及谐振时回路中的电流，以及电感上的电压。

3.21 在电感$L=0.13mH$，电容$C=588pF$，电阻$R=10\Omega$所组成的串联电路中，已知电源电压$U_S=5mV$。求：

(1) 电路谐振时的频率；

(2) 电路中的电流；

(3) 元件L和C上的电压；

(4) 电路的品质因数。

4 三相正弦交流电路

【本章提要】 在前面章节中，讨论了正弦交流电路的基本概念和计算方法，其中只接一个正弦交流电动势的电路习惯上称为单相交流电路。但在电力工业中，电能的产生、输送和分配全部采用三相制，它是由三相电源、三相负载和导线按一定方式组成的三相供电系统，称之为三相交流电路。

与单相交流电路比较，三相交流电路有许多优点。从发电方面看，对于相同尺寸的发电机，采用三相的比单相的可以提高功率约50%；从输电方面看，在输电距离、输送功率、功率因数、电压损失和功率损失等相同的输电条件下，输送三相电能较输送单相电能可以节省铜25%左右；从配电方面看，三相变压器比单相变压器更经济，而且三相变压器更便于接入三相及单相两类负载；此外，在用电设备方面，三相笼型异步电动机具有结构简单、价格低廉、坚固耐用、维护使用方便，且运行时比单相电动机振动小等优点。因此，三相交流电在电力工业中得到广泛应用。本章主要介绍三相交流电的产生、三相电源和三相负载的连接方式，进一步分析三相电路不同连接时的电流、电压关系，三相电路的计算，以及三相功率等。

4.1 三 相 电 源

概括地说，三相交流电源是三个单相交流电源按一定方式进行的组合，这三个单相交流电源的频率相同、最大值相等、而相位彼此相差120°。

4.1.1 三相交流电动势的产生

三相交流电动势是由三相交流发电机产生的。最简单的两极三相交流发电机的示意图如图4-1所示，其结构与单相交流发电机基本相同，不过是在电枢上对称地安置了三个相同的绕组U1-U2，V1-V2，W1-W2。每一个绕组称为一相，习惯上采用黄、绿、红三种颜色分别表示U、V、W三相，如图4-1（a）所示。三相绕组匝数相等、结构相同，它们的始端（U1、V1、W1）在空间位置上彼此相差120°，它们的末端（U2、V2、W2）在空间位置上也彼此相差120°。当转子以角速度ω逆时针方向旋转时，由于三个绕组的空间位置彼此相隔120°，所以当第一相电动势达到最大值，第二相需转过1/3周（即120°）后，其电动势才能达到最大值，也就是第一相电动势超前第二相电动势120°相位；同样，第二相电动势超前第三相电动势120°相位，第三相电动势又超前第一相电动势120°相位。显然，三个相的电动势，它们的频率相同、最大值相等，只是初相角不同。若以第一相（U相）电动势的初相角为0°，则第二相（V相）为－120°，第三相（W相）为120°，那么，各相电动势的瞬时值表达式则为

$$\begin{cases} e_1 = E_m\sin\omega t \\ e_2 = E_m\sin(\omega t - 120^\circ) \\ e_3 = E_m\sin(\omega t + 120^\circ) \end{cases} \quad (4-1)$$

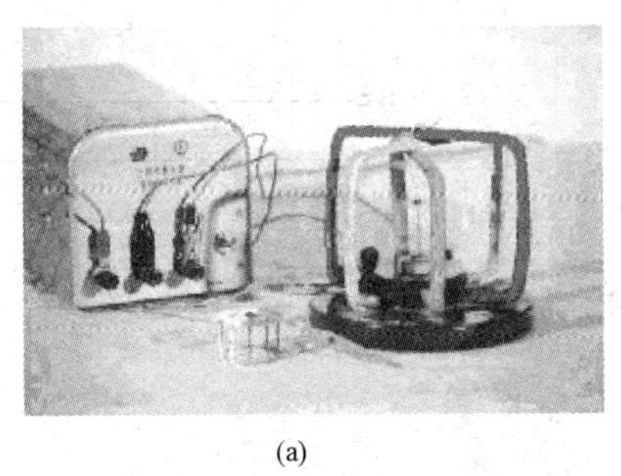

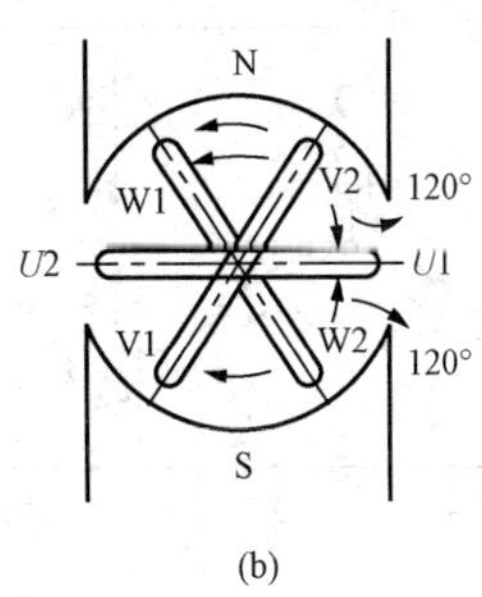

(a) (b)

图 4-1 两极三相交流发电机示意图

(a) 结构示意图；(b) 原理示意图

相应的波形图和相量图如图 4-2 所示。将其称为三相对称电动势。

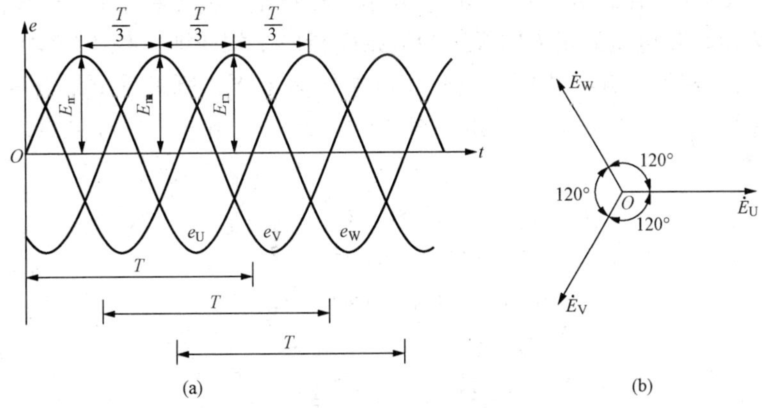

(a) (b)

图 4-2 对称三相电动势的波形及相量

(a) 波形图；(b) 相量图

三相电动势到达正的或负的最大值（或零值）的先后顺序称为三相交流电的相序。习惯上的相序为 U-V-W-U，称为正序。

4.1.2 三相电源绕组的连接

上述三相发电机的各相绕组原则上可作为一个独立的电源。这种形式的输电需要六根输电线，因不经济而无实用价值。实际上，三相发电机的三个绕组是按照一定的形式、连接成一个整体后向外送电的。三相电源的连接方式有两种，即星形（Y 形）和三角形（△形）连接方式。

在现代供电系统中，多采用星形连接。

1. 三相电源的星形连接

将发电机三相绕组的末端 U2、V2、W2 连接在一点，始端 U1、V1、W1 分别与负载相连，这种连接方法就叫做星形连接。如图 4-3（a）所示。图中三个末端相连接的点称为中性点或零点。用字母“N”表示，从中性点引出的一根线叫做中性线或零线（当中性点接地时也称作地线）。从始端 U1、V1、W1 引出的三根线叫做端线或相线（俗称火线）。四根线也可简画为 4-3（b）的形式。

由三根相线和一根中性线所组成的输电方式称为三相四线制（通常在低压配电中采用）；

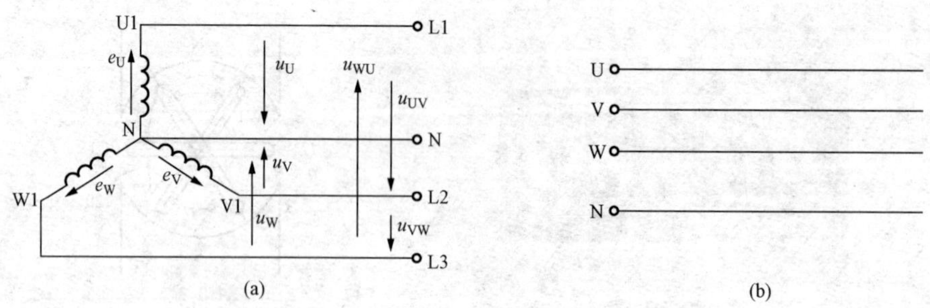

图 4-3 三相电源的星形连接

只由三根相线所组成的输电方式称为三相三线制（常在高压输电工程中采用）。

每相绕组始端与末端之间的电压（即相线和中性线之间的电压）叫相电压，如图 4-3（a）中所示，它的瞬时值用 u_U、u_V、u_W 来表示，相量用 $\dot{U}_U$、$\dot{U}_V$、$\dot{U}_W$ 表示，泛指相电压大小时可用 U_P 表示。相电压的正方向规定为从始端指向末端，即由相线指向中性线。因为三个电动势的最大值相等，频率相同，彼此相位差均为 120°，所以三个相电压的最大值也相等，频率也相同，相互之间的相位差也均是 120°，即三个相电压是对称的。若设 U 相电压初相为零，则有

$$\begin{cases} u_U = U_m \sin\omega t \\ u_V = U_m \sin(\omega t - 120^\circ) \\ u_W = U_m \sin(\omega t + 120^\circ) \end{cases} \tag{4-2}$$

其相量为

$$\begin{cases} \dot{U}_U = U\angle 0^\circ \\ \dot{U}_V = U\angle -120^\circ \\ \dot{U}_W = U\angle 120^\circ \end{cases} \tag{4-3}$$

任意两相始端之间的电压（即相线和相线之间的电压）叫线电压，如图 4-3（a）中所示，它的瞬时值用 u_{UV}、u_{VW}、u_{WU}来表示，相量用 $\dot{U}_{UV}$、$\dot{U}_{VW}$、$\dot{U}_{WU}$ 表示，泛指线电压大小时可用 U_L 表示。各线电压的方向即其下标所示的方向。下面来分析线电压和相电压之间的关系。

由图 4-3（a）可得

$$\begin{cases} u_{UV} = u_U - u_V \\ u_{VW} = u_V - u_W \\ u_{WU} = u_W - u_U \end{cases}$$

即

$$\begin{cases} \dot{U}_{UV} = \dot{U}_U - \dot{U}_V \\ \dot{U}_{VW} = \dot{U}_V - \dot{U}_W \\ \dot{U}_{WU} = \dot{U}_W - \dot{U}_U \end{cases}$$

由此可作出线电压和相电压相量图。如图 4-4 所示。从图中可以看出，三个线电压也是对称的。而且在相位上，线电压比对应的相电压超前 30°。在相量图中还可得到线电压与相电压在数量上的关系，即

$$
\begin{cases}
U_{UV} = \sqrt{3}U_U \\
U_{VW} = \sqrt{3}U_V \\
U_{WU} = \sqrt{3}U_W
\end{cases}
\tag{4-4}
$$

上述关系的一般表达式为

$$U_L = \sqrt{3}U_P \tag{4-5}$$

由以上分析可得如下结论：星形连接的三相电源，能提供两种电压，一种是三相对称的相电压，另一种是三相对称的线电压。这种接法供电的优点是可为不同电压等级的负载方便供电。通常我们使用的220V、380V电压，就是指电源成星形连接时的相电压和线电压的有效值。

2. 三相电源的三角形连接

将发电机三相绕组始末端依次连接，构成如图4-5所示的闭合电路，并将三个连接点作为三相电源输出点，向外引出三根相线，这种接法称为三角形连接（或称△形连接）。

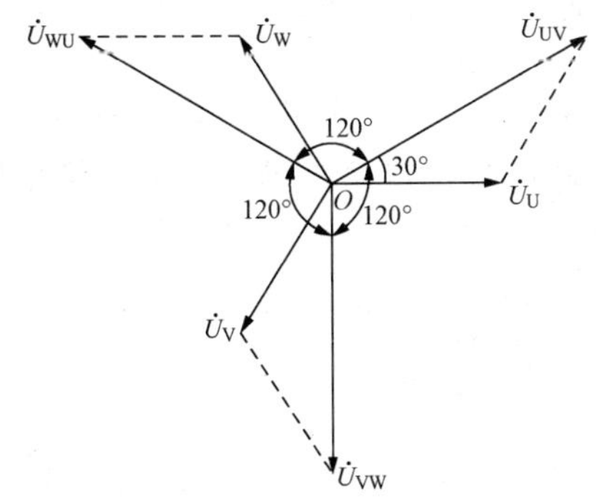

图4-4 三相电源星形连接时线电压和相电压的相量关系

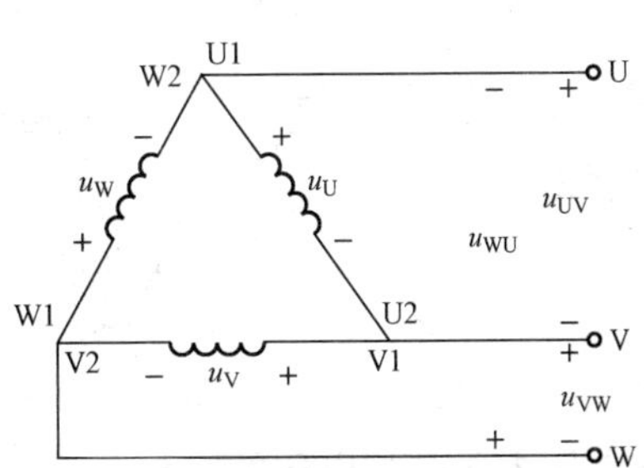

图4-5 三相电源的三角形连接

三相电源作三角形连接时，三个电压形成一个闭合回路，只要连接正确，则有 $\dot{U}_U + \dot{U}_V + \dot{U}_W = 0$，所以闭合回路中不会产生环流。如果某一相接反了（如 W 相），则 $\dot{U}_U + \dot{U}_V + (-\dot{U}_W) \neq 0$，由于三相电源内阻抗很小，在回路内会形成很大的环流，将会烧毁三相电源设备。因此，在实际工作中，为了保证连接正确，可在连接电源时串接一只交流电压表，根据电压表读数来判断三相电源连接成的三角形是否正确：如果电压表读数很小（接近于0），说明连接正确；如果电压表的读数是电源相电压的两倍左右，说明有一相绕组接反了，应予以改接，直至电压表读数接近于零为止。

当发电机绕组接成三角形时，由于每相绕组直接跨接在两相线之间，所以线电压等于相电压，即 $\dot{U}_{UV} = \dot{U}_U$、$\dot{U}_{VW} = \dot{U}_V$、$\dot{U}_{WU} = \dot{U}_W$，数值上的关系可写为 $U_L = U_P$。

这种供电方式与星形连接相比，只有一种电压输出，且如果一相绕组接反，会给发电机绕组带来烧毁的危险，所以在工程技术上，三相电源的三角形连接很少使用，大量使用的是星形连接。在以后的叙述中，如无特殊说明，三相电源都认为是对称的。三相电源的电压一般是指线电压的有效值。

[例4-1] 对称三相电源作星形连接，已知相电压 $\dot{U}_U = 220\angle -90°\text{V}$，写出其余相电

压和线电压的相量式及瞬时值表达式，并画出电压相量图。

解 如图 4 - 6 所示，因为 $\dot{U}_U$、$\dot{U}_V$、$\dot{U}_W$ 是对称三相电压，已知 $U=220V$，$\varphi_U=-90°$，则

$$\varphi_V=\varphi_U-120°=(-90°)-120°=-210°=150°$$
$$\varphi_W=\varphi_V-120°=150°-120°=30°$$

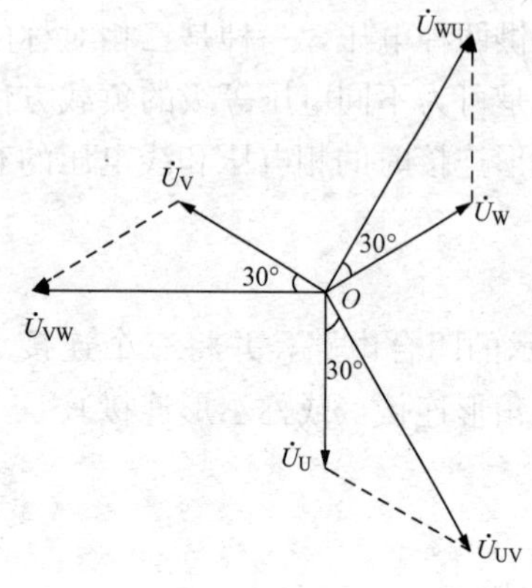

图 4 - 6 ［例 4 - 1］图

所以另外两相电压的相量式为

$$\dot{U}_V=220\angle 150°(V)$$
$$\dot{U}_W=220\angle 30°(V)$$

对应的瞬时表达式为

$$u_U=220\sqrt{2}\sin(\omega t-90°)(V)$$
$$u_V=220\sqrt{2}\sin(\omega t+150°)(V)$$
$$u_W=220\sqrt{2}\sin(\omega t+30°)(V)$$

下面求各线电压：

因线电压 $\dot{U}_{UV}$、$\dot{U}_{VW}$、$\dot{U}_{WU}$ 超前对应相电压 30°，即 $\dot{U}_{UV}$ 超前 $\dot{U}_U$、$\dot{U}_{VW}$ 超前 $\dot{U}_V$、$\dot{U}_{WU}$ 超前 $\dot{U}_W$ 30°，则可得它们的初相分别为

$$\varphi_{UV}=\varphi_U+30°=-60°$$
$$\varphi_{VW}=\varphi_V+30°=180°$$
$$\varphi_{WU}=\varphi_W+30°=60°$$

又线电压大小是相电压的$\sqrt{3}$倍，即

$$U_L=\sqrt{3}U_P=\sqrt{3}\times 220=380(V)$$

所以线电压的相量式为

$$\dot{U}_{UV}=380\angle -60°V$$
$$\dot{U}_{VW}=380\angle 180°V$$
$$\dot{U}_{WU}=380\angle 60°V$$

对应的瞬时表达式为

$$u_{UV}=380\sqrt{2}\sin(\omega t-60°)V$$
$$u_{VW}=380\sqrt{2}\sin(\omega t+180°)V$$
$$u_{WU}=380\sqrt{2}\sin(\omega t+60°)V$$

相量图如图 4 - 6 所示。

思考题

4.1.1 对称三相电压有哪些特点？

4.1.2 对称三相电源 $u_U=220\sqrt{2}\sin(\omega t+30°)V$，根据正序写出其他两相电压的瞬时值表达式及三相电压的相量式，并画出电压相量图。

4.1.3 星形连接的发电机线电压为380V，相电压为多少？若发电机绕组连接成三角形，则线电压又为多少？

4.1.4 对称三相电源星形连接时，若线电压 $\dot{U}_{VW}=380\angle-30°V$，写出相电压 $\dot{U}_U$、$\dot{U}_V$、$\dot{U}_W$ 及线电压 $\dot{U}_{UV}$、$\dot{U}_{WU}$，并画出电压相量图。

4.2 负载星形连接的三相电路

使用交流电的设备有单相、三相之分。电灯、电风扇等一般家用电器是单相负载，而三相电动机、三相电阻炉等属于三相负载。在三相负载中，如果复阻抗相等，即 $Z_U=Z_V=Z_W$，则这种负载称为三相对称负载；否则，称为三相不对称负载。若将三相对称负载接入对称三相电源，则称为三相对称电路。三相负载的连接方法有两种：星形（Y形）连接和三角形（△形）连接。下面我们分析负载做星形（Y形）连接的三相电路。

4.2.1 基本概念

1. 三相负载星形连接的方法

把三相负载分别接在三相电源的相线和中性线之间的接法，称为三相负载的星形连接。如图4-7所示，三相负载 Z_U、Z_V、Z_W 的连接方式为星形连接。图中 N' 点为负载中性点，从 U'、V'、W' 引出三根导线与三相电源的三根相线相连，负载中性点 N' 与电源中性点 N 相连，形成中性线。这样，电源与负载间共有四根导线相连接，称为三相四线制。如无特殊说明，三相电源都认为是对称的，所以电路图常常略去电源不画，如图4-7（b）所示。

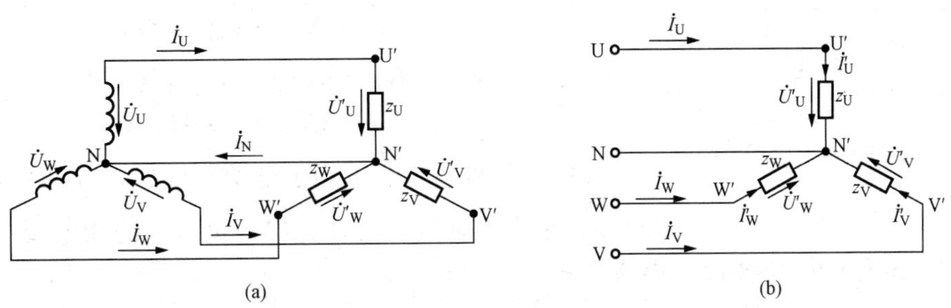

图4-7 三相负载的星形连接

（a）三相四线制电路；（b）三相负载做星形连接

2. 负载的相电压

每相负载两端承受的电压称为负载的相电压。如图4-7中的 $\dot{U}'_U$、$\dot{U}'_V$、$\dot{U}'_W$。若略去连接导线的阻抗，由图4-7分析可知，每相负载上的相电压就等于电源的相电压，即

$$\begin{cases}\dot{U}'_U=\dot{U}_U\\ \dot{U}'_V=\dot{U}_V\\ \dot{U}'_W=\dot{U}_W\end{cases}$$

3. 相电流和线电流

相电流：即流过各相负载中的电流，分别用 $\dot{I}'_U$、$\dot{I}'_V$、$\dot{I}'_W$ 表示。若各相电流相等，其大小可统一用 I_P 表示。

线电流：即流过各相（端）线中的电流，分别用 $\dot{I}_U$、$\dot{I}_V$、$\dot{I}_W$ 表示。若各线电流相等，其大小可统一用 I_L 表示。

星形连接中各相电流、线电流的参考方向如图 4 - 7 所示。很显然，三相负载作星形连接时，不论负载是否相同（对称），线电流与相应的相电流必定相等，即 $\dot{I}_U=\dot{I}'_U$、$\dot{I}_V=\dot{I}'_V$、$\dot{I}_W=\dot{I}'_W$。

以后在三相负载作星形连接的电路中，相电流和线电流统一用 $\dot{I}_U$、$\dot{I}_V$、$\dot{I}_W$ 表示。

4. 中性线电流

中性线电流即流过中性线的电流，用 $\dot{I}_N$ 表示，参考方向从负载中性点 N' 指向电源中性点 N，如图 4 - 7（a）所示。由图 4 - 7 可以看出

$$\dot{I}_N=\dot{I}_U+\dot{I}_V+\dot{I}_W \tag{4-6}$$

若线电流 $\dot{I}_U$、$\dot{I}_V$、$\dot{I}_W$ 为一组对称三相正弦量，则 $\dot{I}_N=0$，此时将中性线去掉，对电路没有任何影响，电路就由三相四线制变为三相三线制。

4.2.2 三相不对称负载星形连接时电路分析

如图 4 - 8 所示，是负载星形连接的三相四线制电路。各电流、电压参考方向如图。设每相负载的复阻抗分别为

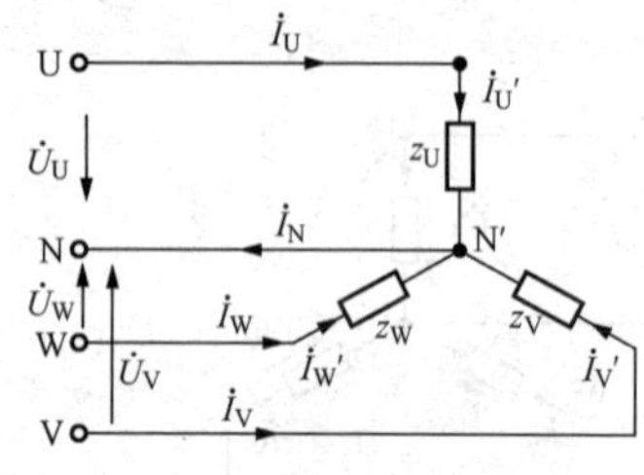

图 4 - 8 三相负载作星形连接

$$\left.\begin{aligned}Z_U&=R_U+jX_U=|Z_U|\angle\varphi_U\\Z_V&=R_V+jX_V=|Z_V|\angle\varphi_V\\Z_W&=R_W+jX_W=|Z_W|\angle\varphi_W\end{aligned}\right\}$$

每相负载两端的电压等于电源相电压，分别为 $\dot{U}_U$、$\dot{U}_V$ 和 $\dot{U}_W$，根据欧姆定律可计算出各负载上的相电流（也是线电流）

$$\left.\begin{aligned}\dot{I}'_U&=\dot{I}_U=\frac{\dot{U}_U}{Z_U}\\\dot{I}'_V&=\dot{I}_V=\frac{\dot{U}_V}{Z_V}\\\dot{I}'_W&=\dot{I}_W=\frac{\dot{U}_W}{Z_W}\end{aligned}\right\} \tag{4-7}$$

根据基尔霍夫定律，中性线电流应为

$$\dot{I}_N=\dot{I}_U+\dot{I}_V+\dot{I}_W \tag{4-8}$$

上述分析中，因为三相负载不对称，在三相负载上电流不相等，三个相电流的相量和不为零，即中性线上有电流通过。在这种情况下，中性线不能断开。因为此时断开中性线，各相负载的电压就不相等，这时，阻抗较小的负载的相电压可能低于其额定电压，阻抗较大的负载的相电压可能高于其额定电压，使负载无法正常工作，甚至会造成严重事故。下面通过

例子来说明，在负载不对称时，中性线对负载正常工作的重要作用。

[例 4-2] 图 4-9 所示是一个三相四线制照明电路，已知电源相电压是 220V，各相负载的额定电压均为 $U_N=220V$，额定功率分别为 $P_U=200W$，$P_V=P_W=1000W$。试求：

(1) 各相负载电流和中性线电流；

(2) U 相负载断开时，其他各相负载上电压和电流如何变化？

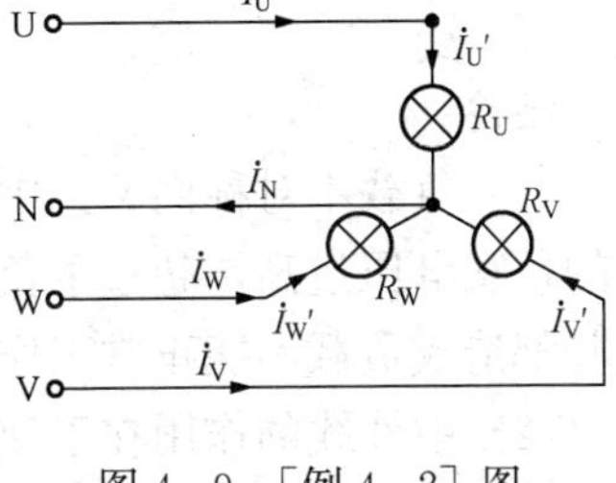

图 4-9 [例 4-2] 图

解 U、V、W 三相白炽灯的电阻分别为

$$R_U=\frac{U_N^2}{P_U}=\frac{220^2}{200}=242(\Omega)$$

$$R_V=R_W=\frac{220^2}{1000}=48.4(\Omega)$$

(1) 各相负载的电流（相电流）。设电源 U 相电压初相为零，即 $\dot{U}_U=220\angle 0°V$，则

$$\dot{U}_V=220\angle -120°V,\quad \dot{U}_W=220\angle 120°V$$

$$\dot{I}_U-\frac{\dot{U}_U}{R_U}=\frac{220\angle 0°}{242}=0.91\angle 0°(A)$$

$$\dot{I}_V=\frac{\dot{U}_V}{R_V}=\frac{220\angle -120°}{48.4}=4.55\angle -120°(A)$$

$$\dot{I}_W=\frac{\dot{U}_W}{R_W}=\frac{220\angle 120°}{48.4}=4.55\angle 120°(A)$$

由 KCL 定律得中性线电流

$$\dot{I}_N=\dot{I}_U+\dot{I}_V+\dot{I}_W=0.91\angle 0°+4.55\angle -120°+4.55\angle 120°=-3.64(A)$$

(2) U 相负载断开后，$\dot{I}_U=0$。由于有中性线的存在，负载 V 相、W 相两端的电压不变，仍是电源对应的相电压，所以 $\dot{I}_V$、$\dot{I}_W$ 不变，而中性线电流变为

$$\dot{I}_N=\dot{I}_V+\dot{I}_W=4.55\angle -120°+4.55\angle 120°=-4.55(A)$$

中性线电流上升为 4.55A。

这个例子说明：①当某相负载发生故障时，由于有中性线存在，其余各相负载不受影响，仍然可以正常工作；②负载的不对称程度越小，中性线电流就越小。当负载对称时，电路便成为对称三相电路，中性线电流为零。

[例 4-3] 上例中，求下列故障情况下各相负载的相电压：

(1) U 相负载短路且中性线断开时；

(2) U 相负载断开且中性线也断开时。

解 (1) U 相负载短路且中性线断开时，负载中性点 N' 即为 U 点，各相负载的相电压为

$$\dot{U}'_U=0,\quad U'_U=0$$

$$\dot{U}'_V=\dot{U}_{VU},\quad U'_V=380V$$

$$\dot{U}'_W=\dot{U}_{WU},\quad U'_W=380V$$

此时，V 相与 W 相的灯两端所加电压为线电压，超过了灯的额定电压（220V），这是不允许的。

（2）U 相负载断开且中性线也断开时，这时 V 相与 W 相灯是串联，接于线电压 $U_{VW}=380V$ 之间，两相电流相同，两相负载上的电压取决于两相等效电阻的大小。本例中，因 $R_V=R_W$，所以

$$U'_V=U'_W=\frac{1}{2}U_{VW}=190V$$

结论：

（1）负载不对称而又无中性线时，负载的相电压就不再对称了。负载电压不对称，导致有的负载电压过高，超过了负载的额定电压；而有的负载电压过低，低于负载的额定电压。这些都造成负载不能正常工作。

（2）中性线的作用在于使星形连接的不对称负载的相电压对称。为了保证负载上相电压的对称，就不能让中性线断开。因此，中性线上不允许安装熔断器或开关。

（3）一般照明线路都不能保证三相负载对称，因此在作星形连接时，必须采用三相四线制（有中性线）。并且尽量调整各相负载，使之尽可能接近，以减少中性线电流，使中性线截面得以减小。

4.2.3 三相对称负载星形连接时电路分析

由于电源电压对称，当三相负载对称时，即 $Z_U=Z_V=Z_W=Z$，负载的三相电流也是对称的，即电流大小相等、相位差依次为 120°，如图 4-10 所示为星形连接三相对称负载电流相量图，可看出 V 相电流与 W 相电流的相量和与 U 相电流大小相等、方向相反，因此三相电流相量和为零，即

$$\dot{I}_U+\dot{I}_V+\dot{I}_W=0 \tag{4-9}$$

可见，在星形连接的三相负载对称时，中性线无电流通过，$\dot{I}_N=0$。此时完全可以把中性线省去，使三相四线制变为三相三线制供电方式，电路如图 4-11 所示。实际上三相电动机、三相电阻炉都是对称三相负载，它们都可用三相三线制供电。

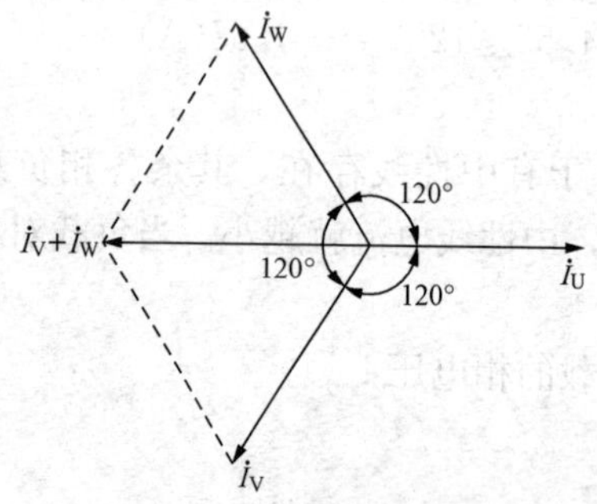

图 4-10 三相对称负载电流相量图

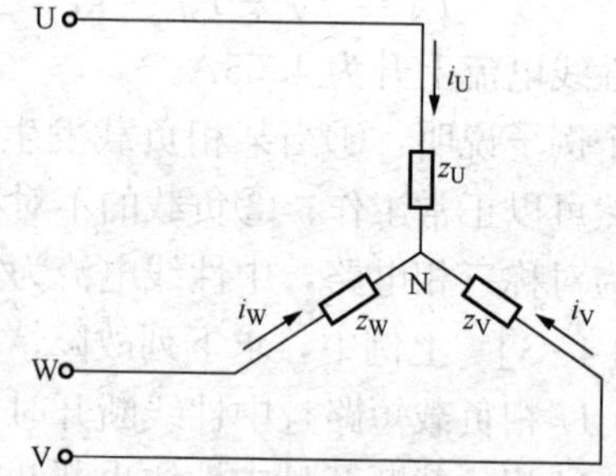

图 4-11 负载的三相三线制供电

计算三相三线制的电路仍然和有中线三相四线制情况相同。由于三相负载对称，实际上只要算出三相中任意一相的电流即可，其余两相电流都可根据对称关系，直接写出。

［例 4-4］ 有一对称三相负载星形连接的电路，电源电压对称，每相负载的电阻 $R=30\Omega$，感抗 $X_L=40\Omega$，已知 $u_{UV}=380\sqrt{2}\sin\omega t$（V），试求：负载相电压、相电流、线电流及中性线电流，并画出各电流相量图。

解 各相复阻抗为

$$Z = R + jX_L = 30 + j40 = 50\angle 53^\circ(\Omega)$$

由于负载采用星形连接，负载的相电压等于电源的相电压，其值应为

$$U_P = \frac{U_L}{\sqrt{3}} = \frac{380}{\sqrt{3}} = 220(\text{V})$$

根据已知条件线电压 $\dot{U}_{UV}$ 的初相为零可写出各负载相电压为

$$\dot{U}'_U = \dot{U}_U = 220\angle -30^\circ(\text{V})$$

$$\dot{U}'_V = \dot{U}_V = 220\angle -150^\circ(\text{V})$$

$$\dot{U}'_W = \dot{U}_W = 220\angle 90^\circ(\text{V})$$

所以

$$u_U = 220\sqrt{2}\sin(\omega t - 30^\circ)(\text{V})$$

$$u_V = 220\sqrt{2}\sin(\omega t - 150^\circ)$$

$$u_W = 220\sqrt{2}\sin(\omega t + 90^\circ)$$

U 相电流为

$$\dot{I}'_U = \frac{\dot{U}_U}{Z} = \frac{220\angle -30^\circ}{50\angle 53^\circ} = 4.4\angle -83^\circ(\text{A})$$

其余两相电流可由对称关系写出

$$\dot{I}'_V = 4.4\angle 157^\circ(\text{A}) \quad \dot{I}'_W = 4.4\angle 37^\circ(\text{A})$$

线电流等于相应的相电流，即

$$\dot{I}_U = \dot{I}'_U = 4.4\angle -83^\circ(\text{A})$$

$$\dot{I}_V = \dot{I}'_V = 4.4\angle 157^\circ(\text{A})$$

$$\dot{I}_W = \dot{I}'_W = 4.4\angle 37^\circ(\text{A})$$

所以各相电流（也是线电流）为

$$i'_U = i_U = 4.4\sqrt{2}\sin(\omega t - 83^\circ)(\text{A})$$

$$i'_V = i_V = 4.4\sqrt{2}\sin(\omega t + 157^\circ)(\text{A})$$

$$i'_W = i_W = 4.4\sqrt{2}\sin(\omega t + 37^\circ)(\text{A})$$

由于负载对称，中性线上没有电流通过，即

$$\dot{I}_N = \dot{I}_U + \dot{I}_V + \dot{I}_W = 0 \quad (i_N = 0)$$

电流相量图如图 4-12 所示。

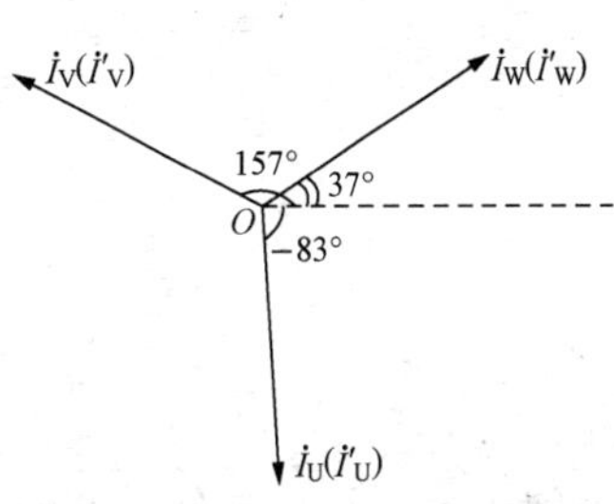

图 4-12 ［例 4-4］电流相量图

思考题

4.2.1 什么是相电流和线电流？当三相负载作星形连接时，相电流与线电流必定相等吗？

4.2.2 在三相四线制电路中中性线的作用是什么？为什么中性线上不允许安装熔断器？

4.2.3 已知星形连接的三相对称负载，电源线电压 $\dot{U}_{UV} = 380\angle 30^\circ\text{V}$，线电流 $\dot{I}_U = 10\angle -45^\circ\text{A}$，求每相负载的复阻抗。

4.2.4 当负载做星形连接时，怎样求中性线电流？中性线何时可以省略？

4.3 负载三角形连接的三相电路

将三相负载的始末端依次相连构成闭合回路，然后将三个节点分别接在三相电源的三根相线上，这种接法称为三相负载的三角形连接，又称△连接，如图 4-13 所示。

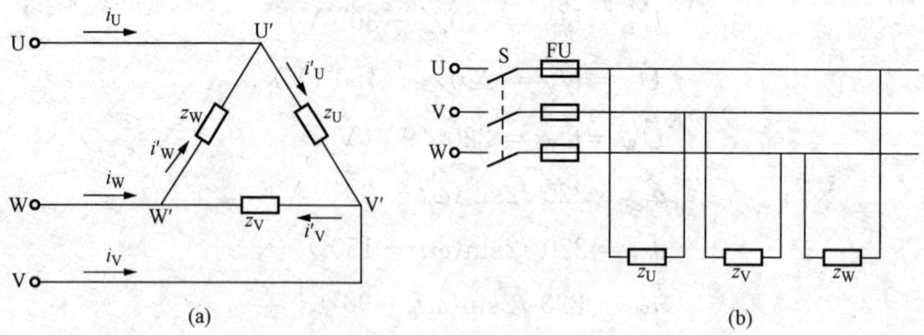

图 4-13 三相负载的三角形接法

（a）原理图；（b）实际接线示意图

在三角形连接中，由于各相负载接在电源两根相线之间，所以负载两端的相电压就等于电源线电压，即

$$
\begin{aligned}
\dot{U}'_U &= \dot{U}_{UV} \\
\dot{U}'_V &= \dot{U}_{VW} \\
\dot{U}'_W &= \dot{U}_{WU}
\end{aligned}
\qquad (4-10)
$$

负载相电流的参考方向如图 4-13（a）所示，根据欧姆定律可计算出各相电流，即

$$
\left.
\begin{aligned}
\dot{I}'_U &= \frac{\dot{U}'_U}{Z_U} = \frac{\dot{U}_{UV}}{Z_U} \\
\dot{I}'_V &= \frac{\dot{U}'_V}{Z_V} = \frac{\dot{U}_{VW}}{Z_V} \\
\dot{I}'_W &= \frac{\dot{U}'_W}{Z_W} = \frac{\dot{U}_{WU}}{Z_W}
\end{aligned}
\right\}
\qquad (4-11)
$$

由图 4-13（a）可知，此时线电流不等于负载的相电流，由基尔霍夫电流定律 *KCL* 可得线电流与相电流的关系为

$$
\begin{cases}
\dot{I}_U = \dot{I}'_U - \dot{I}'_W \\
\dot{I}_V = \dot{I}'_V - \dot{I}'_U \\
\dot{I}_W = \dot{I}'_W - \dot{I}'_V
\end{cases}
\qquad (4-12)
$$

将三角形连接的三相负载看作一个广义节点，根据 *KCL* 可知，$\dot{I}_U + \dot{I}_V + \dot{I}_W = 0$ 恒成立。

在三角形连接中，若三相负载是对称的，即 $Z_U = Z_V = Z_W = Z$，由于电源电压是对称的，由式（4-11）可知，负载相电流也是对称的，即各相电流大小相等，相位差依次互为 120°。

负载对称时线电流和相电流的关系可由相量图得到，如图 4-14 所示。从图 4-14 可以看出：

(1) 线电流也是对称的；

(2) 线电流在相位上比相应的相电流滞后 30°；

(3) 在大小上，线电流是相电流的$\sqrt{3}$倍，即

$$I_L = \sqrt{3} I_P$$

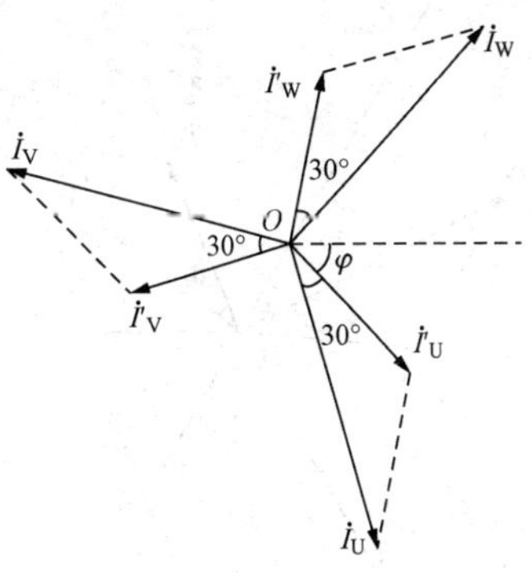

图 4-14 对称三相负载三角形连接时线电流与相电流的相量图

三相电源和三相负载通过输电线（相线）相连构成了三相电路。工程上根据实际需要，可以组成多种类型的三相电路。如星形（电源）—星形（负载），简称 Y—Y；还有 Y—△；△—△等。图 4-15 是三相电路的一个接线实例。

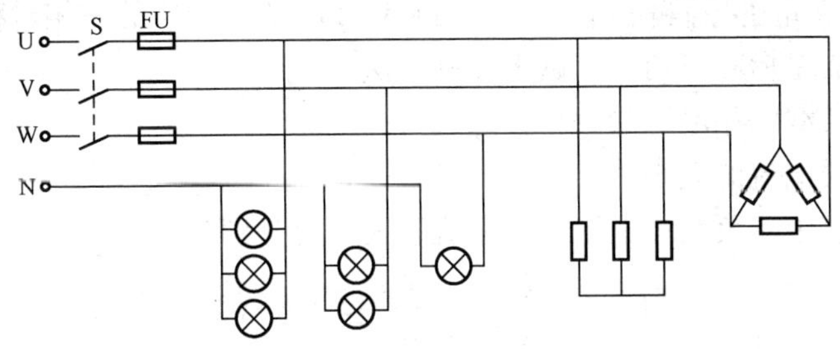

图 4-15 三相电路实例

图中并没有画出三相电源绕组的连接方式。这是因为从负载的角度来说，所关心的是电源能提供多大的线电压，至于电源内部如何连接，是无关紧要的。为了简化线路图，习惯上仅画出三相电源的相线和中性线即可。

三相负载按何种连接方式接入电路，必须根据每相负载的额定电压与电源线电压的关系而定。若不考虑输电线的阻抗时，当负载的额定电压等于电源线电压时，则负载应作三角形连接；当负载的额定电压等于电源线电压$\frac{1}{\sqrt{3}}$时，则负载应作星形连接。

[例 4-5] 有一个对称三相负载作三角形连接，设每相电阻为 $R=6\Omega$，每相感抗为 $X_L=8\Omega$，电源电压对称，线电压为 380V，求各相电流、线电流，并画出负载相电压及各电流相量图。

解 由于电源对称，负载对称，是一个对称三相电路，所以只需计算其中一相即可推知其余两相。三角形连接中，负载两端的相电压等于相应的电源线电压。设线电压$\dot{U}_{UV}$为参考相量，即初相为零，$\dot{U}_{UV} = 380\angle 0°\text{V}$。

每相负载阻抗为

$$Z = R + jX_L = (6 + j8) = 10\angle 53°(\Omega)$$

则 U 相负载的相电流

$$\dot{I}'_U = \frac{\dot{U}'_U}{Z} = \frac{\dot{U}_{UV}}{Z} = \frac{380\angle 0°}{10\angle 53.1°} = 38\angle -53°(\text{A})$$

由对称关系直接写出另外两个相电流 $\dot{I}'_V$、$\dot{I}'_W$

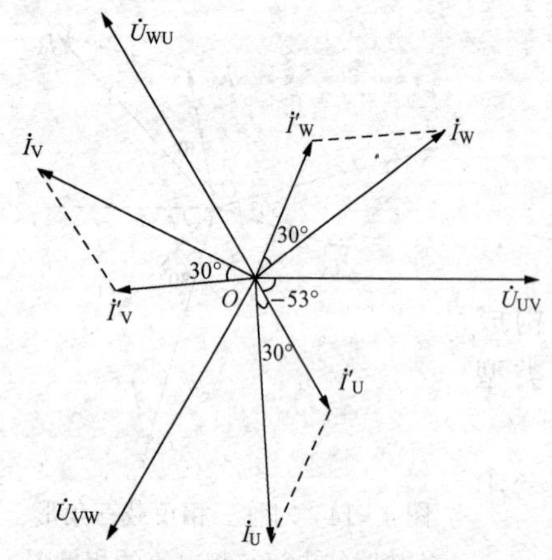

图 4-16 ［例 4-5］电压电流相量图

$$\dot I'_V = 38\angle -173°(A)$$

$$\dot I'_W = 38\angle 67°(A)$$

再根据对称负载时线电流与相电流的关系，求出线电流 $\dot I_U$，即

$$\dot I_U = \sqrt{3}\,\dot I'_U\angle -30° = 38\sqrt{3}\angle -83°(A)$$

由对称关系直接写出另外两个线电流 $\dot I_V$、$\dot I_W$。

$$\dot I_V = 38\sqrt{3}\angle(-83°-120°) = 38\sqrt{3}\angle 157°(A)$$

$$\dot I_W = 38\sqrt{3}\angle 37°(A)$$

最后作出电压电流的相量图，如图 4-16 所示。

［例 4-6］ 在 380V 的三相对称电路中，将三只 55Ω 的电阻分别接成星形和三角形，试求两种接法下：

（1）线电压及负载的相电压的大小；

（2）相电流和线电流的大小。

解 在星形连接中，负载相电压、相电流和线电流分别为

$$U_{P'Y} = \frac{U_L}{\sqrt{3}} = \frac{380}{\sqrt{3}} \approx 220(V)$$

$$I_{LY} = I_{PY} = \frac{U_P}{R} = \frac{220}{55}(A) = 4(A)$$

在三角形连接中，负载相电压、相电流和线电流分别为

$$U_{L\triangle} = U_{P'\triangle} = 380(V)$$

$$I_{P\triangle} = \frac{U_P}{R} = \frac{380}{55}(A) \approx 6.9(A)$$

$$I_{L\triangle} = \sqrt{3}I_{P\triangle} = 1.73\times 6.9(A) \approx 12(A)$$

从此例可以看出，在相同的三相电压作用下，对称负载做三角形连接时的线电流是星形连接时线电流的 3 倍。

思考题

4.3.1 当三相负载作三角形连接时，线电流有效值必定等于相电流有效值的$\sqrt{3}$倍吗？

4.3.2 负荷是按星形连接，还是三角连接，是根据什么来决定的？

4.3.3 在对称三相负载作三角形连接的三相电路中，相电流 $\dot I'_U = 1\angle -30°A$，写出其他相电流及各线电流的相量式，并画出电流相量图。

4.3.4 一组三角形连接的对称三相负载接入对称三相电源，测得线电流为 9A，问负载相电流是多大？将这组对称负载改成星形连接后接入同样的电源上，问线电流又是多大？

4.3.5 有一台三相交流电动机每相绕组的额定电压为 380V，对称三相电源的线电压为 380V，则电动机的三相绕组应采用什么连接方式接入该电源？

4.4 三相交流电路的功率及其测量

4.4.1 三相交流电路的功率

根据能量守恒定律，若输电线路损失忽略不计，电源输出的总功率应等于负载消耗的总功率，而三相负载的总功率又等于各相负载功率之和，即

$$P = P_U + P_V + P_W \tag{4-13}$$

将有功功率的计算方法

$$\begin{cases} P_U = U'_U I'_U \cos\varphi_U \\ P_V = U'_V I'_V \cos\varphi_V \\ P_W = U'_W I'_W \cos\varphi_W \end{cases}$$

代入式（4-13）可得

$$P = P_U + P_V + P_W = U'_U I'_U \cos\varphi_U + U'_V I'_V \cos\varphi_V + U'_W I'_W \cos\varphi_W \tag{4-14}$$

式中：φ_U、φ_V、φ_W 为 U、V、W 各相负载相电压与相电流之间的相位差。

同理，三相负载的无功功率也等于各相负载无功功率的代数和，即

$$Q = Q_U + Q_V + Q_W = U'_U I'_U \sin\varphi_U + U'_V I'_V \sin\varphi_V + U'_W I'_W \sin\varphi_W \tag{4-15}$$

三相电路的视在功率定义为

$$S = \sqrt{P^2 + Q^2} \tag{4-16}$$

式（4-13）～式（4-16）是三相电路计算功率的一般表达式，无论电路对称与否都是适用的。

在对称三相电路中，有

$$U'_U = U'_V = U'_W = U'_P, \quad I'_U = I'_V = I'_W = I_P, \quad \varphi_U = \varphi_V = \varphi_W = \varphi$$

代入式（4-13）可得

$$P = 3U'_P I_P \cos\varphi \tag{4-17}$$

式中 U'_P 为负载两端相电压的大小，I_P 为负载相电流的大小，φ 为负载相电压与相电流之间的相位差。式（4-17）表明，对称三相电路的有功功率等于一相有功功率的三倍。

由于三相电气设备给出的额定电压、额定电流一般是指线电压和线电流的额定值，而且测量线电压、线电流较为方便，所以常把式（4-17）中的负载相电压、相电流换成线电压、线电流。下面分析已知线电压和线电流时三相电路功率的计算公式。

负载星形连接时 $U'_P = \dfrac{U_L}{\sqrt{3}}$，$I_P = I_L$，代入式（4-17）可得

$$P = 3U'_P I_P \cos\varphi = 3 \times \frac{U_L}{\sqrt{3}} I_L \cos\varphi = \sqrt{3} U_L I_L \cos\varphi$$

负载三角形连接时 $U'_P = U_L$，$I_P = \dfrac{1}{\sqrt{3}} I_L$，代入式（4-17）可得

$$P = 3U'_P I_P \cos\varphi = 3 \times U_L \frac{I_L}{\sqrt{3}} \cos\varphi = \sqrt{3} U_L I_L \cos\varphi$$

由此可见，在对称三相负载电路中，无论采用哪种连接方式，其三相电路功率计算公式都是相同的，同理可求得无功功率和视在功率，即

$$\begin{cases} P = \sqrt{3}U_{\mathrm{L}}I_{\mathrm{L}}\cos\varphi \\ Q = \sqrt{3}U_{\mathrm{L}}I_{\mathrm{L}}\sin\varphi \\ S = \sqrt{3}U_{\mathrm{L}}I_{\mathrm{L}} \end{cases} \tag{4-18}$$

应当注意（4-18）中的 φ 角仍然是负载相电压与相电流之间的相位差。

公式（4-18）虽然对星形和三角形连接的负载都适用，但不能认为在线电压相同的情况下，将负载由星形接法改成三角形接法时，它们所耗用的功率相等。例 4-7 可说明这个问题。

［例 4-7］ 有一台三相电动机，其每相负载电阻 $R=3\Omega$，感抗 $X_{\mathrm{L}}=4\Omega$，接在线电压为 380V 的对称三相电源上。求当三相负载分别接成 Y 和△时，电路的线电流和有功功率。

解 各相负载复阻抗为

$$Z = R + \mathrm{j}X_{\mathrm{L}} = 3 + \mathrm{j}4 = 5\angle 53^\circ(\Omega)$$

阻抗和阻抗角分别为

$$|Z| = 5\Omega \quad \varphi = 53^\circ$$

各相负载功率因数为

$$\cos\varphi = \cos 53^\circ = 0.6$$

（1）负载作星形连接时，负载相电压为

$$U'_{\mathrm{YP}} = \frac{U_{\mathrm{YL}}}{\sqrt{3}} = \frac{380}{\sqrt{3}} = 220(\mathrm{V})$$

各相相电流为

$$I_{\mathrm{YP}} = \frac{U'_{\mathrm{YP}}}{|Z|} = \frac{220}{5} = 44(\mathrm{A})$$

负载作星形连接时，$I_{\mathrm{YP}}=I_{\mathrm{YL}}$，所以线电流为

$$I_{\mathrm{YL}} = 44(\mathrm{A})$$

三相负载总有功功率为

$$P_{\mathrm{Y}} = \sqrt{3}U_{\mathrm{YL}}I_{\mathrm{YL}}\cos\varphi = \sqrt{3} \times 380 \times 44 \times 0.6 \approx 17.36(\mathrm{kW})$$

（2）负载作三角形连接时，相电压等于线电压，即为

$$U'_{\triangle\mathrm{P}} = U_{\triangle\mathrm{L}} = 380(\mathrm{V})$$

相电流为

$$I_{\triangle\mathrm{P}} = \frac{U'_{\triangle\mathrm{P}}}{|Z|} = \frac{380}{5} = 76(\mathrm{A})$$

三角形连接时，线电流是相电流的 $\sqrt{3}$ 倍，即

$$I_{\triangle\mathrm{L}} = \sqrt{3}I_{\triangle\mathrm{P}} = \sqrt{3} \times 76 = 131.5(\mathrm{A})$$

三相负载总有功功率为

$$P_{\triangle} = \sqrt{3}U_{\triangle\mathrm{L}}I_{\triangle\mathrm{L}}\cos\varphi = \sqrt{3} \times 380 \times 131.5 \times 0.6 \approx 51.87(\mathrm{kW})$$

从本例可看出，同一对称三相负载接到同一个三相对称电源上，三角形连接时的线电流、有功功率分别是星形连接时的 3 倍。通过计算可以知道，对无功功率和视在功率也有相同的结论。

4.4.2 三相功率的测量

三相四线制电路中，负载一般是不对称的，需分别测出各相功率后再相加，才能得到三相负载的总功率，测量线路如图 4-17 所示。这种测量方法称为“三表法”。

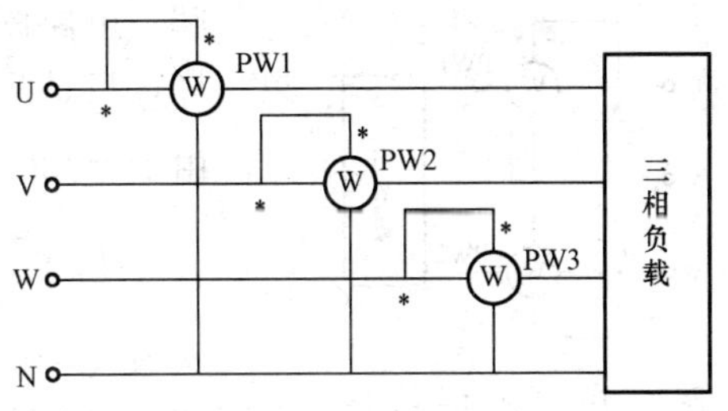

图 4-17 测量三相电路功率的“三表法”电路

三相四线制电路中，若负载是对称的，只要测出一相负载的功率，然后再乘以 3 倍，就可得到三相负载的总功率。这种测量方法称为“一表法”。

对于三相三线制电路，不论负载对称与否，都可用如图 4-18 所示的线路来测量总功率。这种测量方法称为“二表法”。两只功率表的接线方法是：两只功率表的电流线圈分别串联在任意两根相线中，而电压线圈则分别并联在本相线与第三根相线之间。两只功率表的读数之和就是三相电路的总功率，任一个功率表的读数是没有意义的。

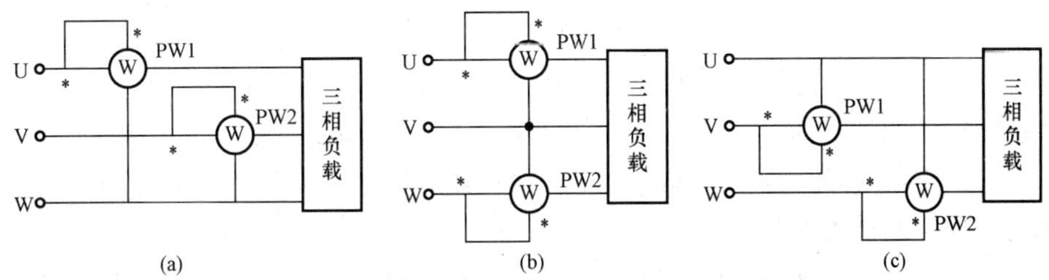

图 4-18 测量三相电路功率的“二表法”电路

下面以图 4-18（a）的接法求证三相有功功率等于两表读数之和。

由功率表的构造原理和图示接线可知，两个功率表的读数分别为

$$P_1 = U_{UW} I_U \cos\beta_1$$
$$P_2 = U_{VW} I_V \cos\beta_2$$

式中：β_1 为线电压 $\dot{U}_{UW}$ 与线电流 $\dot{I}_U$ 的相位差，β_2 为线电压 $\dot{U}_{VW}$ 与线电流 $\dot{I}_V$ 的相位差。

以 Y 形连接负载为例，有$U_{UV}=U_{VW}=U_{WU}=U_{UW}=U_L$和 $I_U=I_V=I_W=I_L$。若设 U 相负载相电压 $\dot{U}_U$ 与相电流 $\dot{I}_U$ 的相位差为 φ，则线电压 $\dot{U}_{UW}$ 与线电流 $\dot{I}_U$ 的相位差 $\beta_1=(30°-\varphi)$，线电压 $\dot{U}_{VW}$ 与线电流 $\dot{I}_V$ 的相位差 $\beta_2=(30°+\varphi)$，则用“二表法”测量的此电路三相有功功率为

$$\begin{aligned} P &= P_1 + P_2 = U_{UW} I_U \cos\beta_1 + U_{VW} I_V \cos\beta_2 \\ &= U_L I_L \cos(30° - \varphi) + U_L I_L \cos(30° + \varphi) \\ &= \sqrt{3} U_L I_L \cos\varphi \end{aligned}$$

即两只功率表的读数之和就是三相电路的总有功功率。

若电路负载作三角形连接，可得到同样结果（负载的三角形连接可等效变换为星形连接）。

［例 4-8］ 已知三相电动机的功率为 3.2kW，功率因数 $\cos\varphi=0.866$，接在线电压为 380V 的电源上。试画出用“二表法”测量功率的电路图，并求两功率表的读数。

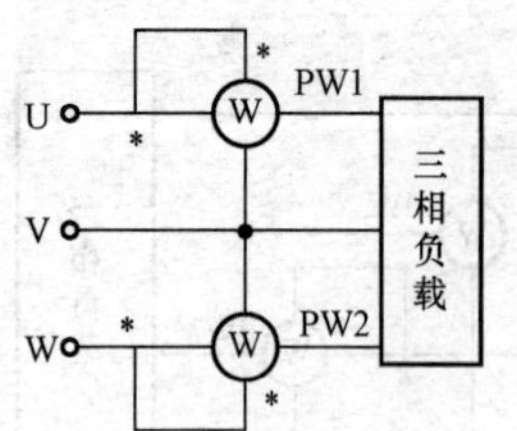

图 4-19 ［例 4-8］图

解 电路图如图 4-19 所示（也可以用另外两种接法，计算结果一样，只是两块功率表的读数表达式略有差别）

由 $P=\sqrt{3}U_L I_L\cos\varphi$ 得，线电流 I_L 为

$$I_L=\frac{P}{\sqrt{3}U_L\cos\varphi}=\frac{3200}{\sqrt{3}\times380\times0.866}\approx5.61(\text{A})$$

又 $\cos\varphi=0.866$，电动机是感性负载，所以 $\varphi=30°$，即负载相电压超前相电流 30°。

设三相电动机是星形连接方式（三角形连接的三相负载可以等效变换为星形连接），电源相电压 $\dot{U}_U=220\angle0°\text{V}$，则

$$\dot{I}_U=5.61\angle-30°(\text{A})$$

$$\dot{I}_W=5.61\angle90°(\text{A})$$

$$\dot{U}_{UV}=380\angle30°(\text{V})$$

$$\dot{U}_{VW}=380\angle-90°(\text{V})$$

$$\dot{U}_{WV}=380\angle90°(\text{V})$$

功率表 PW1 的读数为

$$P_1=U_{UV}I_U\cos\beta_1=380\times5.61\times\cos[30°-(-30°)]\approx1068(\text{W})$$

功率表 PW2 的读数为

$$P_2=U_{wv}I_w\cos\beta_2=380\times5.61\times\cos(90°-90°)\approx2132(\text{W})$$

显然，两只功率表的读数之和等于总功率。即 $P_1+P_2=P$。

4.4.1 “一表法”“二表法”“三表法”分别适用于什么电路的功率测量？采用“二表法”测量功率时，功率表的读数和哪些量有关？

4.4.2 已知星形连接的对称三相负载，电源线电压 $\dot{U}_{UV}=380\angle60°\text{V}$，线电流 $\dot{I}_U=10\angle-30°\text{A}$，求负载的阻抗及三相电路的 P、Q、S。

4.4.3 在相同的电源线电压下，三相交流电动机作星形连接和作三角形连接时，三相功率 P 的计算公式均为 $P=\sqrt{3}U_L I_L\cos\varphi$，是否说明两种情况下电动机所取用的功率相等？为什么？

4.5 供配电与安全用电

由发电厂、输电系统、配电系统和电力用户连接而成的统一整体，称为电力系统，该系统起着电能的生产、输送、分配和消耗的作用。随着工农业生产的发展和科学技术的进步，对电力的需求量日益增大，对供电的可靠性的要求越来越高，通常把许多城市的发电厂都并起来，形成大型的电力网络，对电力进行统一的调度和分配。

目前电力工程上普遍采用三相制供电，因为三相制供电比单相制供电有以下几个方面的

优越性：在发电方面，三相交流发电机比相同尺寸的单相交流发电机容量大；在输电方面，如果以同样电压将同样大小的功率输送到同样距离，三相输电线比单相输电线节省材料；在用电设备方面，三相交流电动机比单相电动机结构简单、体积小、运行特性好等。因而三相制是目前世界各国的主要供电方式。

4.5.1 发电、输电和配电

为了节省燃料和运输费用，大容量发电厂多建在燃料、水力资源丰富的地方，而电力用户是分散的，往往又远离发电厂，因此需要建设较长的输电线路进行输电；为了实现电能的经济传输和满足用电设备对工作电压的要求，需要建设升压变电所和降压变电所进行变电；将电能送到城市、农村和工矿企业后，需要经过配电线路向各类电力用户进行配电。

1. 发电

电能的产生主要来自各种类型的发电厂，简称电厂或电站。电厂将蕴藏于自然界中的一次能源转换为电能。发电方式多种多样，根据其利用的能源的不同，可分为火力发电厂、水力发电厂、核能发电厂、风力发电厂、地热发电厂、太阳能发电厂和潮汐发电厂等多种类型。

(1) 火力发电。火力发电是将煤、石油、天然气等燃料燃烧后获得的热能转换成机械能，通过机械能驱动电动机运转发电的方式。有火力发电、燃气涡轮发电及内燃机发电等。其中将热能转变为蒸汽驱动汽轮机旋转发电的火力发电占主流。一般说来火力发电都是指这种形式。

(2) 水力发电。水力发电是利用位于高处的河流或水库中水的势能使水轮机旋转，带动发电机生产电能的方式。水力发电具有成本低、能量转换效率高、污染小等优点。

(3) 核能发电。核能发电是利用铀等放射性物质在核反应堆内发生核裂变反应所产生的热能发电。核能发电在驱动汽轮机旋转发电这一点上与火力发电相同，不同的只是产生热能的装置为核反应堆。

(4) 太阳能发电。太阳能发电是通过太阳能电池直接利用太阳能进行发电。太阳能电池产生的是直流电，需要经过逆变环节将直流电转变成交流电使用。

(5) 风力发电。风力发电是利用风力涡轮机将风能转换成机械能，然后驱动发电机产生电能。风能与太阳能一样，是取之不尽的清洁能源。

其他方式还有潮汐发电、地热发电、化学能发电等，这些发电方式，发电量不大，多为实验性质。

2. 输电

输电是指从发电厂向消费电能地区输送大量电力，或者不同电网之间互送电力。输电网是动力系统中最高电压等级的电网，是电力系统的主要网络（简称主网）。

电力网都采用高电压、小电流输送电力。根据焦耳-楞次定律（$Q=I^2Rt$）可知，电流通过导体所产生的热量 Q，是与通过导体的电流 I 平方成正比的。所以在相同输送功率和输送距离下，所选用的电压等级越高，线路电流越小，则导线截面和线路中的功率损耗、电能损耗也就越小。但是电压等级越高，线路的绝缘要求也相应提高，杆塔的尺寸也要随导线间及导线对地距离的增加而加大，变电所的变压器和开关设备的造价也要随电压的增高而增加。因此，采用过高的电压不一定恰当，在设计时，需就输电容量和线路投资等综合因素，考虑其技术经济指标后决定所选用输电电压等级的高低。一般说来，传输的功率愈大，传输距离愈远时，选择较高的电压等级比较有利。

目前采用的送电线路有两种，一种是电力电缆，它采用特殊加工制造而成的电缆线，埋没于地下或敷设在电缆隧道中。另一种是最常见的架空线路，它一般使用无绝缘的裸导线，通过立于地面的杆塔作为支持物，将导线用绝缘子悬挂于塔上。由于电缆价格较高，目前大部分配电线路、绝大部分高压输电线路和全部超高压及特高压输电线路都采用架空线路。

3. 变电和配电

电力从电厂到用户，电压要经过多级变换。经过变电而把电压升高的，称为升压；把电压降低的，称为降压。变电分为输电电压的变换和配电电压的变换。前者通常称为变电站，或称一次变电站，主要是为输电需要而进行电压变换，但也兼有变换配电电压的设备；后者通常称为变配电站（所），或称二次变电站，主要是为配电需要而进行电压变换，一般只设置变换配电电压的设备。变配电站馈送的电力在到达用户前（或进入用户后），通常尚需再进行一次电压变换，这级变电，是电网中的最后一级变电。

电力的分配，简称配电。为配电服务的设备和线路，分别称为配电设备和配电线路。电能消费地区都有中央变电所（小规模的用户往往只有一个变电所），中央变电所接受送来的电能，然后分配到各区域，再由区域变电所或配电箱将电能分配给各用电设备。

4.5.2 安全用电

为了有效安全使用电能，除了认识和掌握电的性能和它的客观规律外，还必须了解安全用电知识、技术及措施。如果对于电能及其电气设备使用不合理、安装不妥当、维修不及时或违反电气操作的基本规程等，则可能造成停电停产、损坏设备、引起火灾，甚至造成人身伤亡等严重事故。因此，研究触电事故的原因、现象和预防措施，提高安全用电的技术理论水平，对于确保安全用电，避免各种用电事故的发生是非常重要的。

1. 触电与急救

人体触及带电体，或人体接近带电体并在其间形成了电弧，都有电流流过人体而造成伤害，这就称为触电。按照对人体的伤害不同，触电可分为电击和电伤两种。电击是电流流过人体内部器官，对人体内部组织造成伤害，乃至死亡。电伤是电流的热效应、化学效应和机械效应对人体外部造成的伤害，如电弧烧伤等。按照触及带电体的方式，触电情况主要有单相触电和两相触电。

（1）单相触电。当人站在地面上，碰触带电设备的其中一相时，电流通过人体流入大地，这种触电方式称为单相触电。如图 4-20 所示。图 4-20（b）为中性点不接地系统的单相触电，电流经人体、大地和另两根相线对地的绝缘阻抗形成闭合回路。图 4-20（a）为中性点直接接地的单相触电。当人体触及一相带电体时，该相电流通过人体经大地回到中性点形成回路，由于人体电阻比中性点直接接地的电阻大得多，电压几乎全部加在人体上，造成触电。在触电事故中，单相触电约占 95%以上。

（2）两相触电。人体同时触及两根相线，如图 4-21 所示。这种情况下，不管中性点接地与否，人体承受线电压，触电者即使穿上绝缘靴或站在绝缘台上也起不了保护作用。对于 380V 的线电压，两相触电时通过人体的电流能达到 200～270mA，这样大的电流经过人体，只要经过 0～0.2s，人就会死亡。所以两相触电比单相触电危险得多。

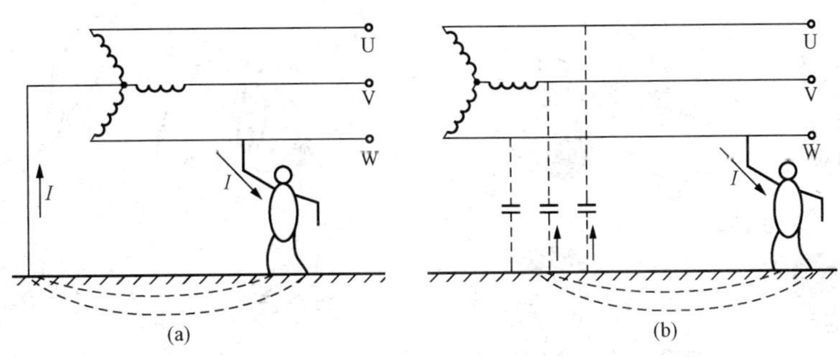

图 4-20　单相触电

(a) 中性点接地系统单相触电；(b) 中性点不接地系统单相触电

(3) 触电急救。

第一，使触电者迅速脱离电源。触电事故附近有电源开关或插座时，应立即断开开关或拔掉电源插头。若无法及时找到并断开电源开关时，应迅速用绝缘工具切断电线，以断开电源。

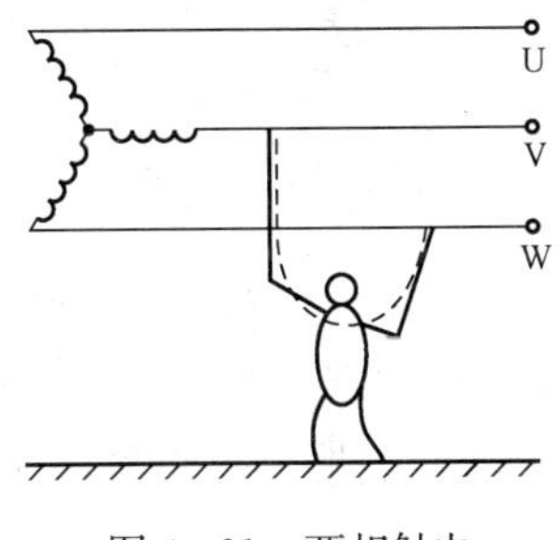

图 4-21　两相触电

第二，简单诊断。

1) 将脱离电源的触电者迅速移至通风、干燥处，将其仰卧，并将上衣和裤带放松，观察触电者是否有呼吸，摸一摸颈部的颈动脉的搏动情况。

2) 观察触电者的瞳孔是否放大，当处于假死状态时，大脑细胞严重缺氧处于死亡边缘，瞳孔就自行放大，如图 4-22 所示。

图 4-22　检查瞳孔

(a) 瞳孔正常；(b) 瞳孔放大

3) 用"口对口人工呼吸法"进行急救对有心跳而呼吸停止的触电者，应采用"口对口人工呼吸法"进行急救，如图 4-23 所示。其步骤如下：

将触电者仰卧，解开衣领和裤带，然后将触电者头偏向一侧，张开其嘴，用手清除口腔中义齿或其他异物，使呼吸道畅通，抢救者在触电病人一边，使其鼻孔朝天后仰。抢救者在深呼吸 2～3 次后，张大嘴严密包绕触电者的嘴，同时用放在前额手的拇指、食指捏紧其双侧鼻孔，连续向肺内吹气 2 次。吹完气后应放松捏鼻子的手，让气体从触电者肺部排出，如此反复进行，以每 5s 吹气一次，坚持连续进行。不可间断，直到触电者苏醒为止。

4) 用"胸外心脏按压法"进行急救对"有呼吸而心脏停搏"的触电者，应采用"胸外心脏按压法"进行急救，如图 4-24 所示。其步骤如下：

将触电者仰卧在硬板或地面上，颈部枕垫软物使头部稍后仰，松开衣服和裤带，急救者跨跪在触电者的腰部。急救者将后手掌根部按于触电者胸骨下二分之一处，中指指尖对准其颈部凹陷的下缘，当胸一手掌，左手掌复压在右手背上，如图 4-24 中的 (a) 和 (b)。

掌根用力下压 3～4cm 后，突然放松，如图 4-24 中的 (c) 和 (d) 所示，挤压与放松的动作要有节奏，每秒钟进行一次，必须坚持连续进行，不可中断，直到触电者苏醒为止。

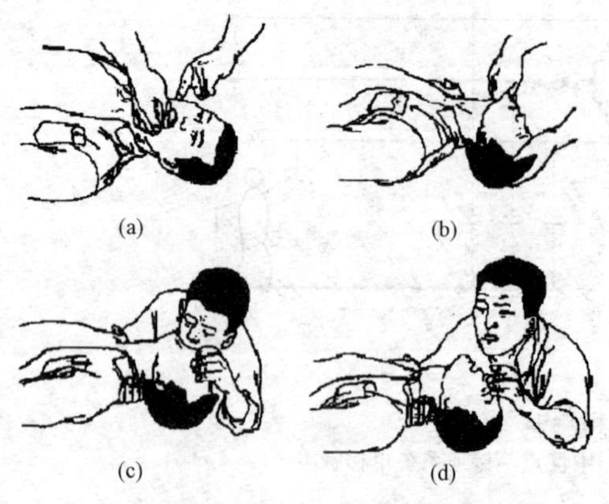

图 4-23 口对口人工呼吸

(a) 清理口腔阻塞；(b) 鼻孔朝天后仰；(c) 贴嘴吹气胸扩张；(d) 放开嘴鼻好换气

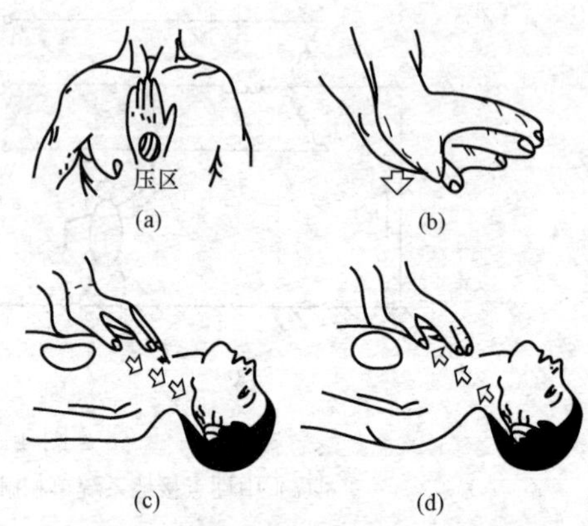

图 4-24 胸外心脏按压法

(a) 中指对凹膛当胸一手掌；(b) 掌根用力向下压；(c) 慢慢向下；(d) 突然放

5）用“口对口人工呼吸法”和“胸外心脏按压法”进行急救，对呼吸和心脏都已停止的触电者，应同时采用口对口人工呼吸和胸外心脏挤压法进行急救，其步骤如下：

单人抢救法　两种方法应交替进行，即吹气 2～3 次，再按压 10～15 次，且速度都应快些，如图 4-25 所示。

双人抢救法　由两人抢救时，一人进行口对口吹气，另一人进行挤压。每 5s 吹气一次，每秒钟挤压一次，两人同时进行，如图 4-26 所示。

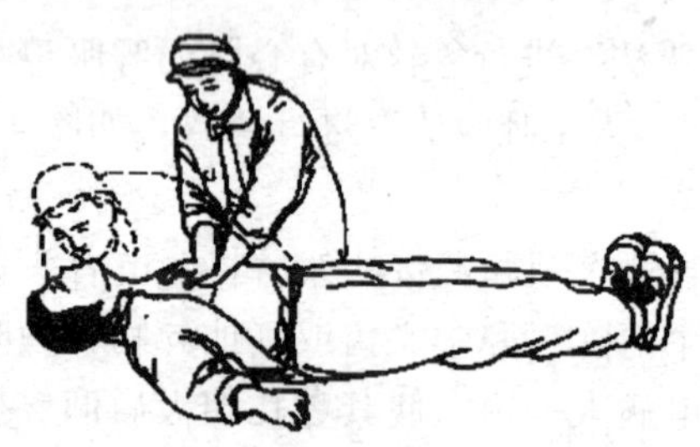

图 4-25 单人抢救法

图 4-26 双人抢救法

2. 电器设备安全知识

电气设备由于绝缘老化，被过电压击穿、或磨损，致使设备的金属外壳带电，将引起电气设备损坏或人身触电事故。为了防止这类事故的发生，最常用的简便易行的防护措施是接地与接零。中性点不直接接到的三相三线制配电系统，电气设备宜采用接地保护；中性点直接接到的三相四线制配电系统，电气设备宜采用接零保护。

(1) 保护接地。将电气设备正常运行下不带电的金属外壳和架构通过接地装置与大地的连接，它是用来防护间接触电的。

保护接地的作用是，在中性点不接地的三相三线低压（380V）电网中，当电气设备因一相绝缘损坏而使金属外壳带电时，如果设备上没有采取接地保护，则设备外壳存在着一个危险的对地电压，这个电压的数值接近于相电压，此时如果有人触及设备外壳，就会有电流通过人体，造成触电事故。

(2) 保护接零。将电气设备正常运行下不带电的金属外壳和架构与配电系统的零线直接进行电气连接。由于它也是用来保护间接触电的，称作保护接零。

保护接零的作用是，采用保护接零时，电气设备的金属外壳直接与低压配电系统的零线连接在一起，当其中任何一相的绝缘损坏而使外壳带电时，形成相线和零线短路。由于相零回路阻抗很小，所以短路电流很大，促使线路上的保护装置（如熔断器、自动空气断路器等）迅速动作，切断故障设备的电源，从而起到防止人身触电的保护作用及减少设备损坏的机会。

(3) 接地和接零的注意事项。

第一，在中性点直接接地的低压电网中，电力装置宜采用接零保护；在中性点不接地的低压电网中，电力装置应采用接地保护。

第二，在同一配电线路中，不允许一部分电气设备接地，另一部分电气设备接零，以免接地设备一相碰壳短路时，可能由于接地电阻较大，而使保护电器不动作，造成中性点电位升高，使所有接零的设备外壳都带电，反而增加了触电的危险性。

第三，由低压公用电网供电的电气设备，只能采用保护接地，不能采用保护接零，以免接零的电气设备一相碰壳短路时，造成电网的严重不平衡。

第四，为防止触电危险，在低压电网中，严禁利用大地作相线或零线。

第五，用于接零保护的零线上不得装设开关或熔断器，单相开关应装在相线上。

思考题

4.5.1 保护接地适用于哪种供电运行方式？

4.5.2 为了提高输电效率，减小输电线路损耗通常采用什么输电方式？

4.5.3 触电人已失去知觉，还有呼吸，但心脏停止跳动，应使用哪种急救方法？

本章小结

1. 对称三相电源

对称三相电压的特点：最大值相等、频率相同、相位互差 120°，并且有 $\dot{U}_U+\dot{U}_V+\dot{U}_W=0$ 和 $u_U+u_V+u_W=0$。

2. 三相电源的连接

三相电源是按照一定的方式连接之后，再向负载供电的，通常采用星形连接方式。从三个始端 U1、V1、W1 引出的三根线叫做端线或相线，从中性点 N 引出的线叫中性线或零线。这样的输电方式称为三相四线制。

任意两根相线之间的电压叫线电压。相线与中性线之间的电压叫相电压。三个线电压和三个相电压之间的关系是：

(1) 各线电压的有效值是各相电压的有效值的$\sqrt{3}$倍（$U_L=\sqrt{3}U_P$）。

(2) 各线电压在相位上比各对应的相电压超前 30°。

3. 三相负载 Y 形连接：

(1) 负载相电压等于电源相电压。

（2）不论负载对称与否，不论有无中性线，线电流恒等于相应的相电流。均用 $\dot{I}_U$、$\dot{I}_V$、$\dot{I}_W$ 表示。用相电压除以相应的复阻抗就可得相应的相电流（即线电流）。

（3）中性线电流：

当三相负载不对称时，$\dot{I}_N = \dot{I}_U + \dot{I}_V + \dot{I}_W \neq 0$，中性线不能断开。

当三相负载对称时，$\dot{I}_N = \dot{I}_U + \dot{I}_V + \dot{I}_W = 0$，此时中性线可以省略。

4. 三相负载△形连接

（1）负载相电压等于电源线电压。

（2）相电流用 $\dot{I}'_U$、$\dot{I}'_V$、$\dot{I}'_W$ 表示，线电流用 $\dot{I}_U$、$\dot{I}_V$、$\dot{I}_W$ 表示。

当三相负载对称时，线电流与相电流的关系由 KCL 定律得出。

当三相负载对称时，线电流与相电流的关系 $I_L=\sqrt{3}I_p$，线电流在相位上滞后相应相电流 30°。不管负载对称与否，用相电压除以相应的复阻抗就可得相应的相电流。

5. 三相功率的计算

若三相电路不对称，有

$$P = P_U + P_V + P_W$$

若三相电路对称（不论负载 Y 形还是△形），有

$$\begin{cases} P = 3U_P I_P \cos\varphi = \sqrt{3}U_L I_L \cos\varphi \\ Q = 3U_P I_P \sin\varphi = \sqrt{3}U_L I_L \sin\varphi \\ S = 3U_P I_P = \sqrt{3}U_L I_L \end{cases}$$

6. 三相功率的测量

三相电路功率的测量方法有“一表法”“二表法”“三表法”。其中三相四线制电路对称负载采用“一表法”，不对称负载采用“三表法”法；三相三线制电路不论负载是否对称，都采用“二表法”法。

7. 供配电

发电厂是把其他形式的能量转换为电能的场所。为了提高输电效率并减少输电线路上的损失，通常采用升压变压器将电压升高后再进行远距离输电。由输电线路末端的变电所将电能分配给各工业企业和城市。电能输送到企业后，各企业都要进行变压或配电。

8. 安全用电

（1）触电可分为电击和电伤两种，一般情况下规定 36V 以下为安全电压。

（2）触电方式有单相触电、两相触电等。大部分触电事故是单相触电。为了保护电气设备的安全运行，防止人身触电事故发生，电气设备常采用保护接地和保护接零的措施。家用电器通常使用漏电保护装置。

（3）触电的紧急救护：使触电人迅速脱离电源后，现场就地急救，同时设法联系医疗急救中心。

4.1 已知对称三相电源星形连接，已知线电压 $u_{UV}=380\sqrt{2}\sin314t(\text{V})$，求：

（1）各相电压；

（2）其余两个线电压；

（3）在同一张图上绘制相电压和线电压的相量图。

4.2 在三相四线制供电系统中，测得相电压为381V，试求相电压的最大值及线电压的有效值和最大值。

4.3 对称三相负载星形连接，每相为电阻 $R=12\Omega$、感抗 $X_L=16\Omega$ 的串联负载，接于线电压为 $U_L=380V$ 的对称三相电源上，试求各相电流、线电流，并画相量图。

4.4 如图4-27所示，电源线电压为380V，已知 $R=X_L=X_C=10\Omega$。求：

（1）各相负载电流；

（2）中线电流；

（3）画出各电流的相量图。

4.5 对称三相负载星形连接，每相为电阻 $R=4\Omega$、感抗 $X_L=3\Omega$ 的串联负载，接于线电压为 $U_L=380V$ 的对称三相电源上，求：

（1）相电流、线电流及中性线电流的大小；

（2）U相断路时，中性线电流为多少？

4.6 对称三相负载△形连接，每相负载阻抗 $Z=(8+j6)\Omega$，接于线电压为 $U_L=380V$ 的对称三相电源上，试求各相电流、线电流，并画电流相量图。

4.7 在三相对称电路中，电源的线电压为380V，每相负载 $R=10\Omega$，试求负载作星形和三角形连接时的线电流 I_L 和负载相电压 U_P。

4.8 如图4-28所示，三相对称负载作三角形连接，电源的线电压 $U_L=380V$，每相电阻 $R=30\Omega$，感抗 $X_L=40\Omega$。求：

（1）开关S闭合时，各负载的相电流及线电流；

（2）开关S闭合时，三相电路的总功率 P、Q、S；

（3）当S打开时，各负载的相电流及线电流。

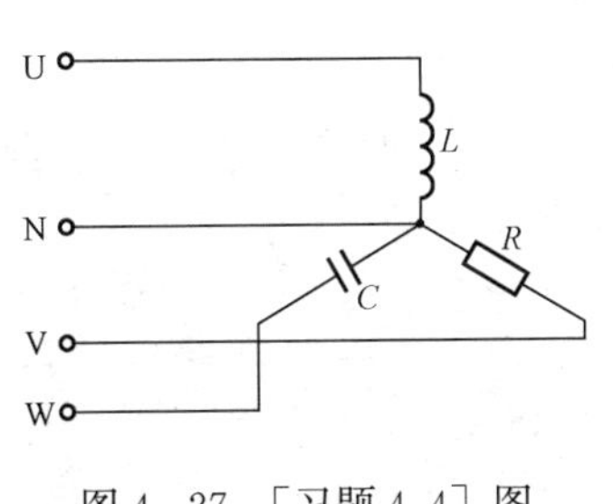

图4-27 ［习题4.4］图

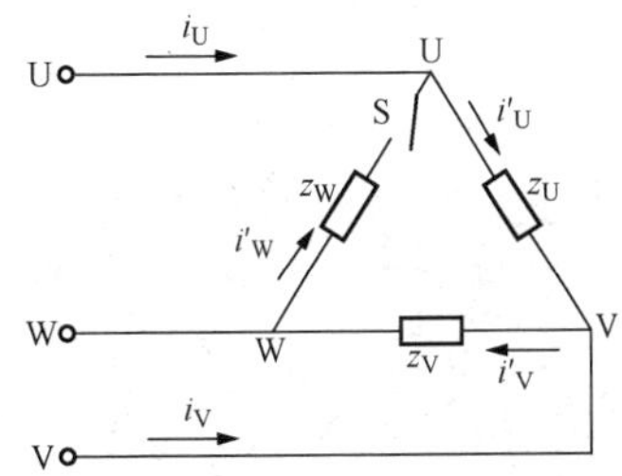

图4-28 ［习题4.8］图

4.9 三相电动机每相绕组的额定电压为220V，现欲接至线电压为380V的三相电源中，此电动机的绕组应采用何种连接方式？若电动机每相绕组的等效阻抗为 $10\angle30°\Omega$，求电动机的相电流和线电流。

4.10 如图4-27所示三相四线制电路中，三相电源对称，线电压为380V，各相负载上电流均为10A，求：

（1）各相负载的复阻抗；

（2）中性线电流；

（3）三相功率 P、Q、S；

（4）画出电流相量图。

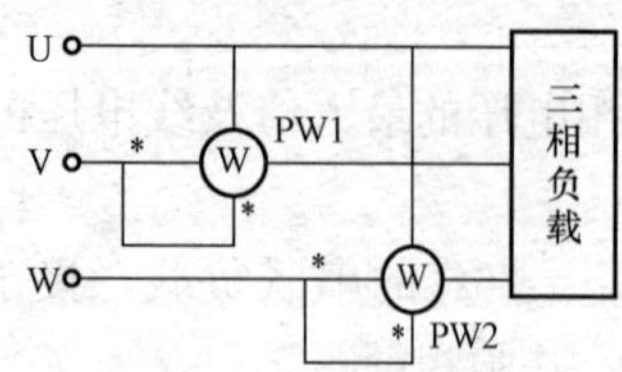

图 4-29 ［习题 4.11］图

4.11　三相电动机的功率为 3kW，功率因数为 0.866，如图 4-29 所示，电源线电压为 380V，求两功率表的读数。

4.12　线电压为 380V 的三相对称电源，供给两组对称负载使用，一组负载星形连接，每相阻抗 $Z_L=4+j3\Omega$，另一组负载三角形连接，每相电阻 $R=38\Omega$，试画出电路图并求两组负载总的有功功率、无功功率。

4.13　有一三相交流电动机，功率为 4kW，功率因数为 0.707，接在线电压为 380V 的三相电源中，求：

（1）线电流；

（2）画出“二表法”测量电路功率的接线图，并求两功率表的读数。

5 线性电路过渡过程的暂态分析

【本章提要】 直流电路、正弦交流电路以及非正弦交流电路中，电路中的电流和电压都是不变或周期性变化的，电路的这种工作状态称之为稳态。稳态需要一定的条件，包括电路结构、电路参数和电源等固定不变。如果这些参数发生变化，电路就由原来的稳定状态转换到一种新的稳定状态，如电路的接通、断开、短路或参数改变时，都会发生这种状态转换。以上种种电路条件的变化，叫做换路。电路在换路期间发生的状态转换过程，叫做电路的过渡过程。

电路的过渡过程往往为时短暂，所以电路在过渡过程中的工作状态常称为暂态，因而过渡过程又称为暂态过程。暂态过程虽然为时短暂，但在实际工作中却是极为重要的。一方面，在这个过程中，在电路的某些部分可能出现比稳定值大很多倍的过电压或过电流现象，将破坏电气设备，必须采取防护措施加以防护；另一方面，在自动控制，电子技术中充分利用电路的过渡过程特性，用来改善波形以及产生特定波形。我们研究过渡过程的目的，在于找出过渡过程期间电压和电流的变化规律，分析它们与电路参数和电源之间的关系，以便利用其有利的方面，并预防某些可能发生的危害。

本章着重讨论 RC 和 RL 电路在电源或储能元件的作用下，电路中各部分的电压和电流在 $t\geqslant 0$ 时间区域内变化的规律。

5.1 换路定则和一阶电路初始值的确定

可用一阶微分方程描述的电路称为一阶电路。除电压源（或电流源）及电阻元件外，只含有一种储能元件（电容或电感）的电路都是一阶电路。

5.1.1 换路定则

电路中引起过渡过程有两个原因。其一，由于电路出现换路，会使电路工作状态发生变化，就有可能产生过渡过程。所以，换路是引起过渡过程必要的外部条件。

是否电路发生换路就一定能引起过渡过程呢？还要看电路元件性质，例如纯电阻电路在换路瞬间，其电路工作状态的改变可瞬时完成，不存在过渡过程，即电压、电流是可以跃变的。

然而，在含有储能元件（如电容器和电感器）的电路中，在电感元件中，储有磁场能 $\frac{1}{2}Li_{\mathrm{L}}^2$，当换路瞬间，磁场能是不能跃变的，这反映在电感元件中的电流 i_{L} 不能跃变；在电容元件中，储有电场能 $\frac{1}{2}Cu_{\mathrm{c}}^2$，当换路瞬间，电场能也不能跃变，这反映在电容元件上的电压 u_{c} 不能跃变。可见电路的暂态过程是由于储能元件的能量不能跃变而产生的。由此可知，电路中具有储能元件是引起过渡过程必要的内部条件。

我们令 $t=0$ 为换路瞬间，而以 $t=0_-$ 表示换路前的终了瞬间，$t=0_+$ 表示换路后的初始瞬间。从 $t=0_-$ 到 $t=0_+$ 瞬间，电感元件中的电流和电容元件上电压不能跃变，这称为换路定则，即电感中的电流和电容上的电压在换路前的终了瞬间和换路后的初始瞬间的值相等。用公式表示，则为

$$\left.\begin{aligned} i_L(0_+) &= i_L(0_-) \\ u_c(0_+) &= u_c(0_-) \end{aligned}\right\} \tag{5 - 1}$$

除了电容电压及其电荷量，以及电感电流及其磁链以外，其余的电容电流、电感电压、电阻的电流和电压、电压源的电流、电流源的电压在换路瞬间都是可以跃变的。

换路定则仅仅适用于换路瞬间，可以用它来确定 $t=0_+$ 时电路中的电压和电流值，即过渡过程的初始值。

5.1.2 初始值的确定

电路的过渡过程是指换路后瞬间（$t=0_+$）开始达到新的稳定状态（$t=\infty$）时结束。换路后电路中各电压和电流将由一个初始值逐渐变化到稳态值，因此，确定初始值 $f(0_+)$ 和稳态值 $f(\infty)$ 是暂态分析的非常关键的一步。

（1）对于电容元件的初始电压 $u_c(0_+)$ 和电感元件的初始电流 $i_L(0_+)$ 可由换路定则确定。

换路前电路已处于稳态，若是直流电路，则在 $t=0_-$ 的电路中，电容元件可视作开路，电感元件可视作短路，画出 $t=0_-$ 时刻的等效电路，利用换路定则求出 $i_L(0_+)$ 或 $u_c(0_+)$。

（2）$u_c(0_+)$ 和 $i_L(0_+)$ 之外的其他电压或电流的初始值，可通过求解 $t=0_+$ 的等效电路获得。具体步骤如下：

1）作出 $t=0_-$ 时的等效电路，求出 $i_L(0_-)$ 或 $u_c(0_-)$；

2）由换路定则求得 $t=0_+$ 的 $i_L(0_+)$ 或 $u_c(0_+)$；

3）作出 $t=0_+$ 时的等效电路。$t=0_+$ 时的等效电路，是指在换路后 $t=0_+$ 时刻，将电路中的电容 C 用电压为 $u_c(0_+)$ 的电压源替代，电感 L 用电流为 $i_L(0_+)$ 的电流源替代所得到的电路；

4）用直流电路的分析方法，通过求解 $t=0_+$ 的等效电路获得其余各初始值。

注意：$t=0_+$ 的等效电路仅用来确定电路各部分电压、电流的初始值，不能把它当作新的稳态电路。

［例 5 - 1］ 图 5 - 1（a）电路中，直流电压源的电压 $U_s=50V$，$R_1=R_2=5\Omega$，$R_3=20\Omega$。电路已达到稳态。在 $t=0$ 时断开开关 S。试求 $t=0_+$ 时的 i_L、u_c、u_{R2}、u_{R3}、i_c、u_L。

解 （1）确定初始值 $u_c(0_+)$ 和 $i_L(0_+)$。因为电路换路前已达稳态，所以电感元件，如同短路，电容元件如同开路，$i_c(0_-)=0$，$t=0_-$ 时的等效电路如图 5 - 1（b）所示，故有

$$i_L(0_-)=\frac{U_s}{R_1+R_2}=\frac{50}{5+5}=5(A)$$

$$u_c(0_-)=R_2 i_L(0_-)=5\times 5=25(V)$$

由换路定则得

$$i_L(0_+)=i_L(0_-)=5(A)$$

$$u_c(0_+)=u_c(0_-)=25(V)$$

（2）计算其余初始值。将图 5 - 1（a）中的开关 S 断开，且电容 C 及电感 L 分别等效成电压源 $u_c(0_+)$ 及等效电流源 $i_L(0_+)$ 代替，则得 $t=0_+$ 时刻的等效电路如图 5 - 1（c）所示，

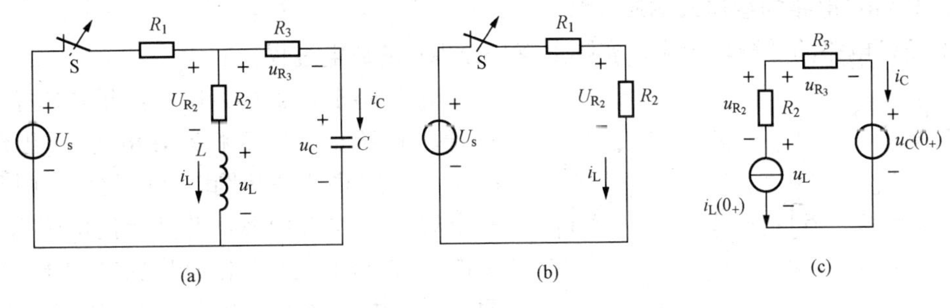

图 5-1 ［例 5-1］图

从而可算出相关初始值，即

$$u_{R_2}(0_+) = R_2 i_L(0_+) = 5 \times 5 = 25(\mathrm{V})$$

$$i_c(0_+) = -i_L(0_+) = -5(\mathrm{A})$$

$$u_{R_3}(0_+) = R_3 i_c(0_+) = 20 \times (-5) = -100(\mathrm{V})$$

$$u_L(0_+) = -u_{R_2}(0_+) + u_{R_3}(0_+) + u_c(0_+) = [-25 + (-100) + 25] = -100(\mathrm{V})$$

由计算结果可以看出：其余初始值可能跃变也可能不跃变。

思 考 题

5.1.1　什么是电路的稳态和暂态？

5.1.2　什么是换路？

5.1.3　电路发生过渡过程的两个必要条件是什么？

5.1.4　怎样求电容元件的初始电压 $u_c(0_+)$ 和电感元件的初始电流 $i_L(0_+)$？

5.1.5　怎样画 $t=0_-$ 时刻的等效电路？

5.1.6　怎样画 $t=0_+$ 时的等效电路？

5.1.7　怎样求 $u_c(0_+)$ 和 $i_L(0_+)$ 之外的其他电压或电流的初始值？

5.1.8　在一般情况下，为什么在换路瞬间电容电压和电感电流不能跃变？

5.1.9　如图 5-2 所示电路，原本处于稳态，$U_s=15\mathrm{V}$，$R_1=10\Omega$，$R_2=25\Omega$，$R_3=5\Omega$。在 $t=0$ 时闭合开关 S。试求 $t=0_+$ 时的 i_L、u_c、u_1、u_2、u_3、i_c、u_L。

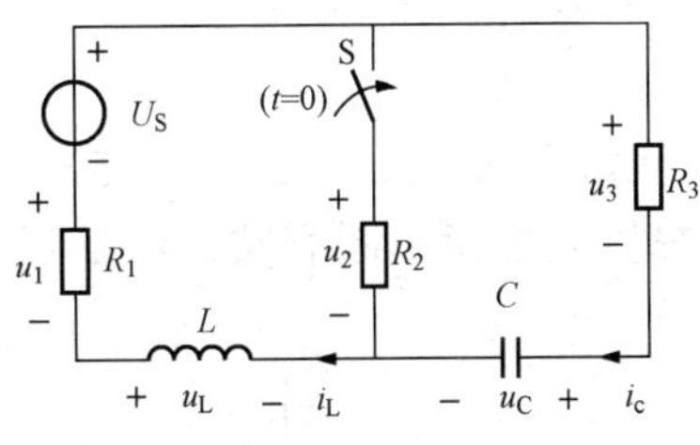

图 5-2 ［思考题 5.1.9］图

5.2　一阶电路的零输入响应

一阶电路中仅有一个储能元件（电容或电感），如果在换路瞬间储能元件原来就有能量储存，那么即使电路中并无电源存在，换路后电路中仍有电压、电流。所谓零输入响应，指的是在换路后的电路中，失去了所有的独立电源，即输入信号为零，电路中所有的电流、电压都是由储能元件中储存的能量所激发的，这些被激发的响应称之为零输入响应。

5.2.1 *RC* 电路的零输入响应

分析 *RC* 电路的零输入响应，实际上就是分析它的放电过程。

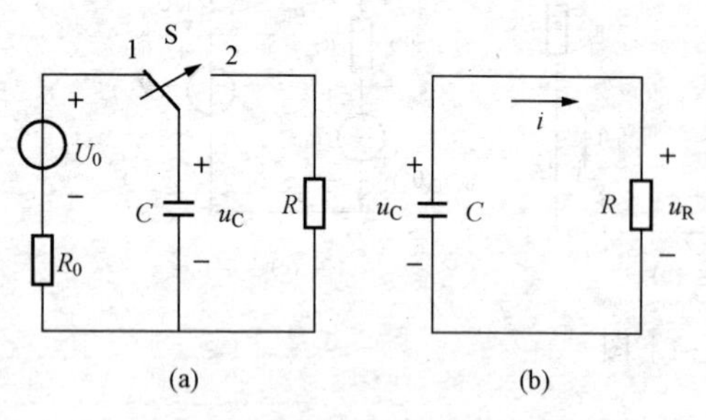

图 5-3 *RC* 电路的零输入响应

电路如图 5-3（a）所示，开关 S 置于 1 的位置，电路处于稳定状态，电容 C 已充电到 U_0。$t=0$ 时将开关 S 倒向 2 的位置，则已充电的电容 C 与电源脱离，并开始向电阻 R 放电，如图 5-3（b）。由于此时已没有外界能量输入，只靠电容中的储能在电路中产生响应，所以这种响应为零输入响应。

在所选各量的参考方向下，由基尔霍夫电压定律得换路后的电路方程

$$-u_R+u_c=0$$

又各元件的电压电流关系为

$$u_R=Ri$$

$$i=-C\frac{du_c}{dt}$$

代入上式得

$$RC\frac{du_c}{dt}+u_c=0\quad(t\geqslant 0)\tag{5-2}$$

式（5-2）是一个一阶常系数齐次线性微分方程。从高等数学知道它的解为

$$u_c=U_0e^{-\frac{t}{RC}}\quad(t\geqslant 0)\tag{5-3}$$

根据电容元件的伏安关系，放电电流为

$$i=-C\frac{du_c}{dt}=\frac{U_0}{R}e^{-\frac{t}{RC}}\quad(t\geqslant 0)\tag{5-4}$$

电阻电压 u_R 为

$$u_R=Ri=U_0e^{-\frac{t}{RC}}\quad(t\geqslant 0)\tag{5-5}$$

由式（5-3）～式（5-5）可以看出，电压 u_c、放电电流 i 和电阻电压 u_R 都是随时间按指数规律不断衰减的，最后应趋于零。它们随时间变化的曲线如图 5-4 所示。

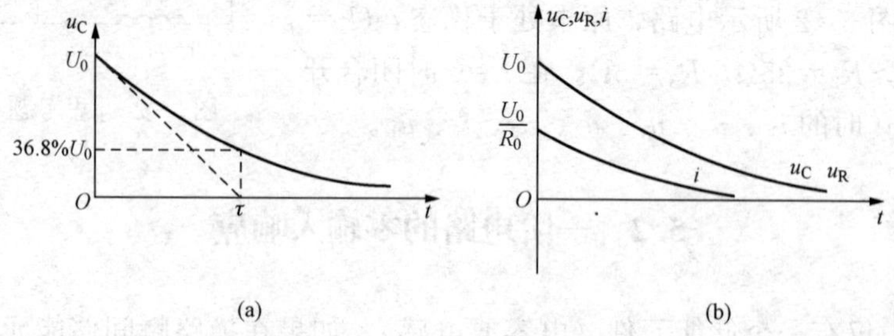

图 5-4 u_c、u_R、i 的变化曲线

在一个确定的 *RC* 电路中，*R* 和 *C* 的乘积是一个常数，通常用 τ 表示，即

$$\tau=RC\tag{5-6}$$

称为电路的时间常数，具有时间量纲，它反映了 RC 电路过渡过程的快慢。

将式（5-6）代入式（5-3）～式（5-5），则有

$$u_c = U_0 e^{-\frac{t}{\tau}} \quad (t \geqslant 0) \tag{5-7}$$

$$i = \frac{U_0}{R} e^{-\frac{t}{\tau}} \quad (t \geqslant 0) \tag{5-8}$$

$$u_R = U_0 e^{-\frac{t}{\tau}} \tag{5-9}$$

RC 电路的时间常数 τ 与电路的 R 和 C 成正比。在相同的初始电压 U_0 下，C 越大，它储存的电场能量越多，放电时间越长。同样 U_0 与 C 的情况下，R 越大，越限制电荷的流动和能量的释放，放电所需时间越长。

当 $t=\tau$ 时，有

$$u_c = U_0 e^{-1} = \frac{U_0}{2.718} = 0.368U_0$$

所以，时间常数就是按指数规律衰减的量衰减到它的初始值的 36.89%时所需时间。

从理论上讲，电路只有经过 $t=\infty$ 的时间才能达到新的稳定状态，但是由于指数曲线开始变化较快，而后逐渐缓慢，如表 5-1 所示。所以，实际经过（3～5）τ 的时间，就可以认为达到新的稳定状态了。

表 5-1　$e^{-\frac{t}{\tau}}$ 随时间的衰减趋势

t	0	τ	2τ	3τ	4τ	5τ	6τ	…	∞
$e^{-\frac{t}{\tau}}$	e^0	e^{-1}	e^{-2}	e^{-3}	e^{-4}	e^{-5}	e^{-6}	…	$e^{-\infty}$
u_c	U_0	$0.368U_0$	$0.135U_0$	$0.050U_0$	$0.018U_0$	$0.007U_0$	$0.002U_0$	…	0

［例 5-2］ 如图 5-5 所示电路中，电压源的电压 $U=12\text{V}$，$R_1=2\text{k}\Omega$，$R_2=8\text{k}\Omega$，$C=1\mu\text{F}$。S 闭合稳定后，在 $t=0$ 时断开开关 S。试写出 u_c、i_c 随时间的变化规律。

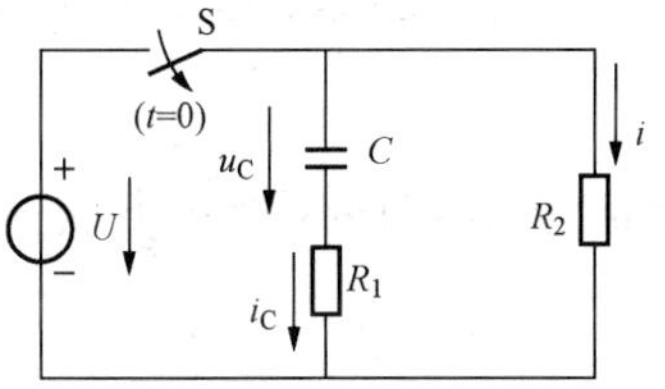

图 5-5 ［例 5-2］图

解 因为 S 闭合，稳定后再断开 S，电容器上的电压经 R_1 和 R_2 两个电阻放电。

由换路定则可知

$$u_c(0_+) = u_c(0_-) = 12\text{V}$$

$$\tau = RC = (R_1 + R_2)C = 10 \times 10^3 \times 1 \times 10^{-6} = 10^{-2}(\text{s})$$

根据电容器的放电规律，$t \geqslant 0$ 时，有

$$u_c = U_0 e^{-\frac{t}{\tau}} = 12e^{-\frac{t}{10^{-2}}} = 12e^{-100t}(\text{V})$$

$$i_c = -i = -\frac{U_0}{R} e^{-\frac{t}{\tau}} = -\frac{12}{10 \times 10^3} e^{-\frac{t}{10^{-2}}} = -1.2e^{-100t}(\text{mA})$$

5.2.2 *RL* 电路的零输入响应

在图 5-6 所示的电路中，设开关 S 原来在位置 2，电路已稳定，则 L 相当于短路，此时电感中的电流为 $i_L(0_-) = \frac{U}{R}$。在 $t=0$ 时将开关从位置 2 合到位置 1，此时电路中只有电阻

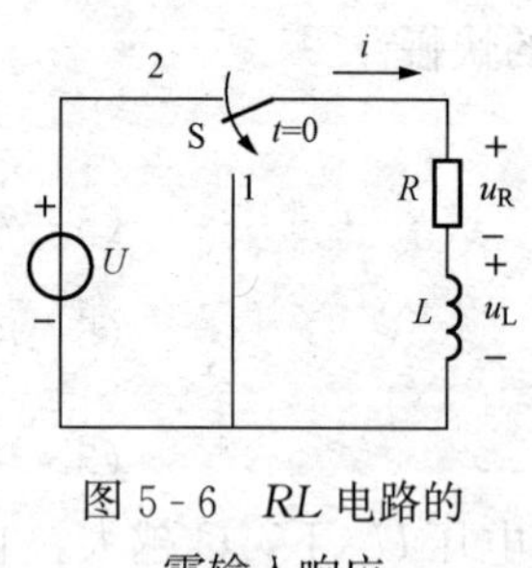

图 5-6 *RL* 电路的零输入响应

和电感，没有独立电源，电路中的响应是由于电感元件储有能量，它将通过 R 放电，从而产生电压和电流，电路中的响应即为零输入响应。

$t \geqslant 0$ 时，可根据基尔霍夫电压定律，列出的电路方程

$$u_L + u_R = 0$$

元件的电压电流关系为

$$u_L = L\frac{di}{dt}$$

$$u_R = Ri$$

代入上式方程得

$$L\frac{di}{dt} + Ri = 0 \quad (t \geqslant 0) \tag{5-10}$$

由数学知识求得微分方程的解为

$$i = \frac{U}{R}e^{-\frac{R}{L}t} = \frac{U}{R}e^{-\frac{t}{\tau}} = I_0 e^{-\frac{t}{\tau}} \tag{5-11}$$

式中：$\tau = \dfrac{L}{R}$，它也具有时间的量纲，称为 *RL* 电路的时间常数。它的大小同样反映了 *RL* 电路相应的衰减快慢程度。L 越大，在同样大的初始电流 $i_L(0_+)$ 作用下，电感储存的磁场能量越多，通过电阻释放能量所需要的时间就越长，暂态过程也就越长；而当电阻 R 越小时，在同样大的初始电流 $i_L(0_+)$ 作用下，电阻消耗的功率就越小，暂态过程也就越长。R_L 短路后，电路中的物理过程实质上就是把电感中原先储存的磁场能量转换为电阻中热能的过程。

由式（5-11）可得出 $t \geqslant 0$ 时电阻元件和电感元件上的电压为

$$u_R = Ri = RI_0 e^{-\frac{t}{\tau}} \tag{5-12}$$

$$u_L = L\frac{di}{dt} = -RI_0 e^{-\frac{t}{\tau}} \tag{5-13}$$

式中：I_0 为换路后电路的初始电流，即 $i_L(0_+) = i_L(0_-) = \dfrac{U}{R}$。

由式（5-11）～式(5-13）可见，*RL* 电路的电感电流、电感电压及电阻电压都是从初始值开始随时间按照指数规律衰减的。它们随时间变化的曲线如图 5-7 所示。

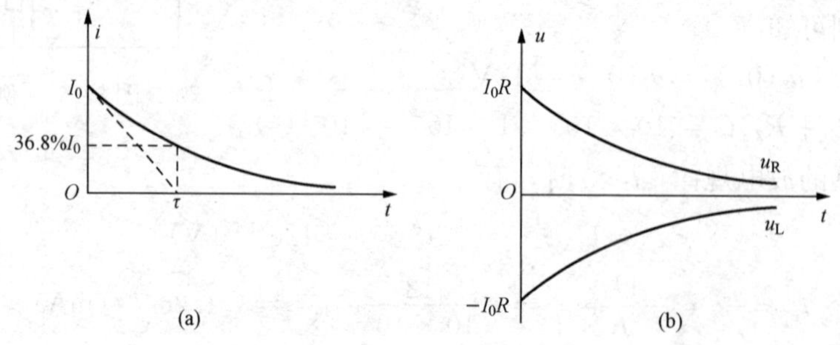

图 5-7 *RL* 电路零输入响应 i，u_R 及 u_L 的变化曲线

从上面的分析可见，*RC* 电路和 *RL* 电路中所有的零输入响应都具有以下相同的形式

$$f(t) = f(0_+)e^{-\frac{t}{\tau}} \quad (t \geqslant 0)$$

式中：$f(t)$ 是零输入响应，$f(0)$ 是响应的初始值，τ 是换路后电路的时间常数，在 RC 电路中，$\tau=RC$；在 RL 电路中，$\tau=\frac{L}{R}$。其中 R 是换路后电路中储能元件 C 或 L 两端的等效电阻。

上式表明，一阶电路的零输入响应都是由初始值开始按指数规律衰减的。因此在求一阶电路的零输入响应时，可直接代入上式。

思 考 题

5.2.1 RC 电路的零输入响应实质是什么？

5.2.2 在同一 RC 放电电路中，若电容的初始电压不同，放电至同一电压所需时间是否相等？衰减至各自初始电压的 20%所需时间是否相同？

5.2.3 为什么 RC 电路的时间常数与 R 成正比，而 RL 电路的时间常数却与 R 成反比？

5.2.4 什么是暂态电路的稳态值？怎样求解 RC 电路和 RL 电路的稳态值？

5.3 一阶电路的零状态响应

所谓零状态是指换路前，电路中所有储能元件没有储有能量，即 $u_c(0_-)=0$，$i_L(0_-)=0$。换路后仅在外部激励下引起的响应称为零状态响应。本节讨论外部激励为恒定直流激励下的一阶电路的零状态响应。

5.3.1 *RC* 电路在直流激励下的零状态响应

分析 RC 电路的零状态响应，实际上就是分析它的充电过程。

如图 5-8 所示，设开关 S 闭合前电容 C 未充电。$t=0$ 时将开关 S 闭合，恒定电压源 U 开始对电容器 C 充电。

换路后，由换路定则可确定电容器上电压的初始值，即

$$u_c(0_+) = u_c(0_-) = 0$$

由图 5-8 可写出基尔霍夫电压定律的方程，即

$$u_R + u_c = U$$

将元件的电压电流约束关系 $u_R=Ri$，$i=C\frac{du_c}{dt}$ 代入上式，得

$$RC\frac{du_c}{dt} + u_c = U \quad (t \geqslant 0) \qquad (5-14)$$

解之为

$$u_c = U - Ue^{-\frac{1}{RC}t} = U(1-e^{-\frac{1}{RC}t}) = U(1-e^{-\frac{t}{\tau}}) \qquad (5-15)$$

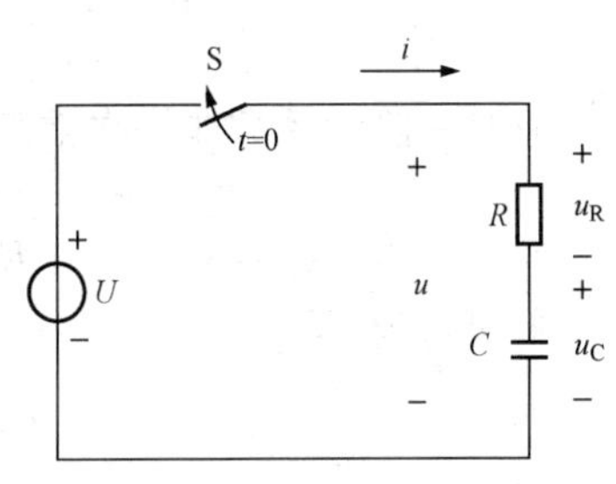

图 5-8 *RC* 充电电路

$t\geqslant 0$ 时电容器充电电路中的电流，也可求出，即

$$i = C\frac{\mathrm{d}u_c}{\mathrm{d}t} = \frac{U}{R}\mathrm{e}^{-\frac{t}{\tau}} \tag{5-16}$$

进而可得电阻元件 R 上的电压为

$$u_R = Ri = U\mathrm{e}^{-\frac{t}{\tau}} \tag{5-17}$$

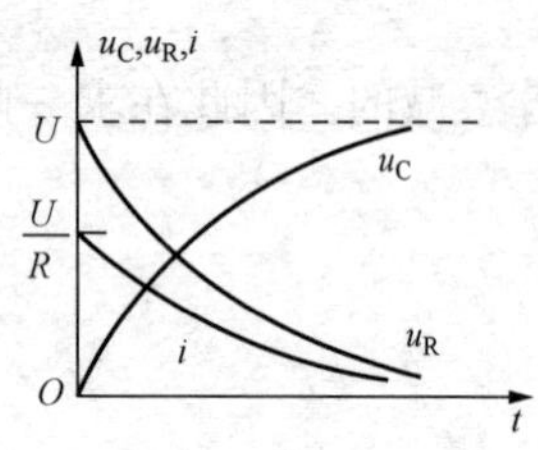

图 5-9 电容器充电时电压、电流曲线

由式（5-15）~式（5-17）可知：电容元件在充电过程中，电压 u_c 从零值按指数规律上升趋于稳态值 U；与此同时，电阻上的电压则从零跃变到最大值 U 后按指数规律衰减趋于零值；电路中的电流也是从零跃变到最大值 $\frac{U}{R}$ 后按指数规律衰减趋于零值。它们随时间变化的曲线如图 5-9 所示。

电容器充电速度的快慢取决于电路的时间常数 τ，τ 越大，充电持续时间越长，一般也认为经过（3~5）τ，充电过程基本结束。

［例 5-3］ 如图 5-8 所示电路中，若电压源的电压 $U=12\mathrm{V}$，$R=25\mathrm{k\Omega}$，$C=10\mu\mathrm{F}$。换路前电路处于稳态且 $u_c(0_-)=0$，在 $t=0$ 时闭合开关 K。试写出 $t\geqslant0$ 时 u_c 随时间的变化规律。

解 由换路定则有

$$u_c(0_+) = u_c(0_-) = 0$$

此电路在换路后的响应为零状态响应。换路后电容器的充电电压 U

换路后的时间常数为

$$\tau = RC = RC = 25\times10^3\times10\times10^{-6} = 0.25(\mathrm{s})$$

代入式（5-15）可得

$$u_c = U(1-\mathrm{e}^{-\frac{t}{\tau}}) = 12(1-\mathrm{e}^{-\frac{t}{0.25}}) = 12(1-\mathrm{e}^{-4t})\mathrm{V}$$

5.3.2 *RL* 电路在直流激励下的零状态响应

如图 5-10 所示 RL 串联电路，开关闭合前电感 L 无电流，在 $t=0$ 时将开关 S 合上，为零状态，即 $i_L(0_-) = i_L(0_+) = 0$。

根据基尔霍夫电压定律，可列出换路后的电压方程

$$u_R + u_L = U$$

把 $u_R=iR$，$u_L=L\frac{\mathrm{d}i}{\mathrm{d}t}$代入上式得

$$L\frac{\mathrm{d}i}{\mathrm{d}t} + Ri = U \quad (t\geqslant0) \tag{5-18}$$

它是一阶常系数非齐次常微分方程，它的解为

$$i = \frac{U}{R} - \frac{U}{R}\mathrm{e}^{-\frac{R}{L}t} = \frac{U}{R}(1-\mathrm{e}^{-\frac{t}{\tau}}) \quad (t\geqslant0) \tag{5-19}$$

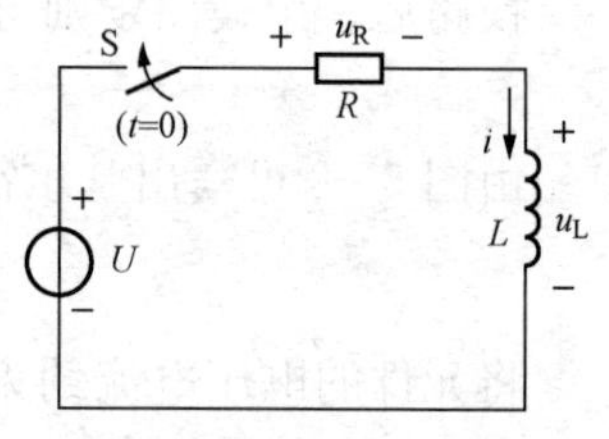

图 5-10 *RL* 电路在直流激励下零状态响应

并可得到

$$u_R = Ri = U(1-\mathrm{e}^{-\frac{t}{\tau}}) \quad (t\geqslant0) \tag{5-20}$$

$$u_L = U - u_R = U\mathrm{e}^{-\frac{t}{\tau}} \quad (t\geqslant0) \tag{5-21}$$

各响应的波形如图 5-11 所示。

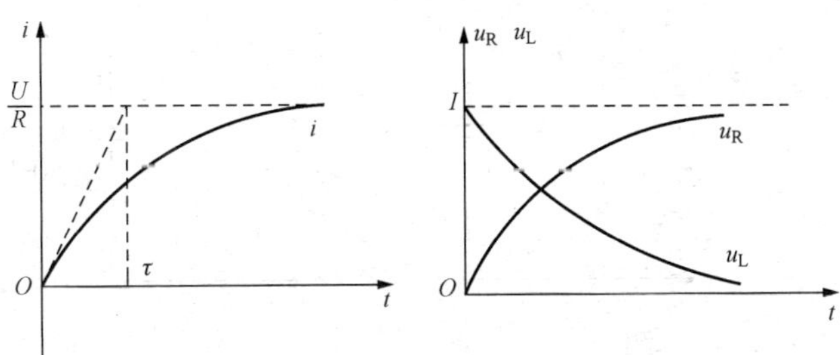

图 5-11　i、u_R、u_L 随时间变化曲线

5.3.1　RC 电路的零状态响应实质是什么？

5.3.2　RC 电路和 RL 电路的时间常数计算公式里的 R 是什么？怎样计算？

5.3.3　如图 5-12 所示电路中，分别求开关 K 接通与断开时的时间常数。已知 $R_1=R_2=R_3=1\text{k}\Omega$，$C=1\mu\text{F}$。

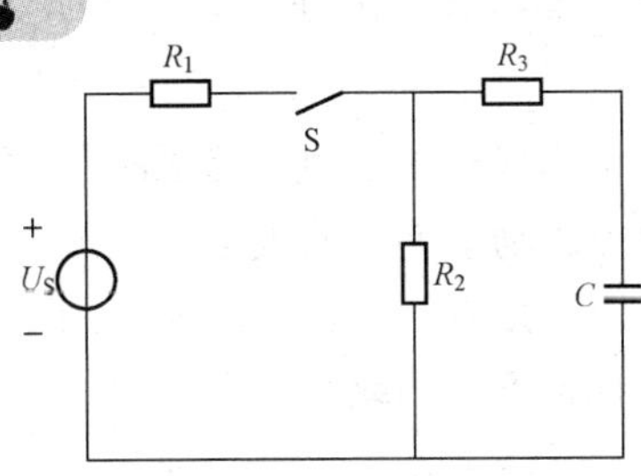

图 5-12 ［思考题 5.3.3］图

5.3.4　如图 5-13 所示，当电路 $t\geqslant0$ 时，各电路的时间常数分别为多大？

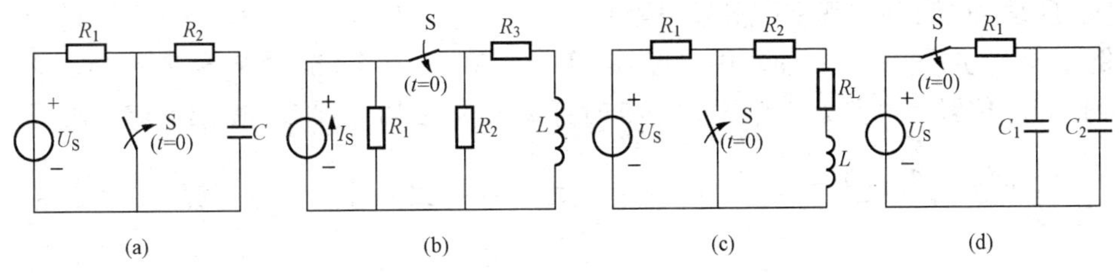

图 5-13 ［思考题 5.3.4］图

5.4　一阶电路的全响应及三要素法

由储能元件和独立电源共同作用引起的响应称为全响应。如图 5-14 所示，在换路前，开关 K 是合在位置 1 的，且电路已达到稳态，此时，$u_c(0_-)=U_0$。在 $t=0$ 时将开关 K 从位置 1 合到位置 2，换路后，继续有电源 U_s 作为 RC 串联回路的激励，因此在 $t\geqslant0$ 时电路发生的过渡过程是全响应。

全响应是零输入响应与零状态响应叠加的结果，符合线性电路的叠加性，或者说零输入响应与零状态响应是全响应的特例。

通过前面对一阶动态电路过渡过程的分析可以看出，换路后，电路中的电压、电流都是从一个初始值 $f(0_+)$ 开始，按照指数规律递变到新的稳态值 $f(\infty)$，递变的快慢取决于电路的时间常数 τ。因此将这三个重要的基本量称为一阶动态电路的三要素。三要素法是对一阶电路分析最为有用的通用法则，前面介绍的零状态响应和零输入响应均可用三要素法来分

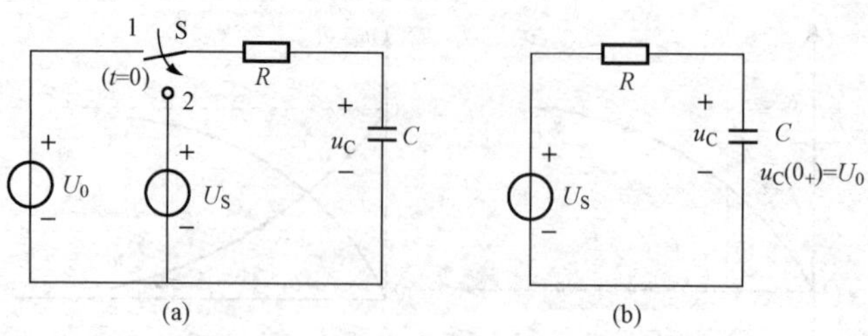

图 5-14　一阶电路的全响应
(a) 电路图；(b) $t\geqslant 0$ 时的电路

析。同样用该法则能够比较迅速地获得一阶电路的全响应。

三要素法公式的一般形式为

$$f(t)=f(\infty)+[f(0_+)-f(\infty)]e^{-\frac{t}{\tau}} \tag{5-22}$$

由式（5-22）可以看出，只要获得了三个要素，以式（5-22）作为公式，即可直接写出直流激励下响应的表达式。式中 $f(t)$ 可代表不同的电量。

应当强调，三要素法只适用于求解只含一个（或可等效成一个）储能元件的一阶线性电路，在直流电源或无独立电源作用下的瞬变过程。在同一个一阶电路中各响应（不限于电容电压或电感电流）的时间常数 τ 都是相同的。对 RC 电路，$\tau=RC$；对 RL 电路，$\tau=\frac{L}{R}$，其中 R 是将电路中所有独立源除去（即理想电压源短路，理想电流源开路）后，从 C 或 L 两端看进去的等效电阻（即戴维南等效电阻）。

[例 5-4]　如图 5-15（a）中，已知：$U_s=5\text{V}$，$C=0.2\mu\text{F}$，$R_1=R_2=3\Omega$，$R_3=2\Omega$，开关原来在 A 位置，电路处于稳态，$t=0$ 时开关 S 由 A 切换到 B，试求电容上电压 $u_c(t)$。

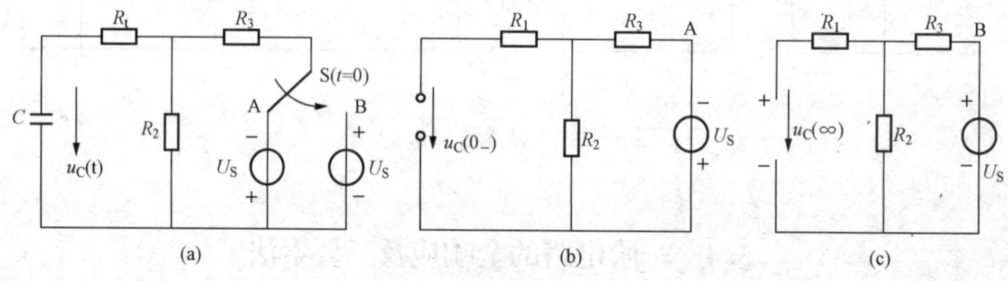

图 5-15 [例 5-4] 图

解　(1) 求换路后电容上电压的初始值 $u_c(0_+)$：

换路前，电路处于稳态，其等效电路如图 5-15（b）所示，有

$$u_c(0_-)=-\frac{U_s}{R_2+R_3}\times R_2=-\frac{5}{3+2}\times 3=-3(\text{V})$$

由换路定则可得

$$u_c(0_+)=u_c(0_-)=-3(\text{V})$$

(2) 求换路后电容器上电压的稳态值，换路后稳态电路等效成如图 5-15（c）所示的电路。

$$u_c(\infty)=\frac{U_s}{R_2+R_3}\times R_L=\frac{5}{3+2}\times 3=3(\text{V})$$

(3) 求时间常数 τ：

换路后，从电容器两端看进去的等效电阻（电压源短路）为

$$R_0=R_1+\frac{R_2R_3}{R_2+R_3}=3+\frac{3\times 2}{3+2}=4.2(\Omega)$$

时间常数为

$$\tau=R_0C=4.2\times 0.2\times 10^{-6}=0.84\times 10^{-6}=0.84(\mu\text{s})$$

(4) 求 $u_c(t)$，即

$$\begin{aligned}u_c(t)&=u_c(\infty)+[u_c(0_+)-u_c(\infty)]e^{-\frac{t}{\tau}}\\&=3+[-3-3]e^{-\frac{t}{0.84\times 10^{-6}}}\\&=(3-6e^{-1.19\times 10^{6}})(\text{V})\end{aligned}$$

[例5-5] 如图5-16所示电路中，若电压源的电压 $U=12\text{V}$，$R_1=2\text{k}$，$R_2=3\text{k}\Omega$，$C=5\mu\text{F}$。开关S闭合前电容器没有储能。求：

(1) 开关S闭合后，电容电压 u_c 随时间的变化规律；

(2) 开关S闭合后电路达到稳定状态，又将开关S打开，试写出电容电压 u_c 随时间的变化规律。

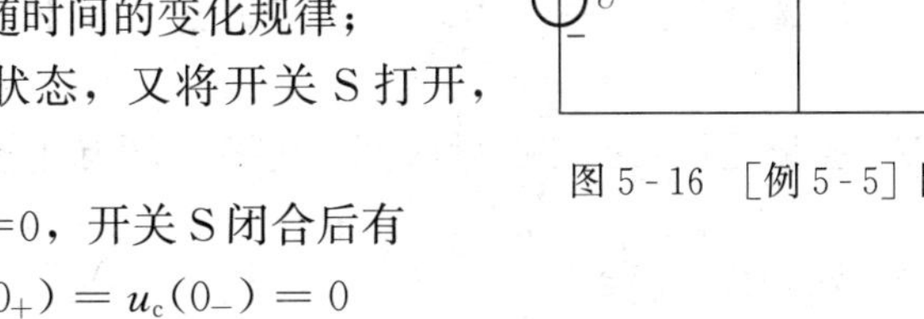

图5-16 [例5-5]图

解 (1) 开关S闭合前有 $u_c(0_-)=0$，开关S闭合后有

$$u_c(0_+)=u_c(0_-)=0$$

$$u_c(\infty)=\frac{U}{R_2+R_1}\times R_2=\frac{12}{3+2}\times 3=7.2(\text{V})$$

$$\tau=RC=\frac{R_1R_2}{R_1+R_2}C=\frac{2\times 3}{2+3}\times 10^3\times 5\times 10^{-6}=6\times 10^{-3}(\text{s})$$

应用三要素法可求得

$$\begin{aligned}u_c(t)&=u_c(\infty)+[u_c(0_+)-u_c(\infty)]e^{-\frac{t}{\tau}}=7.2+[0-7.2]e^{-\frac{t}{6\times 10^{-3}}}\\&=(7.2-7.2e^{-167t})(\text{V})\quad(t\geqslant 0)\end{aligned}$$

(2) 稳定后再将S断开，有

$$u_c(0_+)=u_c(0_-)=7.2(\text{V})$$

$$u_c(\infty)=0$$

$$\tau=R_2C=3\times 10^3\times 5\times 10^{-6}=1.5\times 10^{-2}(\text{s})$$

应用三要素法可求得

$$u_c(t)=u_c(\infty)+[u_c(0_+)-u_c(\infty)]e^{-\frac{t}{\tau}}=7.2e^{-66.7t}(\text{V})$$

5.4.1　三要素法适用于什么样的电路？

5.4.2　试用三要素法的公式写出一阶电路的零输入响应表达式及在直流电源激励下的零状态响应表达式。

5.4.3 已知图 5-17 所示电路中 $u_C(0_-)=0$，$U_S=6V$，$R_1=10k\Omega$，$R_2=20k\Omega$，$C=10^3pF$，用三要素法求 $t\geqslant 0$ 时的 $u_c(t)$。

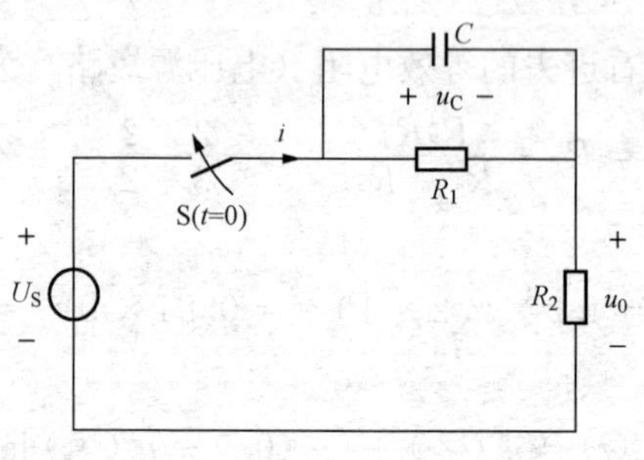

图 5-17 ［思考题 5.4.3］图

(1) 含有储能元件的电路换路后，就产生从一种稳定状态转换到另一种稳定状态的变化，该过程称为过渡过程。引起过渡过程的根本原因是由于能量的储存与释放不能突变。

(2) 换路定则：换路前后瞬间，电容电压和电感电流不能突变，即 $t=0$ 为换路时刻，则有：$i_L(0_+)=i_L(0_-)$；$u_c(0_+)=u_c(0_-)$。

(3) 初始值的确定。

1）对电容电压和电感电流，可根据换路定则来确定，即 $i_L(0_+)=i_L(0_-)$；$u_c(0_+)=u_c(0_-)$。

2）对其余初始值，可画出 $t=0_+$ 时刻的等效电路，根据电路求得。

(4) 含有储能元件的电路响应，可分为三种情况：

1）电路无输入信号作用，电路响应是由初始时刻的储能产生，称为零输入响应。

2）电路初始时刻无储能，电路响应是由输入信号产生，称为零状态响应。

3）电路响应由输入信号及初始时刻的储能所共同产生，称为全响应。

(5) 时间常数 τ，在 RC 电路中 $\tau=RC$，在 RL 电路中 $\tau=\frac{L}{R}$，它是反映过渡过程快慢的物理量，是暂态分量衰减到初始值 36.8% 所需要的时间。它的大小取决于电路结构及元件参数，而与电路储能和外加电压无关。

(6) 分析暂态过程的重要方法——三要素法。

直流激励的全响应，为

$$f(t)=f(\infty)+[f(0_+)-f(\infty)]e^{-\frac{t}{\tau}}$$

$f(\infty)$ 为稳态分量，$f(0_+)$ 为初始值，τ 为时间常数，合称三要素。

稳态值 $f(\infty)$ 的求法：取换路后的电路，将其中电感视作短路，电容视作开路，获得直流电阻性电路，求出各支路电流和各元件端电压，即为它们的稳态值 $f(\infty)$。

习　题

5.1　如图 5-18 所示电路中，电容 C 原先没有充电，试求开关 K 闭合后的一瞬间，电路中 $u_1(0_+)$，$i_c(0_+)$。

5.2　如图 5-19 所示电路，在开关 S 断开前已处于稳态。$t=0$ 时开关 K 断开。求 $i(0_+)$，$u(0_+)$ 及 $u_c(0_+)$，$i_c(0_+)$。

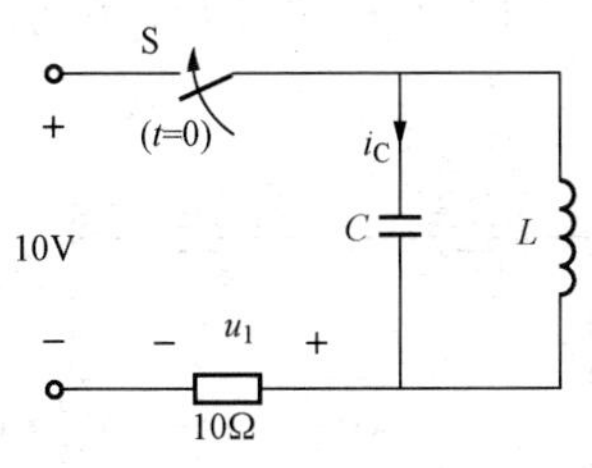

图 5-18 ［习题 5.1］图

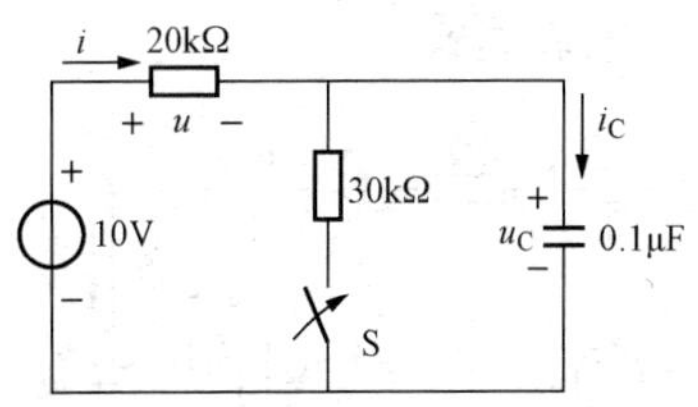

图 5-19 ［习题 5.2］图

5.3　如图 5-20 所示的电路中，试确定开关 S 刚断开后的电压 u_C 和电流 i_C、i_1、i_2 的初值（S 断开前电路已处于稳态）。

5.4　在图 5-21 中，开关长期接在位置 1 上，如在 $t=0$ 时把它接到位置 2，试求电容 u_c 及电流 i 的初始值及电路的时间常数。

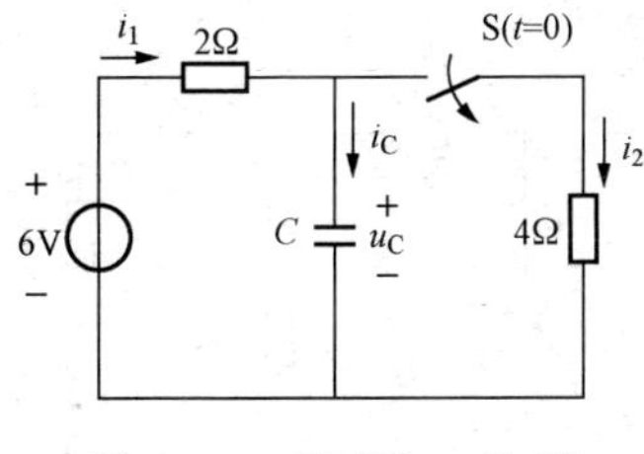

图 5-20 ［习题 5.3］图

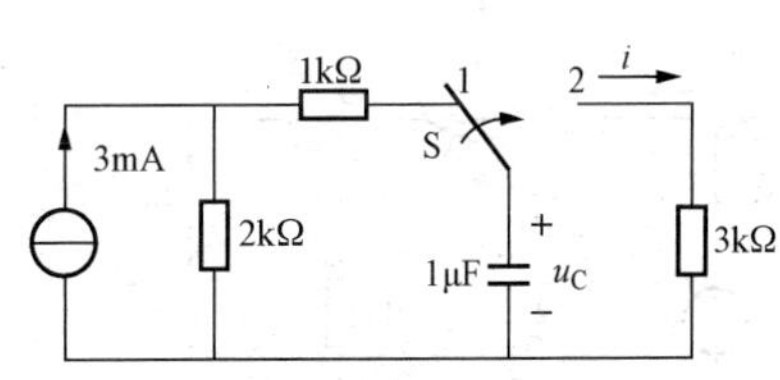

图 5-21 ［习题 5.4］图

5.5　图 5-22 所示各电路在换路前都处于稳态，试求换路后其中电流 i 的初始值 $i(0_+)$ 和稳态值 $i(\infty)$。

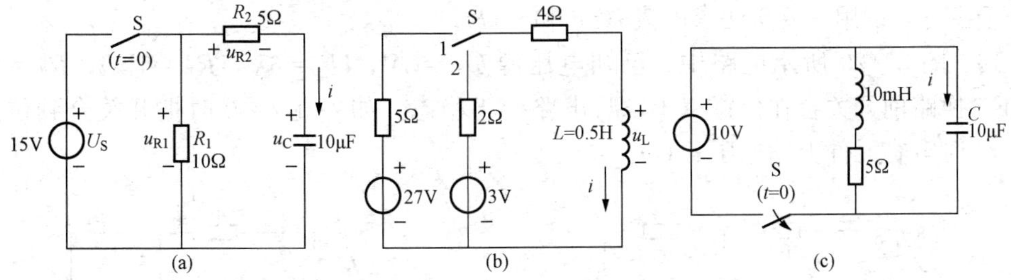

图 5-22 ［习题 5.5］图

5.6　试求上题中（a）、（b）两图换路后的时间常数。

5.7　求图 5-23 所示各电路 $t \geqslant 0$ 时的时间常数 τ。

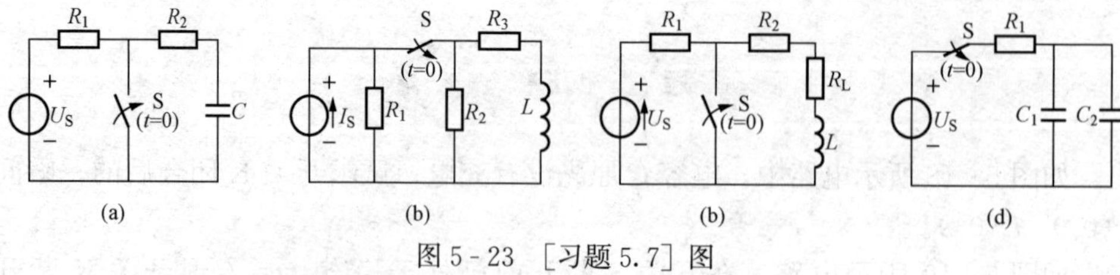

图 5-23 ［习题 5.7］图

5.8 求图 5-24 电路换路后电容电压随时间的变化规律 $u_c(t)$。

5.9 图 5-25 所示电路在换路前已达稳态，在 $t=0$ 时开关 S 打开。试求：$t\geqslant 0$ 时的 $i(t)$ 及 $u_L(t)$ 的表达式。

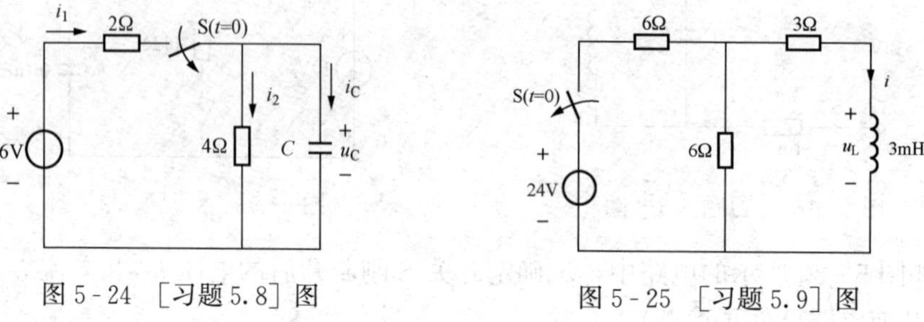

图 5-24 ［习题 5.8］图　　　图 5-25 ［习题 5.9］图

5.10 如图 5-26 所示电路，当开关 S 闭合，电路接通直流电源（开关闭合前电容没有储能），求 $t\geqslant 0$ 时电容电压 $u_c(t)$。

5.11 试求图 5-27 所示电路换路后的零状态响应 $i_L(t)$。

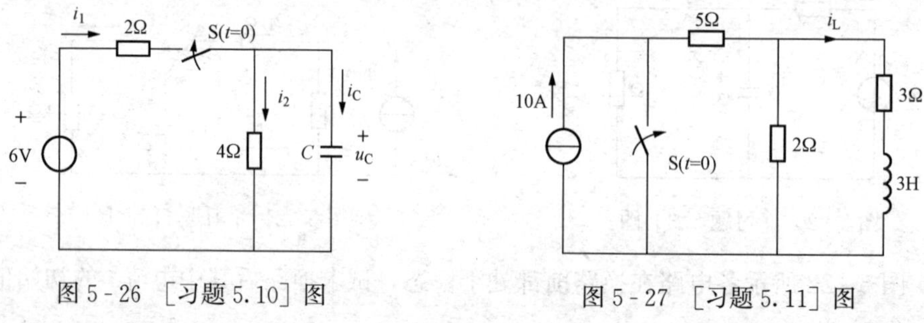

图 5-26 ［习题 5.10］图　　　图 5-27 ［习题 5.11］图

5.12 如图 5-28 所示电路，$t=0$ 时开关由 1 投向 2（设开关是瞬间切换的），设换路前电路处于稳态，试用三要素法求电流 $i(t)$ 和 $i_L(t)$。

5.13 图 5-29 所示电路中，已知电压源 $U_1=3\text{V}$，$U_2=6\text{V}$，$R_1=1\text{k}\Omega$，$R_2=2\text{k}\Omega$，$C=3\mu\text{F}$。换路前开关合在位置 1 上，且电路处于稳态。如果在 $t=0$ 时把开关合到位置 2，试求 $t\geqslant 0$ 时电容元件上的电压 $u_c(t)$。

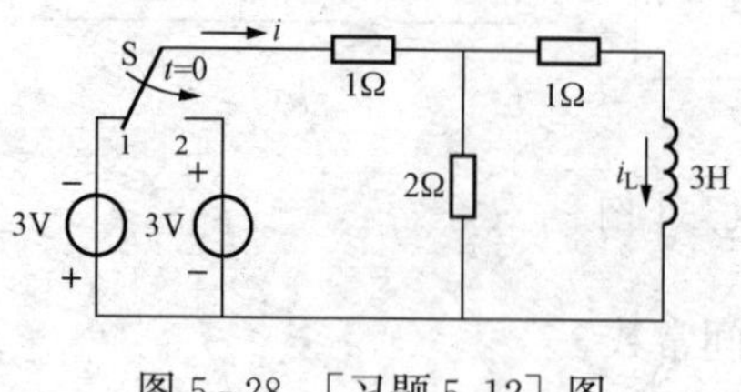

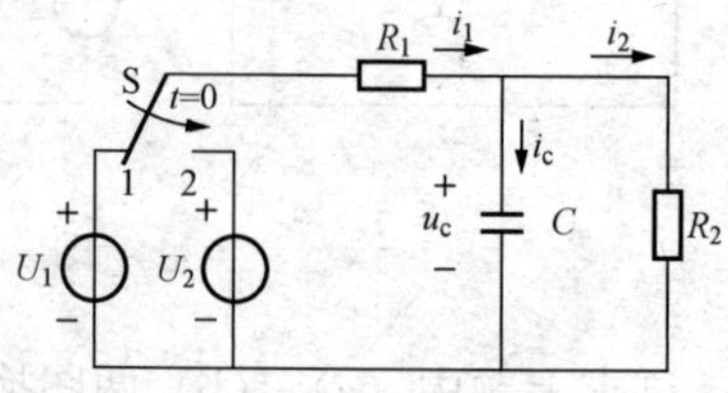

图 5-28 ［习题 5.12］图　　　图 5-29 ［习题 5.13］图

6　磁路与铁芯线圈电路

【本章提要】 常见的电气设备及电工仪表，例如变压器、电动机、电工测量仪表等，它们中不仅有电路问题，同时还存在磁路问题。因此，本章首先介绍磁路的基本知识和基本定律，然后介绍交流铁芯线圈，最后介绍变压器的结构及工作原理。

6.1　磁场的基本物理量

6.1.1　磁体与磁感线

磁场是一种特殊的物质。磁体周围存在磁场，将一根磁铁放在另一根磁铁的附近，两根磁铁的磁极之间会产生互相作用的磁力，同名磁极互相排斥，异名磁极互相吸引。磁极之间相互作用的磁力，就是以磁场作为介质的。磁极在自己周围空间里产生的磁场，对处在它里面的磁极均产生磁场力的作用。磁体间的相互作用磁场存在于电流、运动电荷、磁体或变化电场周围空间，一般磁体的磁极有两种，即 N 极和 S 极，且同性相斥，异性相吸。由于磁体的磁性来源于电流，电流是电荷的运动。磁场的基本特征是能对其中的运动电荷施加作用力，磁场对电流、对磁体的作用力或力矩皆源于此。

磁场可以用磁感线来表示，磁感线存在于磁极之间的空间中。在一般情况下，磁感线不能被阻挡或隔绝，它可以穿过任何物质，可以穿过磁铁及其周围空间形成闭合环路，磁感线的方向从北极出来，进入南极，磁感线在磁极处密集，并在该处产生最大磁场强度，离磁极越远，磁感线越疏。

6.1.2　磁场与磁场方向判定

磁铁在自己周围的空间产生磁场，通电导体在其周围的空间也产生磁场。

通电直导线产生的磁场磁感线（磁场）方向可用安培定则（也叫右手螺旋法则）来判定：用右手握住导线，让伸直的大拇指所指的方向跟电流方向一致，那么弯曲的四指所指的方向就是磁感线的环绕方向。

通电线圈产生的磁场磁感线是一些围绕线圈的闭合曲线，其方向也可用安培定则来判定：让右手弯曲的四指和线圈电流的方向一致，那么伸直的拇指所指的方向就是线圈中心轴线上磁感线的方向。

6.1.3　磁场的基本物理量

1. 磁感应强度 B

磁感应强度是表示空间某点磁场强弱和方向的物理量。其大小可用通过垂直于磁场方向的单位面积内磁力线数目来表示，在磁感线密的地方磁感应强度大，在磁感线疏的地方磁感应强度小。磁感应强度也可用通以单位电流的导线的电流方向与磁场垂直时，导线所受的磁场力的大小来表示。$\boldsymbol{B}$ 是矢量，其方向与产生它的电流方向之间成右螺旋关系，其大小定义为

$$B=\frac{\Delta F}{Il} \tag{6-1}$$

式中：$\boldsymbol{B}$ 为磁感应强度，单位为特斯拉，简称特，SI 符号为 T，工程上常采用高斯（Gs）为单位。$1T=10^4Gs$。$\Delta \boldsymbol{F}$ 为导线所受的力（N·m），l 为导线的长度（m），I 为导线中通过的电流（A）。

磁感应强度 B 可用专门的仪器来测量，如高斯计。

2. 磁通量 Φ

磁通可以用通过与磁感线相垂直的某一截面 S 的磁感线总数来表示。若磁场中各点的磁感应强度相等（大小与方向都相同），则为匀强磁场。磁感应强度 B 与垂直于磁场方向的面积 A 的乘积，称为通过该面积的磁通量 Φ，即

$$\Phi = BS \quad 或 \quad B = \Phi/S \tag{6-2}$$

磁通表示穿过某一截面的磁力线根数，磁感应强度在数值上可以看成与磁场方向相垂直的单位面积所通过的磁通，故又称磁通密度。磁通的单位是韦伯，简称韦，SI 符号为 Wb。

3. 磁场强度 H

磁场强度是为了更方便地分析磁场的某些问题而引入的物理量，是矢量，它的方向与磁感应强度 B 的方向相同。在磁场中，各点磁场强度的大小只与电流的大小和导体的形状有关，而与媒质的性质无关。在数值上磁场强度与产生该磁场的电流之间的关系，可以由安培环路定律确定为

$$\oint H \mathrm{d}l = \sum I \tag{6-3}$$

即磁场强度沿任一闭合路径 l 的线积分等于此闭合路径所包围的电流的代数和。磁场强度的国际单位是安培/米（A/m）。

4. 磁导率 μ

实验进一步表明通电线圈产生的磁场强弱程度除了与电流大小及线圈匝数（磁通势）有关外，还与线圈中的介质（即线圈内所放入的物质）有关。如线圈内放入铜、铝、木材或空气等物质时，则线圈产生的磁场基本不变，如放入铁、镍、钴等物质时，线圈中的磁场在外磁场的作用下显著增强。

磁导率是用来表示各种不同材料导磁能力的强弱的物理量，某介质的磁导率是指该介质中磁感应强度和磁场强度的比值，即

$$\mu = \frac{B}{H} \tag{6-4}$$

磁导率的单位为亨/米（H/m）。真空的磁导率 μ_0 由实验测得为一常数，其值为 $\mu_0 = 4\pi \times 10^{-7}$ H/m。

为了便于比较不同磁介质的导磁性能，常把它们的磁导率 μ 与真空的磁导率 μ_0 相比较，其比值称为相对磁导率，用 μ_r 表示，即

$$\mu_r = \frac{\mu}{\mu_0} \tag{6-5}$$

相对磁导率 μ_r 无量纲，不同材料的相对磁导率 μ_r 相差很大，如表 6-1 所示。由表中可见铸钢、硅钢片、铁氧磁体及坡莫合金等磁性材料的相对磁导率比非磁性材料要高 $10^2 \sim 10^6$ 倍，铁磁材料的这种高导磁性能被广泛应用于电气设备中。铁磁材料的 μ_r 并不是常数，它随励磁电流和温度而变化，温度升高时铁磁材料的 μ_r 将下降或磁性全部消失。

表 6-1　　不同材料的相对磁导率

材　料　名　称	μ_r	材　料　名　称	μ_r
空气、材料、铜、铝、橡胶、塑料等	1	硅钢片	6000～7000
铸铁	200～400	铁氧磁体	几千
铸钢	500～2200	坡莫合金	约十万

5. *磁动势 F*

磁场是由电流产生的，但取决于电流与线圈匝数的乘积，把这一乘积称为磁动势或磁通势，简称磁势。磁势是磁路中产生磁通的“动力”，有

$$F = NI \tag{6-6}$$

磁势的单位为安培，简称安，SI 符号为 A。

如果磁路的平均长度（即磁路中心线的长度）为 l，则磁场强度为

$$H = \frac{NI}{l} \tag{6-7}$$

磁场强度是每单位长度的磁势，又因为

$$B = \mu H$$

所以又有磁感应强度为

$$B = \frac{\mu NI}{l} \tag{6-8}$$

6.1.1　试说明磁感应强度、磁通、磁导率和磁场强度的物理意义、相互关系和单位。

6.2　磁性材料的磁性能

物质按其导磁性能大体上分为磁性材料和非磁性材料两大类，铁、镍、钴及其合金等为磁性材料，μ_r 值很高，从几百到几万，而非磁性材料的磁导率与真空相近，都是常数，故 $\mu_r \approx 1$。因此，在具有高磁性能材料的铁芯线圈中，通入不大的励磁电流，便可产生足够大的磁通和磁感应强度，因此具有励磁电流小、磁通大的特点。

分析磁路时，首先要了解磁性材料的磁性能，主要为高导磁性、磁饱和性和磁滞性。

6.2.1　高导磁性

磁性材料的相对磁导率很高，$\mu_r \gg 1$，可达数百、数千乃至数万。这使其具有被强烈磁化呈现磁性的特性。

磁性物质内部形成许多小区域，其分子间存在的一种特殊的作用力，使每一区域内的分子磁场排列整齐，显示磁性，称这些小区域为磁畴。在没有外磁场作用的普通磁性物质中，各个磁畴排列杂乱无章，磁场互相抵消，整体对外不显磁性如图 6-1（a）。在外磁场作用

下，磁畴方向发生变化，使之与外磁场方向趋于一致，物质整体显示出磁性来，称为磁化，即磁性物质能被磁化，如图 6-1（b）所示。

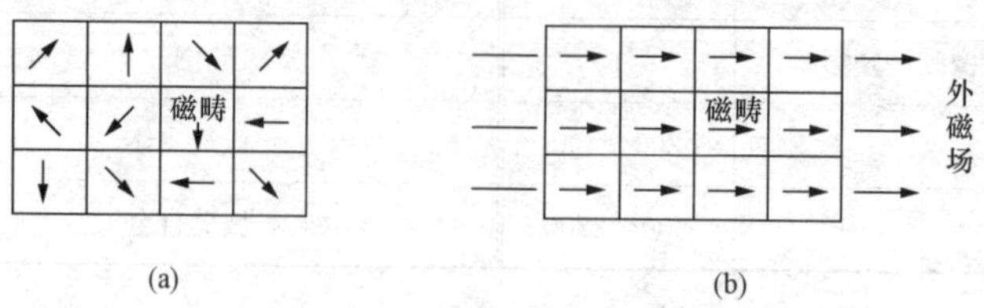

图 6-1 磁性物质的磁化

不同的介质，其导磁能力不同，而磁性材料具有极高的磁导率 μ，其值可达几百、几千甚至几万。磁导率 μ 和磁场强度 B 的关系为

$$B=\mu\frac{NI}{l}=\mu H \tag{6-9}$$

由式 6-9 可以看出，当（空心）线圈通有电流时，会产生磁场。若线圈绕制在磁性材料（如铁芯）上所构成的线圈通有电流时，会产生极高的磁场 B。反过来，若使线圈达到一定的磁感应强度，则所需的励磁电流 I 就可以大大地降低。

磁性物质的这一磁性能广泛应用于电工设备中。如电机、变压器及各种铁磁元件的线圈中都放有铁芯，在这种具有铁芯的线圈中通入不大的励磁电流，便可产生足够大的磁通和磁感应强度。这就解决了既要磁通大，又要励磁电流小的矛盾。利用优质的磁性材料可使同一容量的电机的质量和体积大大减轻和减小。

非磁性材料没有磁畴的结构，所以不具有磁化的特性。

6.2.2 磁饱和性

磁性物质由于磁化所产生的磁化磁场不会随着外磁场的增强而无限地增强。当外磁场（或励磁电流）增大到一定值时，全部磁畴的磁场都转向与外磁场一致的方向，这时磁化磁场的磁感应强度 B_J 即达到饱和值。将磁性材料放入磁场强度为 H 的磁场内，磁性材料会受到强烈的磁化，其磁化曲线（B-H 曲线）如图 6-2 所示。纵坐标 B 为 B_J 曲线 B_O 的叠加值。开始时，B 与 H 近似于成正比地增加。而后，随着 H 的增加，B 的增加缓慢下来，最后趋于磁饱和。

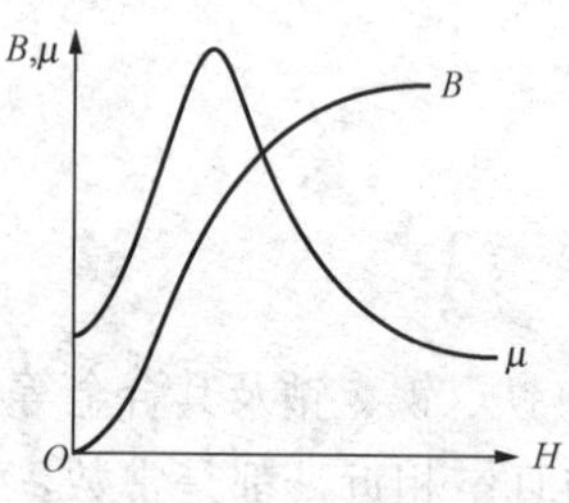

图 6-2 B、μ 与 H 的关系

磁性物质的磁导率 $\mu=B/H$，由于 B 与 H 不成正比，所以 μ 不是常数，随 H 的变化而变化（见图 6-2）。

由于磁通 Φ 与 B 成正比，产生磁通的励磁电流 I 与 H 成正比，因此，在存在磁性物质的情况下，Φ 与 I 也不成正比。

6.2.3 磁滞性

当铁芯线圈中通有大小和方向变化的电流时，铁芯就产生交变磁化，磁感应强度 B 随磁场强度 H 变化的关系如图 6-3 所示。oc 段 B 随 H 增加而增加，当磁化曲线达到 c 时，减小电流使 H 由 H_m 逐渐减小，B 将沿另一条位置较高的曲线 b 下降。当 $H=0$ 时，仍有 $B=B_r$，B_r 为剩余磁感应强度，简称剩磁。欲使 $B=0$，须通有反向电流加反向磁场 $-H_c$，H_c 称为矫顽力。当达到 $-H_m$ 时，磁性材料达到反向磁饱和。然后令 H 反向减小，曲线回升，

到 $H=0$ 时相应有 $-B_r$，为反向剩磁。再使 H 从零正向增加到 H_m，即又正向磁化到饱和，便得到一条闭合的对称于坐标原点的回线。

由图可见，当 H 减到零值时，B 并未回到零值，这种磁感应强度滞后于磁场强度变化的性质称为磁性物质的磁滞性，图 6-3 所示曲线称为磁滞回线。

铁芯中存在剩磁，永久磁铁的磁性就是由剩磁产生的。例如，自励直流发电机的磁极，为了产生电压，必须具有剩磁。但对剩磁也要一分为二地看待，有时它是有害的。例如，当工件在平面磨床上加工完毕后，由于电磁吸盘有剩磁，还将工件吸住，为此，要通入反向去磁电流，去掉剩磁，才能将工件取下。

磁性物质不同，其磁滞回线和磁化曲线也不同（由实验得出）。几种磁性材料的磁化曲线参见图 6-4。

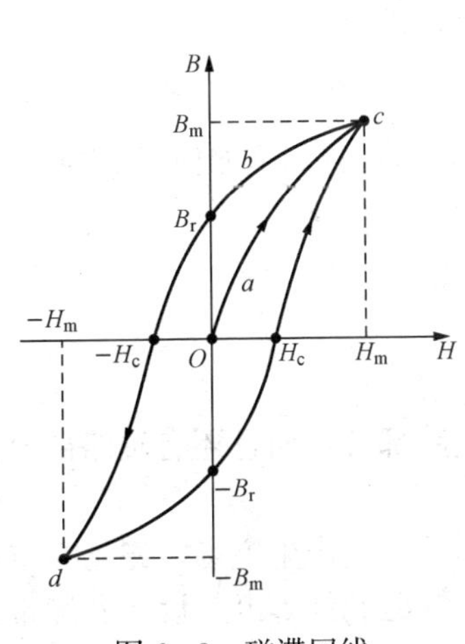

图 6-3　磁滞回线

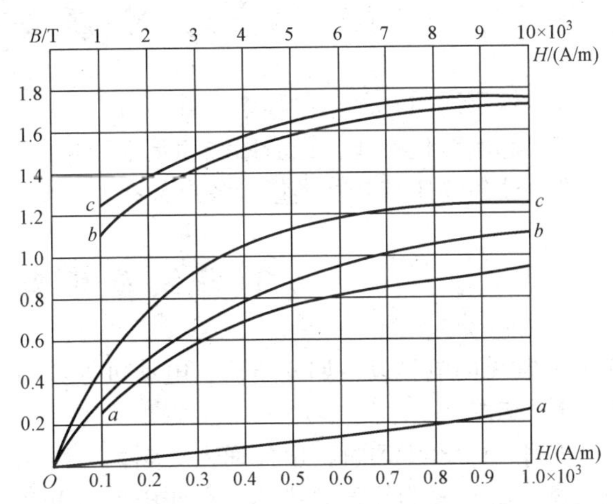

图 6-4　磁化曲线

a—铸铁；*b*—铸钢；*c*—硅光片

6.2.4　铁磁材料的分类

按磁性物质的磁性能，磁性材料可分为三种类型。

1. 软磁材料

矩磁材料具有较小的矫顽磁力，磁滞回线较窄，一般用于制造电机、电器及变压器等的铁芯。常用的有铸铁、硅钢、坡莫合金及铁氧体等。铁氧体在电子技术中应用也很广泛，如用于制作计算机的磁芯、磁鼓及录音机的磁带、磁头等。

2. 永磁材料

永磁材料具有较大的矫顽磁力，磁滞回线较宽。一般用于制造永久磁铁。常用的有碳钢及铁镍铝钴合金等。近年来稀土永磁材料发展很快，像稀土钴、稀土钕铁硼等，其矫顽磁力很大。

3. 矩磁材料

短磁材料具有较小的矫顽磁力和较大的剩磁，磁滞回线接近矩形，稳定性良好。在计算机和控制系统中可用作记忆元件、开关元件和逻辑元件。常用的有镁锰铁氧体及 1J51 型铁镍合金等。

常用的几种磁性材料的最大相对磁导率、剩磁及矫顽磁力如表 6-2 所示。

表 6-2 常用磁性材料的最大相对磁导率、剩磁和矫顽磁力

材料名称	μ_{rmax}	B_r/T	H_c/(A/m)
铸铁	200	0.475～0.500	880～1040
硅钢片	8000～10 000	0.800～1.200	32～64
坡莫合金（78.5%Ni）	20 000～200 000	1.100～1.400	4～24
碳钢（0.45%C）		0.800～1.100	2400～3200
铁镍铝钴合金		1.100～1.350	40 000～52 000
稀土钴		0.600～1.000	320 000～690 000
稀土钕铁圈		1.100～1.300	600 000～900 000

思考题

6.2.1 铁磁物质在磁化过程中有哪些特点？

6.2.2 起始磁化曲线、磁滞回线和基本磁化曲线有哪些区别？它们是如何形成的？

6.2.3 铁磁物质有几种类型，各有什么特点？

6.3 磁路及其基本定律

工程中常见的电气设备如变压器、电动机等，不仅包含电路部分，而且还有磁路部分。

6.3.1 磁路

在物理学中曾经学习过，电流通入线圈，在线圈内部及周围就会产生磁场，磁场在空间的分布情况可以用磁力线形象描述。在变压器、电动机和各种铁磁元件等电气设备和测量仪表中，为了使较小的励磁电流产生较大的磁感应强度（磁场），常采用磁导率高的磁性材料做成一定形状的铁芯。由于铁磁材料是导磁性能良好的物质，其磁导率比其他物质的磁导率大得多，能把分散的磁场集中起来，使磁力线绝大部分通过铁芯形成闭合的磁路。

所谓磁路就是经过这些磁材料构成的磁通路径，它是一个闭合的通路。图 6-5 所示是变压器的磁路，磁通经过铁芯闭合，铁芯中磁场均匀分布，这种磁路也称为均匀磁路；图 6-6所示交流发电机和接触器的磁路，磁通都经过铁芯和空气隙闭合，磁场分布不均，所以又称为不均匀磁路。

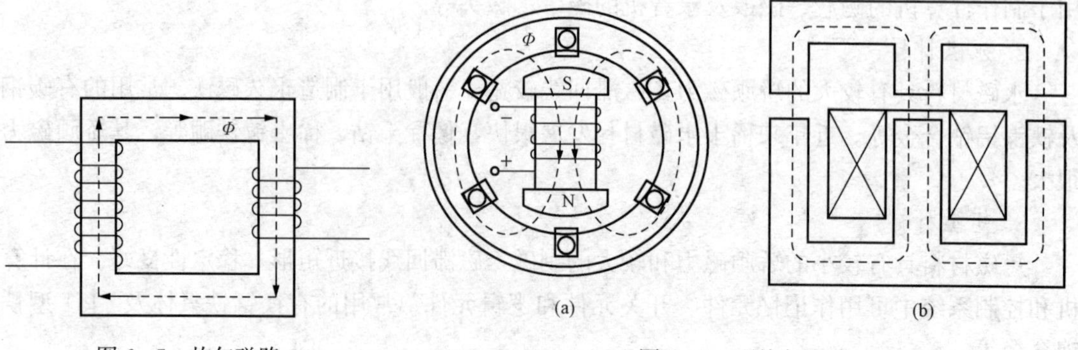

图 6-5 均匀磁路

图 6-6 不均匀磁路

(a) 交流发电机的磁路；(b) 接触器的磁路

当线圈中通以电流后，沿铁芯、衔铁和工作气隙构成回路的这部分磁通称为主磁通，占总磁通的绝大部分。指没有经过工作气隙和衔铁，而经空气自成回路的这部分磁通称为漏磁通。磁通经过的闭合路径称为磁路。磁路也像电路一样，分为有分支磁路和无分支磁路。在无分支磁路中，通过每一个横截面的磁通都相等。

6.3.2　磁路中的基本定律

1. 磁路欧姆定律

磁路中也有类似电路欧姆定律的磁路欧姆定律，它是分析磁路的基本定律。

以图 6-7 铁芯线圈为例，媒质是均匀的，磁导率为 μ（N 为线圈匝数），根据式（6-3）得

$$NI = Hl = \frac{B}{\mu}l = \frac{\Phi}{\mu s}l \qquad (6-10)$$

因此，可以得到磁路欧姆定律的基本关系式为

$$\Phi = \frac{NI}{R_m} = \frac{F}{R_m} \qquad (6-11)$$

式中：Φ 为磁通（对应于电流），$F=NI$ 为磁通势（对应于电动势），R_m 为磁阻（对应于电阻）。

而磁阻在计算时也有类似电阻计算的关系式，即

$$R_m = \frac{l}{\mu S} \qquad (6-12)$$

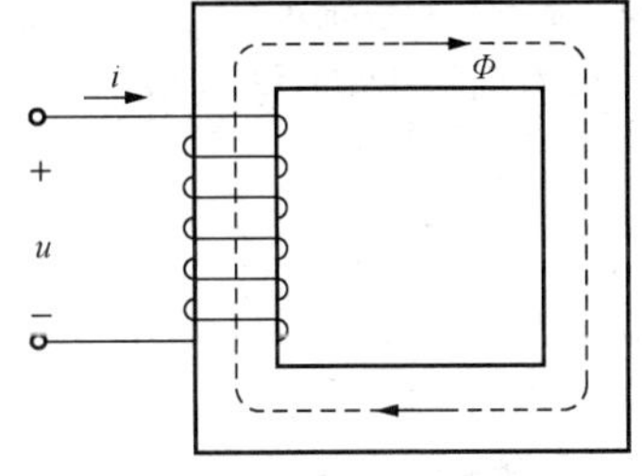

图 6-7　磁路

式中：l、μ、S 分别为磁路长度、铁磁材料的磁导率和磁路截面积。

磁通势（磁动势）F，实验表明通电线圈产生的磁场强弱与线圈内通入电流 I 的大小及线圈的匝数 N 成正比，把 I 与 N 的乘积称为磁通势，即

$$F = NI \qquad (6-13)$$

磁通势的单位为安（A）。

从上面的分析可知，磁路中的某些物理量与电路中的某些物理量有对应关系，同时磁路中某些物理量之间与电路中某些物理量之间也有相似的关系。表 6-3 列出了磁路与电路对应的物理量及其关系式。

表 6-3　磁路与电路对应的物理量及其关系式

电路		磁路	
物理量	关系式	物理量	关系式
电流	I	磁通	Φ
电阻	$R=\rho\frac{1}{S}$	磁阻	$R_m=\frac{1}{\mu S}$
电阻率	ρ	磁导率	μ
电动势	E	磁通势	$F=NI$
电路欧姆定律	$I=\frac{E}{R}$	磁路欧姆定律	$\Phi=\frac{F}{R_m}$

2. 全电流定律（安培环路定律）

全电流定律是磁场计算中的一个重要定律，可根据如下公式推导而来：根据磁路欧姆定律，有

$$\Phi = \frac{F}{R_m}$$

将$\Phi=SB$，$R_m=\frac{l}{\mu S}$，$F=NI$代入上式得

$$BS=\frac{NI}{\frac{l}{\mu S}}=\frac{\mu SNI}{l} \tag{6-14}$$

即

$$B=\mu\frac{NI}{l} \tag{6-15}$$

又因为$B=\mu H$，所以

$$H=\frac{NI}{l}\quad 或 \quad Hl=NI \tag{6-16}$$

上式表明，磁路中磁场强度H与磁路的平均长度l的乘积，在数值上等于磁场的磁通势，称为全电流定律。

磁场强度H与磁路平均长度l的乘积，又称为磁位差，用符号U_m表示，即

$$U_m=lH \tag{6-17}$$

若研究的磁路具有不同的截面，并且是由不同的材料（如铁芯和气隙）构成的，则可以把一个磁路分成许多段来考虑，即把同一截面、同一材料划为一段，可得

$$NI=l_1H_1+l_2H_2+\cdots+l_nH_n \tag{6-18}$$

［例6-1］ 一闭合的均匀铁芯线圈，匝数为600匝，铁芯中的磁感应强度为0.8T，磁路的平均长度为55cm，试求：

（1）铁芯材料为铸铁时线圈中的电流；

（2）铁芯材料为铸钢时线圈中的电流。

解 （1）查图6-4铸铁材料的磁化曲线，当$B=0.8$T时，磁场强度$H=5700$A/m，则

$$I=\frac{Hl}{N}=\frac{5700\times0.55}{600}=5.23(\text{A})$$

（2）查图6-4铸钢材料的磁化曲线，当$B=0.8$T时，磁场强度$H=400$A/m，则

$$I=\frac{Hl}{N}=\frac{400\times0.55}{600}=0.37(\text{A})$$

由例6-1可见，如果要得到相等的磁感应强度，采用磁导率高的铁芯材料，可以降低线圈电流，减少用铜量。

［例6-2］ 有一线圈匝数为1500匝，套在铸钢制成的闭合铁芯上，铁芯的截面积为10cm^2，长度为75cm，问：

（1）如果要在铁芯中产生0.001Wb的磁通，线圈中应通入多大的直流电流？

（2）若线圈中通入2.5A电流，则铁芯中的磁通多大？

解 （1）铁芯中的磁感应强度为

$$B=\frac{\Phi}{S}=\frac{0.001}{10\times10^{-4}}=1(\text{T})$$

查铸钢材料的磁化曲线，当$B=1$T时，磁场强度$H=700$A/m，线圈中应通入的电流

$$I=\frac{Hl}{N}=\frac{700\times0.75}{1500}=0.35(\text{A})$$

（2）当线圈中通入2.5A电流时，有

$$H=\frac{IN}{l}=\frac{2.5\times1500}{0.75}=5000(\text{A/m})$$

查铸钢磁化曲线，当 $H=5000\text{A/m}$ 时，磁感应强度 $B=1.6\text{T}$，铁芯中的磁通为

$$\Phi = B \times S = 1.6 \times 0.001 = 0.0016(\text{Wb})$$

6.3.1 请比较磁路与电路的区别与联系。

6.3.2 说明磁路全电流定律的内容。

6.4 交流铁芯线圈

铁芯线圈分为直流铁芯线圈和交流铁芯线圈两种。直流铁芯线圈通直流来励磁，如直流电机的励磁线圈、电磁吸盘及各种直流电器的线圈，而交流铁芯线圈通交流来励磁，如交流电机、变压器及各种交流电器的线圈。

分析直流铁芯线圈比较简单。因为励磁电流是直流，产生的磁通是恒定的，在线圈和铁芯中不会感应出电动势；在一定电压下，线图中的电流 I 只与线圈本身的电阻 R 有关，功率损耗也只有 RI^2。而交流铁芯线圈在电磁关系、电压电流关系及功率损耗等几个方面和直流铁芯线圈均有所不同。

6.4.1 电磁关系

图 6-8 是交流铁芯线圈电路，线圈的匝数为 N，线圈的电阻为 R，当在线圈两端加上交流电压时，磁通势 Ni 产生的绝大部分磁通通过铁芯而闭合，这部分磁通称为主磁通或工作磁通 Φ，此外还有很少的一部分磁通经过空气或其他非导磁介质而闭合，这部分磁通称为漏磁通 Φ_s。这两个磁通在线圈中产生两个感应电动势：主磁电动势 e 和漏磁电动势 e_s。

因为主要漏磁通不经过铁芯，所以励磁电流 i 与 Φ_s 之间可认为呈线性关系，铁芯线圈的漏磁电感为

$$L_S = \frac{N\Phi_s}{i} = \text{常数} \tag{6-19}$$

但主磁通通过铁芯，所以 i 与 Φ 之间不存在线性关系，如图 6-9。铁芯线圈的主磁电感 L 不是一个常数，因此，铁芯线圈是一非线性电感元件。

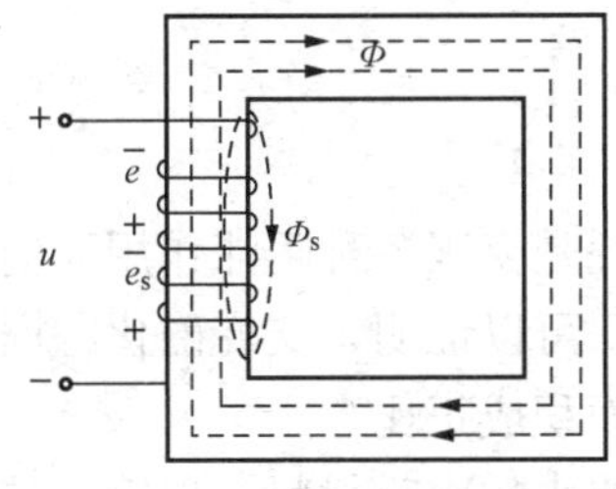

图 6-8 交流铁芯线圈电路

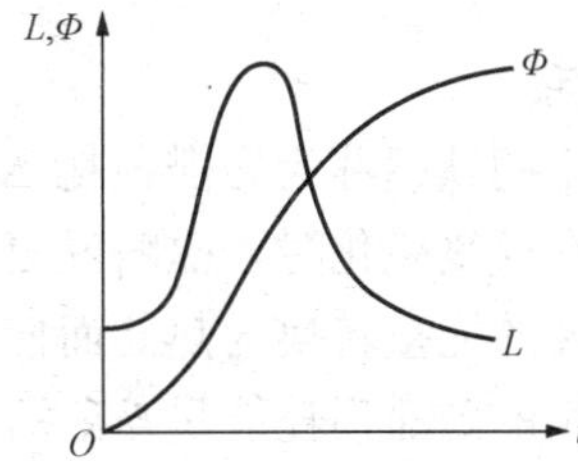

图 6-9 Φ、L 与 i 的关系

6.4.2 电流电压关系

设电压、电流和磁通及感应电动势的参考方向如图 6-8 中所示。由基尔霍夫电压定律有

$$u + e + e_s - Ri = 0 \tag{6-20}$$

或

$$u = Ri + (-e) + (-e_s) \tag{6-21}$$

大多数情况下，线圈的电阻 R 很小，漏磁通 Φ_s 较小，即

$$u = -e \tag{6-22}$$

根据法拉第电磁感应定律有

$$e = -N\frac{d\Phi}{dt} \tag{6-23}$$

得

$$u = N\frac{d\Phi}{dt} \tag{6-24}$$

由于电源电压与产生的磁通同频变化，设 $\Phi=\Phi_m\sin\omega t$，则

$$u = \omega N\Phi_m\sin(\omega t + 90^\circ) = 2\pi fN\Phi_m\sin(\omega t + 90^\circ) \tag{6-25}$$

电压的有效值为

$$U = \frac{1}{\sqrt{2}}\omega N\Phi_m = \frac{2\pi}{\sqrt{2}}fN\Phi_m = 4.44fN\Phi_m \tag{6-26}$$

即当铁芯线圈上加以正弦交流电压时，铁芯线圈中的磁通也是按正弦规律变化，在相位上，电压超前于磁通 90°，在数值上，端电压有效值为 $U=4.44fN\Phi_m$。

6.4.3 功率损耗

在交流铁芯线圈中，除线圈电阻 R 上有功率损耗 RI^2（铜损）外，在交变磁通作用下，铁芯中也有功率损耗，称为铁损。铁损主要由两部分组成：

（1）涡流损耗

由涡流所产生的铁损称为涡流损耗 ΔP_e。

铁芯中的交变磁通 $\Phi(t)$ 在铁芯中感应出电压，由于铁芯也是导体，便产生一圈圈的电流，称之为涡流。涡流在铁芯内流动时，在所经回路的导体电阻上产生的能量损耗称为涡流损耗。

涡流损耗也会引起铁芯发热。减少涡流损耗的途径有两种：一是用较薄的彼此绝缘的硅钢片顺着磁场方向叠成铁芯，这样可以将涡流限制在较小的截面内流通；二是提高铁芯材料的电阻率来减小涡流。

涡流虽然有有害的一面，但是有时候也有有利的一面。例如，可以利用涡流和磁场相互作用而产生的电磁力原理来制造感应式仪器及涡流测距器等，还可以利用涡流的热效应来冶炼金属。

（2）磁滞损耗

由磁滞所产生的铁损称为磁滞损耗 ΔP_h。

铁磁性物质在反复磁化时，磁畴反复变化，磁滞损耗是克服各种阻滞作用而消耗的那部分能量。磁滞损耗的能量转换为热能而使磁性材料发热。可以证明，交变磁化一周在铁芯的单位体积内所产生的磁滞损耗能量与磁滞回线所包围的面积成正比。

为了减少磁滞损耗，一般交流铁芯都采用磁滞回线狭小的软磁材料。硅钢就是变压器和电机中较常用的铁芯材料。

在交变磁通的作用下，铁芯内的这两种损耗合称铁损 ΔP_{Fe}。铁损差不多与铁芯内磁感应强度的最大值 B_m 的平方成正比，故 B_m 不宜选得过大，一般取（0.8～1.2）T。

综上所述，铁芯线圈交流电路的有功功率为

$$P = UI\cos\Phi = RI^2 + \Delta P_{Fe} \qquad (6-27)$$

6.4.1　交流铁芯线圈的损耗有几种？分别由何原因引起？

6.4.2　铁芯线圈接到电压有效值一定的电压源上，若铁芯上增加一空气隙，则将使磁通、电流有效值有何变化？

6.5　变压器与电磁铁

变压器是根据电磁感应原理将某一等级的交流电压或电流变换成同频率的另一等级的交流电压或电流的一种常见的电气设备。它的基本作用是将一种等级的交流电变换成另外一种等级的交流电。单相变压器具有变换电压、电流和阻抗的作用，它在电力系统和电子电路中得到广泛的应用。

6.5.1　变压器

1. 变压器的基本结构

变压器的种类很多，结构形式多种多样，但基本结构及工作原理都相类似。变压器主要部件由铁芯和线圈（或称绕组）组成。图 6-10 所示是变压器符号。铁芯是磁路部分，绕组是电路部分，它们两个构成变压器的主体，将它们装配在一起称为变压器的器身。

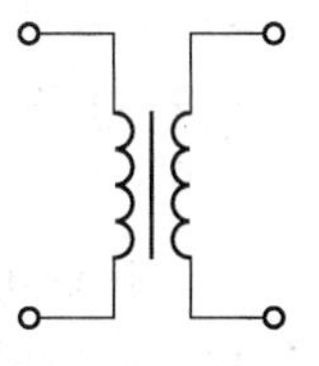

图 6-10　变压器图形符号

铁芯的基本结构形式有芯式（小容量）和壳式（容量较大）两种，如图 6-11 所示。壳式单相变压器的绕组被铁芯包围，仅用于小功率的单相变压器和特殊用途的变压器。芯式单相变压器的绕组环绕着铁芯柱，是应用最多的一种结构型式。

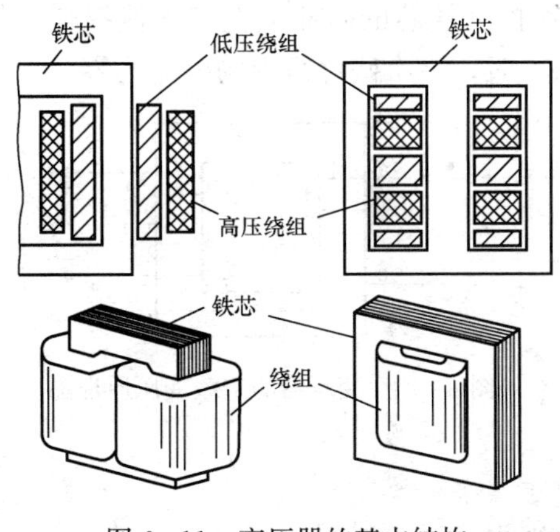

图 6-11　变压器的基本结构

铁芯不但是变压器的磁路，也是变压器的机械骨架。铁芯一般是由导磁性能较好的 0.35～0.55mm 厚表面涂有绝缘漆的硅钢片交错叠压而成，这样可以提高磁路的导磁性能，避免在交流电源作用下铁芯中产生较大的涡流损耗。

变压器的绕组起着输入和输出电能的作用。由漆包铜线或铝线在绝缘筒上绕成。与电源相接的线圈，称为一次绕组（或初级绕组、原绕组），其电磁量用下标数字“1”表示；与负载相接的线圈称为二次绕组（或次级绕组、副绕组），其电磁量用下标数字“2”表示。通常一次绕组和二次绕组匝数不相等，匝数多的线圈电压高，称为高压绕组，匝数少的线圈电压低，称为低压绕组。

由于有铁损的存在，铁芯不可避免地会发热，因此，变压器要有冷却系统。小容量变压器采用自冷式，中大容量变压器采用油冷式。

2. 变压器同名端判断

在使用多绕组变压器时，常常需要弄清各绕组引出线的同名端或异名端，才能正确将线圈并联或串联使用。所谓同名端是指在同一交变磁通的作用下，两个绕组上所产生的感应瞬时极性始终相同的端子，同名端又称同极性端。常用“·”或“*”进行标明，那么应该怎样来判断线圈的同名端呢？

任找一组绕组线圈接上 1.5～3V 电池，然后将其余各绕组线圈抽头分别接在直流毫伏表或直流毫安表的正负接线柱上。接通电源的瞬间，表的指针会很快摆动一下，如果指针向正方向偏转，则接电池正极的线头与接电表正极接线柱的线头为同名端，如果指针反向偏转，则接电池正极的线头与接电表负接线柱的线头为同名端。

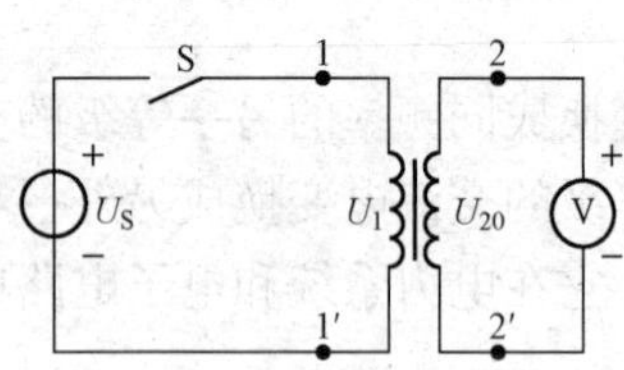

图 6-12　同名端的测定

按照图 6-12 所示电路原理图接线，电路连接无误后，闭合电源开关 S。在 S 闭合瞬间，如果电压表指针正向偏转，说明 1 和 2 是同名端；如果指针反向偏转，则 1 和 2′是同名端。

在测试时应注意以下两点：

(1) 若变压器的升压绕组（即匝数较多的绕组）接电池，电表应选用最小量程，使指针摆动幅度较大，以利于观察；若变压器的降压绕组（即匝数较少的绕组）接电池，电压表应选用较大量程，以免损坏电表。

(2) 接通电源瞬间，指针会向某一个方向偏转，但断开电源时，由于自感作用，指针将向相反方向倒转。如果接通和断开电源的间隔时间太短，很可能只看到断开时指针的偏转方向，而把测量结果搞错。所以接通电源后要等几秒钟后再断开电源，也可以多测几次，以保证测量的准确。

3. 变压器的工作原理

为便于讨论变压器的工作原理和基本作用，通常采用理想变压器模型进行分析，即假设变压器无漏磁、铜损（导线电阻产生的功率损耗）、铁损（铁芯的磁滞损耗与涡流损耗）均可以忽略，并且当空载运行（二次侧不接负载、开路）时，一次侧绕组中的电流为零。

变压器依据电磁感应原理工作，它的基本工作原理可以用图 6-13 来说明。

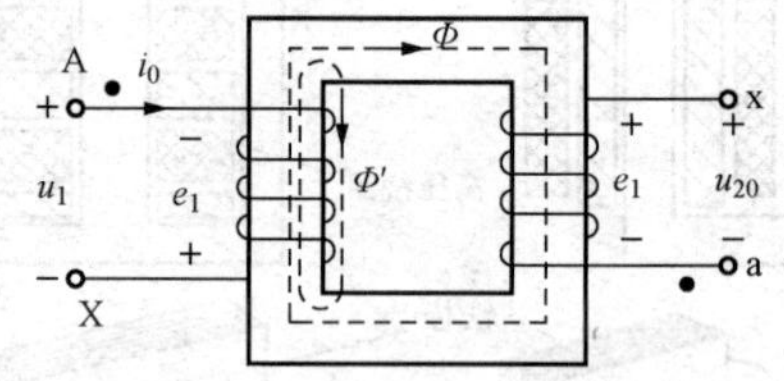

图 6-13　变压器的空载变压原理图

(1) 空载工作原理。为了便于分析，将一次绕组和二次绕组分别画在两边，电路如图6-13 所示，设一次、二次绕组的匝数分别为 N_1、N_2。当一次绕组接上交流电压 u_1 时，一次绕组中有电流 i_0 通过，一次绕组的磁动势 $N_1 i_1$ 产生的磁通大部分通过铁芯而闭合，从而在二次绕组中感应出电动势。

根据电磁感应定律，一、二次侧中感应电动势分别为

$$E_1 = 4.44 f\Phi_m N_1,\quad E_2 = 4.44 f\Phi_m N_2 \tag{6-28}$$

得到

$$\frac{E_1}{E_2} = \frac{N_1}{N_2} = n \tag{6-29}$$

忽略线圈电阻，可以得到

$$\frac{U_1}{U_{2o}} \approx \frac{N_1}{N_2} = n \tag{6-30}$$

式中：n 称为变压器的变压比，简称变比。

由此可见，理想变压器的一、二次端电压之比等于两线圈的匝数之比。当 $n>1$ 时，$U_1>U_2$，此变压器为降压变压器；当 $n<1$ 时，$U_1<U_2$，此变压器为升压变压器。

（2）有载工作原理。电路如图 6-14 所示，对于理想变压器，由于忽略其内部损耗，则一次绕组的容量与二次绕组的相等，即

$$U_1 I_1 = U_2 I_2 \tag{6-31}$$

$$\frac{U_1}{U_2} = \frac{I_2}{I_1} = \frac{N_1}{N_2} = n \tag{6-32}$$

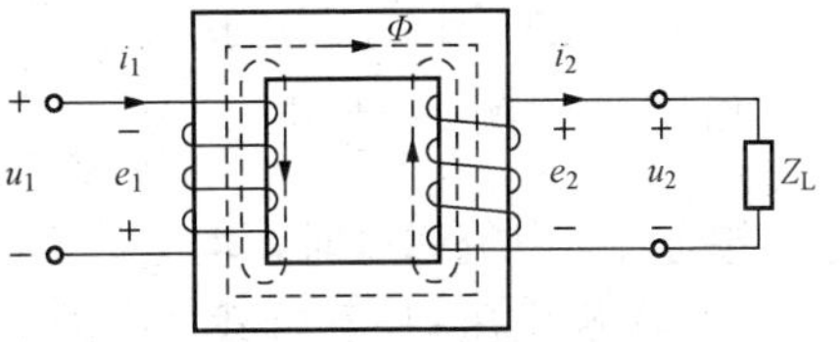

图 6-14 变压器的有载变流原理图

由此可见，理想变压器一、二次侧中的电流之比等于匝数的反比。也就是说“高”压绕组通过“小”电流，“低”压绕组通过“大”电流。因此外观上，变压器的高压线圈匝数多，通过的电流小，以较细的导线绕制；低压线圈匝数少，通过的电流大，要用较粗的导线绕制。

综上所述，变压器是利用电磁感应原理，将一次绕组从电源吸收的电能传递给二次绕组所连接的负载，来实现能量的传递，使匝数不同的一次、二次绕组中感应出大小不等的电动势来实现电压等级的变换，这就是变压器的基本工作原理。

（3）阻抗变换作用。理想变压器变换阻抗的作用可通过输入电阻的概念分析得到。如图 6-15（a），负载阻抗 $|Z|$ 接在变压器的二次侧，而中间的虚线框部分可以用一个阻抗 $|Z'|$ 来等效代替，变压器的输入阻抗则为

$$|Z'_L| = \frac{U_1}{I_1} = \left(\frac{N_1}{N_2}U_2\right)\times\left(\frac{N_1}{N_2 I_2}\right) = \left(\frac{N_1}{N_2}\right)^2 \frac{U_2}{I_2} = n^2 |Z_L| \tag{6-33}$$

由此可见，当变压器工作时，可以采用不同的匝数比将负载阻抗模变换为所需要的、比较合适的数值，这种做法称为阻抗匹配。其输入阻抗为实际负载阻抗的 n^2 倍，也就是说，负载阻抗折算到电源侧的阻抗值为 $n^2|Z_L|$。图 6-15（b）为其示意图。

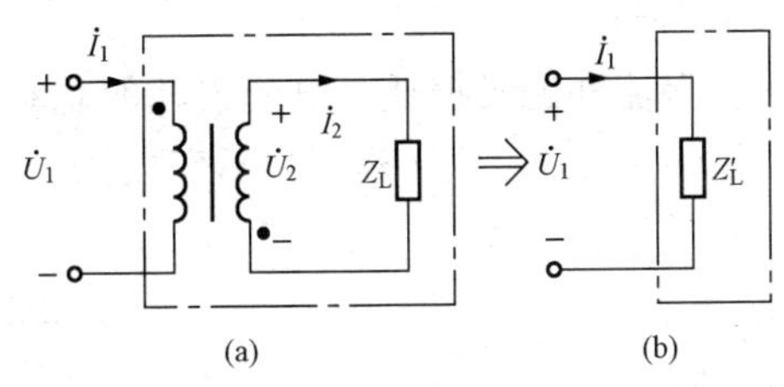

图 6-15 理想变压器的阻抗变换

变压器阻抗的变换作用在电子线路中有重要应用。如在晶体管收音机中，可实现阻抗匹配，从而获得最大功率输出。

［例 6-3］ 如图 6-16 所示，已知交流信号源电动势 $E=120\text{V}$，内阻 $R_0=800\Omega$，负载电阻 $R_L=8\Omega$。

（1）当 R_L 折算到一次侧的等效电阻 $R'_L=R_0$ 时，求变压器的匝数比和信号源输出的功率；

（2）当将负载直接与信号源连接时，信号源的输出功率是多少？

解 （1）变压器的匝数比应为

$$\frac{N_1}{N_2} = \sqrt{\frac{R'_L}{R_L}} = \sqrt{\frac{800}{8}}10$$

信号源的输出功率为

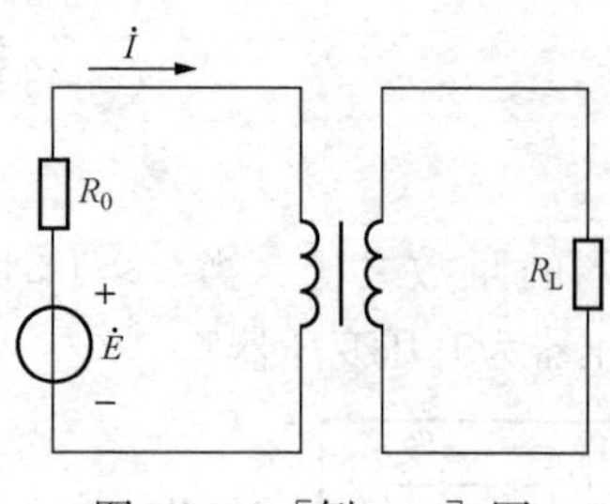

图 6-16 ［例 6-3］图

$$P=\left(\frac{E}{R_0+R_L'}\right)^2 R_L'=\left(\frac{120}{800+800}\right)^2\times 800=4.5(\mathrm{W})$$

（2）当将负载直接介质信号源上时，输出功率为

$$P=\left(\frac{120}{800+8}\right)^2\times 8=0.176(\mathrm{W})$$

4. 变压器的外特性

上面讨论的是理想变压器，即略去了一、二次侧绕组的内阻与漏磁电抗。而实际变压器一、二次侧绕组均有电阻与漏磁电抗，当电流通过时，均会产生电压降落，使变压器输出的电压下降。

当一次侧电压 U_1 和负载功率因数 $\cos\varphi_2$ 一定时，$U_2=f(I_2)$ 称为变压器的外特性。如图 6-17 所示，分别为电阻性负载和感性负载的情况。可见，感性负载端电压下降程度较电阻性负载大。现代电力变压器从空载到满载，二次绕组的端电压下降约为其额定电压的 4%～6%。

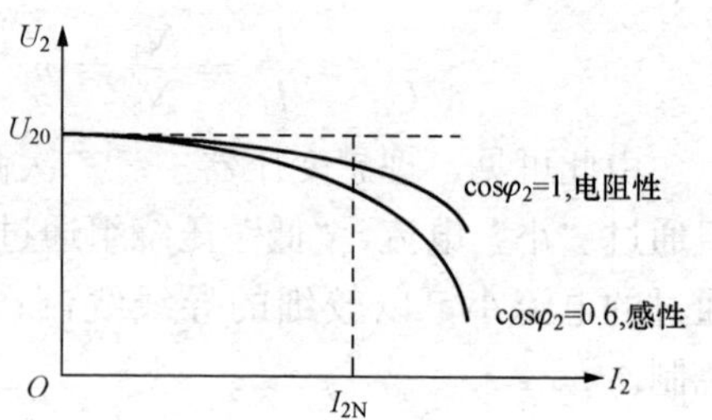

图 6-17 变压器的外特性

为了反映电压随负载的变化而产生的波动程度，引入电压变化率的概念，即

$$\Delta U=\frac{U_{20}-U_2}{U_{20}}\times 100\% \tag{6-34}$$

上式反映变压器二次侧的电压波动情况。显然，ΔU 越小越好，说明变压器二次端电压越稳定。

在一般变压器中，由于其电阻和漏磁感抗均很小，电压变化率不大，为±5%左右。

5. 变压器的损耗与效率

与交流铁芯线圈一样，变压器的功率损失主要来自两个方面，一个是铜损，另一个就是铁损，它们分别用符号 P_{Cu} 和 P_{Fe} 表示。

P_{Cu}——是指变压器绕组内电阻消耗电能的总和。它是由于绕组内存在电阻的原因。这种损耗是与变压器所带负载的大小有关的，故称其为可变损耗。

P_{Fe}——是指变压器铁芯处在交变的磁场中，会存在涡流和磁滞损耗，电能损耗的总和，即是铁损。它的大小仅与一次侧电压有关，而与负载的大小无关，故又称其为不变损耗。

由以上可知，变压器的总损耗为

$$\Delta P=P_{Cu}+P_{Fe} \tag{6-35}$$

如果记变压器的输入功率为 P_1，输出功率为 P_2，则有

$$P_1-P_2=P_{Cu}+P_{Fe} \tag{6-36}$$

则变压器的效率为

$$\eta=\frac{P_2}{P_1}\times 100\%=\frac{P_2}{P_2+P_{Cu}+P_{Fe}}\times 100\% \tag{6-37}$$

变压器为静止电器，功率损耗很小，所以一般是属于效率比较高的电器，通常在 95% 以上，对于一般的电力变压器，当负载为额定负载的 50%～75%时，其效率达到最大值。

6. 变压器的铭牌和技术数据

变压器的铭牌上一般会有如图 6-18 所示标记，其含义如下：

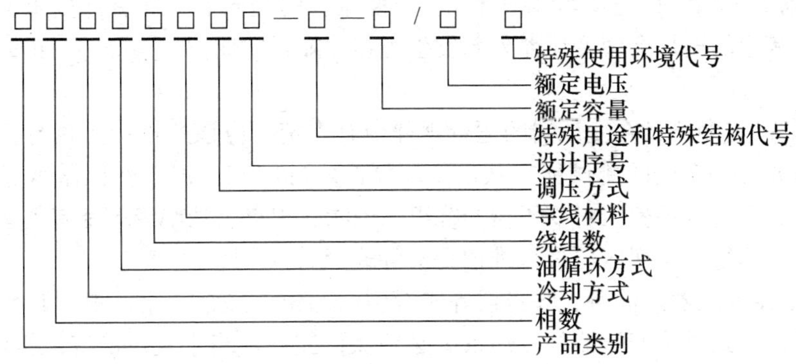

图 6-18　变压器的铭牌

（1）产品类别代号：O——自耦变压器，通用电力变压器不标；H——电弧炉变压器；C——感应电炉变压器；；Z——整流变压器；K——矿用变压器；Y——试验变压器。

（2）相数：D——单相变压器；S——三相变压器。

（3）冷却方式：F——风冷式；W——水冷式，油浸自冷式和空气自冷式不标注。

（4）油循环方式：N——自然循环；O——强迫导向循环；P——强迫循环。

（5）绕组数：S——三绕组，双绕组不标注。

（6）导线材料：L——铝绕组，铜绕组不标注。

（7）调压方式：Z——有载调压，无载调压不标注。

（8）设计序号：性能水平代号。

（9）特殊用途或特殊结构代号：Z——低噪声用；L——电缆引出；X——现场组装式；J——中性点为全绝缘；CY——发电厂自用变压器。

（10）变压器的额定容量、额定电压：变压器额定容量的单位为 kV·A，变压器额定电压的单位为 kV。

为了合理、安全地使用变压器，有必要知道变压器的额定值。变压器的铭牌上列出了一系列的额定值。主要的数据如额定电压、额定电流、额定容量、额定频率等，对于三相变压器电压、电流的额定值均指线值，而不是相值。

7. 变压器使用注意事项

（1）安全问题。变压器安全问题，分运行和设备自身安全问题。变压器运行安全问题首先是设计要合理，变压器不能长期过负荷运行。由于变电站中变压器是最主要的电器元件，投资大，更改麻烦，因此要求设计人员设计要准确，使变压器长期运行在合理的情况下。其次是变压器运行的监护工作，当发生故障或运行异常时能及时消除。

设备自身安全问题。由于变电站投资不同，设备的情况差别很大。室外油浸式变压器投资小，但应按安装规程要求进行安装，特别是安全围栏在风吹日晒等自然条件下容易损坏，如不及时修理就可能发生短路、接地、人畜触电等事故。

（2）设备维护。变压器是一种静正的电器设备，应用广泛。随着全社会自动化程度的提高，人们对电的依赖性越来越强，变压器故障影响面越来越大，就电力变压器来讲，运行后看不出什么问题，但应按照规程进行维护，以免小毛病成为大毛病，从而使变压器停运或损坏。

1）变压器的定期清扫是基本维护方式。长期运行的变压器上面有许多灰尘，特别是严重污染地区，灰尘的增加会使变压器外部发生短路故障，定期清扫是一种简单而重要的维护方式。

2）变压器的定期测试在变压器的运行规程中有规定，应该严格按照执行。变压器是长期运行的电器元件，定期的测试能反映出变压器的实际状态。由于变压器运行中要产生振动、温升、电磁反应等现象，对变压器的绕组的绝缘、焊点、油绝缘等都有损害，所以，为了变压器能安全运行，对变压器进行维护是不可缺少的。

3）对于油浸变压器的油色、呼吸器等能看到的部位应经常观察，根据其变化判断变压器的运行状况。干式风冷变压器的冷却系统必须保持完好，当干式风冷变压器温度升高时，风机必须启动，否则就会烧坏变压器。

4）对于小功率变压器来讲，要选择合适的功率，以免负载过重，变压器温升过高，不但变压器被烧坏，后面的负载也被烧坏。所以，选择变压器的容量时，要留有充分的余量，以保证负载的安全。

6.5.2 电磁铁

1. 电磁铁的工作原理

电磁铁是利用通电的铁芯线圈产生的电磁吸力来吸引衔铁或保持某种机械零件、工件于固定位置以完成预期动作的一种电器。

电磁铁是将电能转换为机械能的一种电磁元件。它广泛应用在自动控制的机械传动系统，可以单独作为一类电器，如牵引电磁铁、制动电磁铁、起重电磁铁等，也可作为开关电器的一种部件，如接触器、继电器的电磁系统，断路器的电磁脱扣器等。

电磁铁主要由线圈、铁芯及衔铁三部分组成，其结构形式如图 6-19 所示。铁芯和衔铁一般用软磁材料制成。铁芯一般是静止的，线圈总是装在铁芯上。开关电器的电磁铁的衔铁上还装有弹簧。

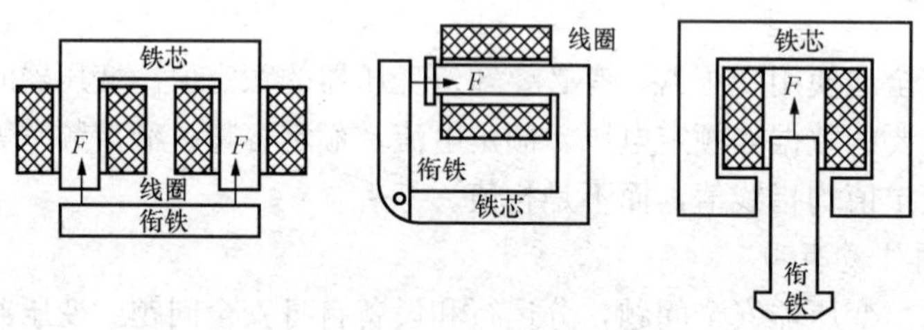

图 6-19 电磁铁结构图

当电磁铁的线圈未通电时，衔铁在弹簧的作用下，与铁芯之间保持一个比较大的气隙，这时衔铁处于释放位置状态。当线圈通电后，在线圈磁通势的作用下，建立磁场，产生磁通，其中绝大部分磁通通过铁芯和衔铁形成的闭合回路。这时铁芯和衔铁被磁化，称为极性相反的两块磁铁，它们之间产生电磁吸力。当吸力大于弹簧的反作用力时，衔铁开始向着铁芯方向运动，同时，可以通过衔铁来带动其他机械装置或部件，完成预期的自动化动作。当线圈中的电流小于某一定值或中断供电时，电磁吸力小于弹簧的反作用力，衔铁将在反作用力的作用下返回原来的释放位置。这就是电磁铁的基本工作原理。

2. 电磁铁的分类

电磁铁的结构形式很多。

(1) 按磁路系统形式可分为拍合式、盘式、E形和螺管式。按衔铁运动方式可分为转动式和直动式。结构形式不同，电磁铁的工作特性不同，适用的场合也不同。

(2) 按其线圈电流的性质可分为直流电磁铁和交流电磁铁。直流电磁铁正常工作时，线圈中通过的是直流电，在稳定状态下铁芯中的磁通是恒定的，铁芯中没有磁滞和涡流损耗，铁芯中部产生热量。直流电磁铁的铁芯和衔铁由整块软钢或电工纯铁制成。交流电磁铁正常工作时，线圈中通过的是交流电，铁芯中的磁通是交变的，交变的磁通在铁芯中将会产生磁滞和涡流损耗，使铁芯中产生热量。为了减少铁损，铁芯和衔铁采用硅钢片叠成。

(3) 按用途分类可分为牵引电磁铁、制动电磁铁、起重电磁铁及其他类型的专用电磁铁。

牵引电磁铁主要用于自动控制设备中，用来牵引或推斥机械装置，以达到自控或遥控的目的，例如，用来开启或关闭水路、油路、气路等阀门，用以操纵金属切割机床的各种操作机构，以实现自动控制。当前常用的牵引电磁铁有 MQ1 和 MQ2 两个系列交流单相螺管式电磁铁及 MQZ1 系列小型直流电磁铁。

制动电磁铁是用来操纵制动器，以完成制动任务的电磁铁。当接通电源时，电磁铁动作而拉开弹簧，将抱闸提起，于是可以放开装在电动机轴上的制动轮，这时电动机可以自由转动，当电源断开时，电磁铁的衔铁落下，弹簧将抱闸压在制动轮上，于是电动机就被制动。在起重机中采用电磁铁制动可以避免由于工作过程中断电而使重物滑下所造成的事故。通常与瓦式制动器配合使用，在电气传动装置中，用来对电动机进行机械制动，以达到准确、迅速停车的目的。常用的制动电磁铁有 MZS1 系列三相交流长行程制动电磁铁、MZZ2 系列直流长行程制动电磁铁、MZD1 系列单相交流短行程制动电磁铁、MZZ1 系列直流短行程制动电磁铁等。

起重电磁铁是用于起重、搬运铁磁性重物的电磁铁。它广泛应用于冶炼、铸造、机械制造和运输部门，在常温下搬运钢板、生铁锭、废钢屑、钢轨、铁矿石等磁性物件。起重电磁铁为直流电磁铁，常用的起重电磁铁有 MW_1 和 MW_5 系列圆盘形起重电磁铁、MW_2 和 MW_4 系列矩形起重电磁铁、MW_{61} 系列椭圆形起重电磁铁。

3. 电磁铁的吸力

电磁铁的一个主要参数是吸力 F。是由于线圈得电后铁芯被磁化后对衔铁的吸引力。

电磁铁吸力与铁芯和衔铁间的空气隙的截面积 S_o，空气隙中磁感应强度 B_o 有关。

(1) 对于直流电磁铁，其公式为

$$F=\frac{10^7}{8\pi}B_o^2S_o \tag{6-38}$$

式中：F 的单位为牛（N）。

(2) 对于交流电磁铁，因为交流电磁铁中的磁场是交变的，设 $B_o=B_m\sin\omega t$

则
$$\begin{aligned} f&=\frac{10^7}{8\pi}B_o^2S_o=\frac{10^7}{8\pi}B_m^2S_o\sin^2\omega t=F_m\sin^2\omega t\\ &=\frac{1}{2}F_m-\frac{1}{2}F_m\cos^2\omega t \end{aligned} \tag{6-39}$$

式中：F_m 是吸力的最大值，其平均值为

$$F = \frac{1}{T}\int_0^T f\mathrm{d}t = \frac{1}{2}F_{\mathrm{m}} = \frac{10^7}{16\pi}B_{\mathrm{m}}^2 S。 \tag{6-40}$$

6.5.1 为什么变压器的铁芯要用硅钢片叠成？能否用整块的铁芯？

6.5.2 简述电磁铁的工作原理、主要用途及其特点。

6.5.3 举例说明电磁铁在日常生活中的应用。

本章小结

（1）磁路及其基本物理量

1）磁感应强度 B 是描述磁场内某点磁场强弱和方向的物理量，是一个矢量，其数学表达式为

$$B = \frac{F}{Il}$$

2）磁通 Φ 是磁感应强度 B 与面积 S 的乘积，称为该面积的磁通量，简称磁通。若磁场为均匀磁场且方向垂直于 S 面，则有 $\Phi = BS$，若 S 不是平面或 B 不与 S 垂直，则有

$$\Phi = \int_S \mathrm{d}\Phi = \int_S B\mathrm{d}S$$

3）磁导率 μ 是反映物质导磁性能强弱的物理量。真空的磁导率为 $\mu_0 = 4\pi\times10^{-7}\,\mathrm{H/m}$，其他物质的磁导率为 $\mu = \mu_r\mu_0$，$\mu_r = \mu/\mu_0$ 为相对磁导率。非磁性物质的磁导率 $\mu_r \approx 1$，磁性物质的磁导率 $\mu_r \gg 1$。

4）磁场强度 $\boldsymbol{H}$ 是计算磁场时所引用的一个物理量，也是矢量，$\boldsymbol{H} = \boldsymbol{B}/\boldsymbol{\mu}$。

（2）铁磁材料的磁化

铁磁物质内部有许多的小磁畴，在外磁场的作用下而显示出磁性，这就是铁磁物质的磁化。铁磁材料具有高导磁性、磁饱和性和磁滞件。

（3）磁化曲线和铁磁物质的分类。磁化曲线有起始磁化曲线、磁滞回线、基本磁化曲线。

按磁性物质的磁性能，磁性材料可以分成软磁材料、永磁材料和矩磁材料三种类型。软磁材料的磁滞回线较窄，永磁材料的磁滞回线较宽，矩磁材料的磁滞回线接近矩形。

（4）交流铁芯线圈。交流铁芯线圈是非线性元件，不考虑线圈的电阻及漏磁通时，其端电压、感应电动势与磁通的关系为

$$U \approx E = 4.44 fN\Phi_{\mathrm{m}}$$

线圈本身的电阻引起的损耗，称为铜损；交变磁通在铁芯中引起的能量损耗，称为铁损。铁损又分为涡流损耗和磁滞损耗。

（5）变压器是由铁芯和绕组构成，它是利用电磁感应定律来实现电能传递的，只有变化的电流才会产生感应电压。

（6）单相变压器具有变换电压、变换电流及变换阻抗的作用，即

$$\frac{U_1}{U_{2o}} \approx \frac{N_1}{N_2} = n \quad \frac{I_1}{I_2} = \frac{N_2}{N_1} = \frac{1}{n} \quad |Z'_L| = n^2 |Z_L|$$

(7) 同名端是指电压瞬时极性始终相同的端子。

(8) 变压器的运行特性有外特性和效率特性两种。

6.1 选择题：

1. 制造永久磁铁的材料应选（ ）。

(A) 软磁材料 (B) 硬磁材料 (C) 矩磁材料 (D) 非铁磁材料

2. 制造变压器的铁芯材料应选（ ）。

(A) 软磁材料 (B) 硬磁材料 (C) 矩磁材料 (D) 非铁磁材料

3. 变压器的额定电流，是指在额定运行情况下一、二次侧电流的（ ）。

(A) 最大值 (B) 瞬时值 (C) 有效值 (D) 初始值

4. 变压器铁芯采用硅钢片的目的是（ ）。

(A) 减小铜损 (B) 减小铁损 (C) 减小磁阻 (D) 减小电流

5. 变压器不能用来变（ ）。

(A) 电流 (B) 电压 (C) 阻抗 (D) 容量

6. 把某一数值的交变电压变换为同频率的另一数值的交变电压的装置是（ ）。

(A) 电容器 (B) 变压器 (C) 电感器 (D) 电阻器

7. 变压器一、二次电压之比与变压器一、二次绕组匝数之比（ ）。

(A) 相等 (B) 不相等 (C) 成反比 (D) 无关

8. 电压互感器一次绕组应和电源（ ）。

(A) 并接 (B) 串接 (C) 混接

9. 变压器接电源的绕组称为（ ）。

(A) 一次绕组 (B) 二次绕组 (C) 电压绕组 (D) 电流绕组

10. 变压器的损耗有（ ）。

(A) 铜损和铁损 (B) 磁滞损耗和涡流损耗

(C) 铜损和涡流损耗 (D) 铜损和磁滞损耗

11. 某理想变压器 $K=10$，当一次绕组匝数 $N_1=100$ 时，二次绕组匝数 N_2 等于（ ）。

(A) 10 (B) 50 (C) 100 (D) 1000

12. 某理想变压器 $K>1$ 时，$N_1>N_2$，该变压器的作用是（ ）。

(A) 升压 (B) 降压 (C) 隔离 (D) 阻抗匹配

6.2 判断题：

1. 磁场总是电流产生的。（ ）

2. 线圈通过的电流越大，所产生的磁场就越强。（ ）

3. 铁磁材料的磁导率很大，其值是固定的。（ ）

4. 为了减小衔铁振动，交流电磁铁铁芯都装有短路环。（ ）

5. 电磁抱闸制动器广泛用于起重机械上。 （ ）

6. 变压器既可以变换电压、电流和阻抗，又可以变换频率和功率。 （ ）

7. 变压器一次绕组中的电流越大，磁路中的磁通就越强。 （ ）

8. 电流互感器的作用主要是扩大电压表的量程。 （ ）

9. 变压器输出功率的大小取决于本身的容量。 （ ）

6.3 某变压器一次绕组电压 $U_1=220\text{V}$，二次绕组有两组绕组，其电压分别为 $U_{21}=110\text{V}$，$U_{22}=36\text{V}$。若一次绕组匝数 $N_1=440$ 匝，求二次绕组两组绕组的匝数各为多少？

6.4 某晶体管收音机原配好 4Ω 的扬声器，若改接 8Ω 的扬声器，已知输出变压器的一次绕组匝数为 $N_1=250$ 匝，二次绕组匝数 $N_2=60$ 匝，若一次绕组匝数不变，问二次绕组匝数应如何变动，才能使阻抗匹配？

6.5 同名端是如何定义的？如何用实验的方法判断同名端？

6.6 某电力变压器的电压变化率 $\Delta U=4\%$，要使该变压器在额定负载下输出的电压 $U_2=220\text{V}$，求该变压器二次绕组的额定电压 $U_{2\text{N}}$。

6.7 某台变压器容量为 10kV·A，铁损耗 $\Delta P_{\text{Fe}}=280\text{W}$，满载铜损耗 $\Delta P_{\text{Cu}}=340\text{W}$，求下列两种情况下变压器的效率：

（1）在满载情况下，给功率因数为 0.9（滞后）的负载供电；

（2）在 75%的负载情况下，给功率因数为 0.8（滞后）的负载供电。

7 互 感 电 路

【本章提要】 线圈的电流使线圈自身具有磁性，线圈的电流变化时，使线圈的磁链也变化，并在其自身引起了感应电压，这种电磁感应现象叫自感现象。互感现象也是电磁感应现象中重要的一种，在工程实际中应用也很广泛，如变压器和收音机的输入回路，都是应用互感这一原理制成的。

本章主要介绍互感现象、互感线圈中电压与电流的关系、同名端及其判定、互感线圈的串联与并联，以及互感电路的计算方法和空心变压器的初步概念。

7.1 互感和互感电压

7.1.1 互感现象

线圈中的电流发生变化时，穿过线圈的磁通就要发生变化，而且磁通要通过它周围的空间闭合。如果有另一个线圈与它邻近，就会有一部分磁通穿过它相邻的线圈，这时就会在相邻的线圈中产生感应电动势及感应电压。这种一个线圈中电流的变化在其他线圈中引起感应电动势和感应电压的现象，叫做互感现象，引起的感应电动势叫互感电动势，引起的电压叫互感电压。

图 7-1 中表示两个互相耦合的电感线圈，当线圈 1 通以电流 i_1 时，则在线圈 1 中将产生自感磁通 Φ_{11}，除了小部分漏磁通外，Φ_{11} 的大部分将交链另一线圈 2，我们将和线圈 2 交链的这一部分磁通用 Φ_{21} 表示，很明显，$\Phi_{21} \leqslant \Phi_{11}$。这种一个线圈的磁通交链另一线圈的现象，称为磁耦合。其中 Φ_{21} 称为耦合磁通，或互感磁通。若线圈 1 有 N_1 匝，线圈 2 有 N_2 匝，则有 $\Psi_{11}=N_1\Phi_{11}$，$\Psi_{21}=N_2\Phi_{21}$，其中 Ψ_{11} 称为自感磁链，Ψ_{21} 称为互感磁链。由于这一磁场是由电流 i_1 引起的，所以电流 i_1 称为施感电流。

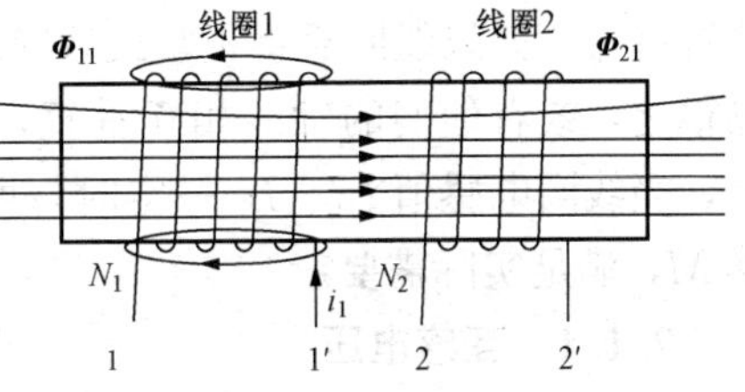

图 7-1 两个线圈的互感现象

为明确起见，磁通、磁链、感应电压等应用双下标表示。第一个下标代表该量所在线圈的编号，第二个下标代表产生该量的原因所在线圈的编号。例如 Ψ_{21} 表示出线圈 1 产生的穿过线圈 2 的磁链。

7.1.2 互感系数

在非铁磁性的介质中，电流产生的磁通与电流成正比，当匝数一定时，磁链也与电流大小成正比。选择电流的参考方向与它产生的磁通的参考方向满足右手螺旋关系时，则可得

$$\Psi_{21} \propto i_1$$

设比例系数为 M_{21}，则

$$\Psi_{21} = M_{21} i_1$$

或

$$M_{21} = \frac{\psi_{21}}{i_1}$$

M_{21} 叫做线圈 1 对线圈 2 的互感系数，简称互感。

同理，线圈 2 对线圈 1 的互感为

$$M_{12}=\frac{\psi_{12}}{i_2}$$

可以证明，$M_{12}=M_{21}$（本书不作证明），今后讨论时无须区分 M_{12} 和 M_{21}。两线圈间的互感系数用 M 表示，即

$$M=M_{12}=M_{21}$$

它反映了一个线圈的电流在另一个线圈中产生磁链的能力。它和自感有相同的单位，国际单位为亨利（H）。其他常用单位有毫亨（mH）或微亨（μH）。

线圈间的互感 M 不仅与两线圈的匝数、形状及尺寸有关，还和线圈间的相对位置和磁介质有关。当用铁磁材料作为介质时，M 将不是常数。本章只讨论 M 为常数的情况。

7.1.3 耦合系数

两个耦合线圈的电流所产生的磁通，一般情况下，只有部分相交链。两耦合线圈相交链的磁通越多，说明两个线圈耦合越紧密。耦合系数 k 用来表示磁耦合线圈的耦合紧密程度。

耦合系数定义为：两个具有互感的线圈的互感磁链与自感磁链的比值的几何平均值，即

$$k=\sqrt{\frac{\Psi_{12}}{\Psi_{11}}\frac{\Psi_{21}}{\Psi_{22}}} \tag{7-1}$$

由于 $\Psi_{11}=N_1\Phi_{11}=L_1i_1$，$\Psi_{21}=N_2\Phi_{21}=Mi_1$，$\Psi_{22}=L_2i_2$，$\Psi_{12}=Mi_2$。代入上式得

$$k=\frac{M}{\sqrt{L_1L_2}} \tag{7-2}$$

因为 $\Psi_{12}\leqslant\Psi_{11}$，$\Psi_{21}\leqslant\Psi_{22}$，所以，$k\leqslant1$；只有当线圈 1 和线圈 2 耦合得相当紧密时，$\Psi_{12}$ 近似等于 Ψ_{11}，Ψ_{21} 近似等于 Ψ_{22}，k 将接近于 1，此时称为全耦合。所以 $\sqrt{L_1L_2}\geqslant M$，而互感的最大值为 $M=\sqrt{L_1L_2}$。

两个线圈之间的耦合程度（耦合系数）与线圈的结构、周围磁介质以及两者之间的相互位置有关。如果线圈靠得很紧或者密绕在一起，耦合系数可能接近于 1，但如果两个线圈相隔很远，或者他们的轴线相互垂直，则耦合系数就可能很小，甚至接近于 0。利用这一特点，当线圈电感值 L_1、L_2 一定时，可以通过调整两个线圈之间的相对位置来调整它们的互感 M，满足实际需要。

7.1.4 互感电压

互感电压与互感磁链的关系也遵循电磁感应定律。与讨论自感现象相似，选择互感电压与互感磁链两者的参考方向符合右手螺旋关系时，因线圈 1 中电流 i_1 的变化在线圈 2 中产生的互感电压为

$$u_{21}=\frac{\mathrm{d}\Psi_{21}(t)}{\mathrm{d}t}=M_{21}\frac{\mathrm{d}i_1}{\mathrm{d}t} \tag{7-3}$$

同样，因线圈 2 中电流 i_2 的变化在线圈 1 中产生的互感电压为

$$u_{12}=\frac{\mathrm{d}\Psi_{12}(t)}{\mathrm{d}t}=M_{12}\frac{\mathrm{d}i_2}{\mathrm{d}t} \tag{7-4}$$

由式（7-3）和式（7-4）可看出，互感电压的大小取决于电流的变化率。当 $\mathrm{d}i/\mathrm{d}t>0$ 时，互感电压为正值，表示互感电压的实际方向与参考方向一致；当 $\mathrm{d}i/\mathrm{d}t<0$ 时，互感电压为负值，表明互感电压的实际方向与参考方向相反。

当线圈中通过的电流为正弦交流电时，如

$$i_1 = I_{1m}\sin(\omega t + \varphi_1)(\mathrm{A}),\quad i_2 = I_{2m}\sin(\omega t + \varphi_2)(\mathrm{A})$$

则
$$u_{21} = M_{21}\frac{\mathrm{d}i_1}{\mathrm{d}t} = M_{21}\frac{\mathrm{d}[I_{1m}\sin(\omega t + \varphi_1)]}{\mathrm{d}t}$$

$$= \omega M I_{1m}\cos(\omega t + \varphi_1) = \omega M I_{1m}\sin\left(\omega t + \varphi_1 + \frac{\pi}{2}\right)$$

同理
$$u_{12} = \omega M I_{2m}\sin\left(\omega t + \varphi_2 + \frac{\pi}{2}\right)$$

互感电压为正弦量，可用相量表示，即

$$\dot{U}_{21} = \mathrm{j}\omega M\dot{I}_1 = \mathrm{j}X_M\dot{I}_1,\quad \dot{U}_{12} = \mathrm{j}\omega M\dot{I}_2 = \mathrm{j}X_M\dot{I}_2$$

式中：$X_M=\omega M$ 称为互感抗，单位为欧姆（Ω）。

思 考 题

7.1.1　互感线圈中的施感电流如果用的是直流电，两线圈之间的互感作用还存在吗？

7.1.2　互感和自感之间的区别和联系？

7.1.3　两个互感耦合线圈，已知 $L_1=0.4\mathrm{H}$，$k=0.5$，互感系数 $M=0.1\mathrm{H}$，求 L_2。若两个互感耦合线圈为全耦合，互感系数 M 为多少？

7.2 互感线圈的同名端

分析线圈的自感电压和电流方向关系时，只要选择自感电压与电流为关联参考方向，其元件约束关系 $u_L=L\frac{\mathrm{d}i}{\mathrm{d}t}$就成立，不必考虑线圈的实际绕向。当线圈电流增加时$\left(\frac{\mathrm{d}i}{\mathrm{d}t}>0\right)$，自感电压的实际方向与电流实际方向一致；当线圈电流减少时$\left(\frac{\mathrm{d}i}{\mathrm{d}t}<0\right)$，自感电压的实际方向与电流实际方向相反。

在分析由施感电流引起的互感电压时，必须明确知道互感线圈的绕向，如图 7-2（a）所示，图中施感电流如果由 A 端流入，互感线圈上的感应电压方向由 B 至 Y，而图 7-2（b）中由于互感线圈的绕向发生了改变，使得即使施感电流方向完全没变的情况下，互感线圈上的感应电压由 Y 至 B。可见，要确定互感电压的方向时，需要知道线圈的绕向。

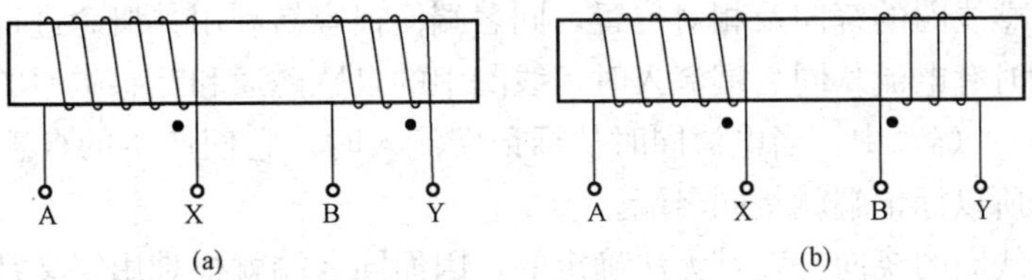

图 7-2　互感线圈的同名端

7.2.1 同名端

因为不同绕向的互感线圈在同一施感电流下产生的互感电压方向不同，这给我们作图、分析带来了麻烦。但是，研究表明无论线圈绕向怎样，施感电流流进线圈的端子与其互感电压的正极性端总有一一对应的关系。

用同名端来反映磁耦合线圈的相对绕向，从而在分析互感电压时不需要考虑线圈的实际绕向及相对位置。

当两个线圈的电流分别从端子 1 和端子 2 流进时，每个线圈的自感磁通与相互感磁通的方向一致，就认为磁通相助，则端子 1、2 就称为同名端。如图 7 - 3 中两个线圈，电流 i_1、i_2 分别从端子 a、c 流入，线圈 1 的自感磁通 Φ_{11} 与互感磁通 Φ_{12} 方向一致，线圈 2 的自感磁通 Φ_{22} 与互感磁通 Φ_{21} 方向一致，则线圈 1 的端子 a 和线圈 2 的端子 c 为同名端。显然，端子 b 和端子 d 也是同名端。而 a、d 及 b、c 端子则称异名端。

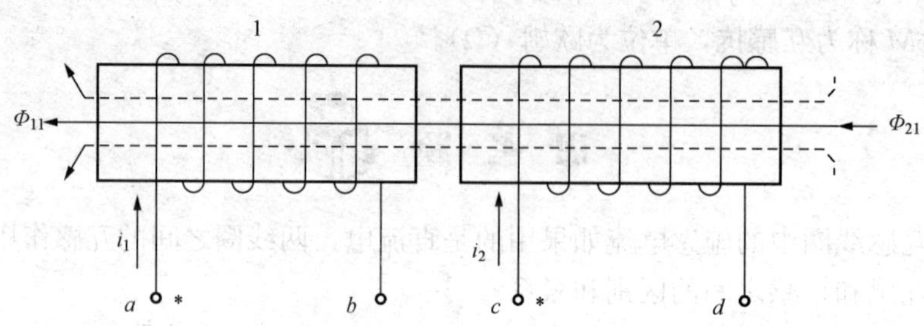

图 7 - 3　互感现象

同名端用相同的符号，例如小黑点“·”或者星号“*”将它们标记起来。这样就不必在分析问题时再去画出线圈的实际绕向，如可以把图 7 - 4（a）的互感线圈用图 7 - 4（b）的图形符号来表示。为了便于区别，仅在两个线圈的一对同名端用标记标出，另一对同名端不需标注。

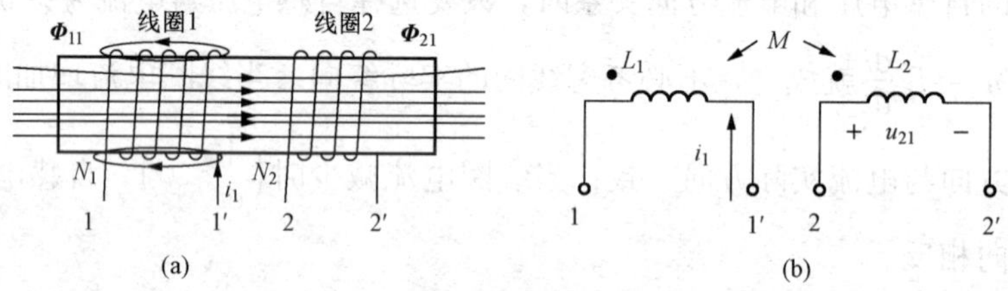

图 7 - 4　互感线圈同名端标记方法

7.2.2　同名端的判定

那么，对于两个互感线圈如何来判断它的同名端呢？

如果已知互感线圈的绕向及相对位置，同名端便很容易利用其概念进行判定。我们可以根据定义：当同时有电流从同名端流入时，线圈中的自感磁通和互感磁通的方向应该是一致来判断。如图 7 - 2（a）中，当电流同时从标记端流入时，它们产生的自感磁通和互感磁通方向是一致的，所以标记端就是同名端。

实际的互感线圈的绕向一般是无法确定的，因而同名端就很难用定义判别。在生产实际中，经常用实验的方法来进行同名端的判断。实验测定同名端比较常用的一种方法为直流通断法，其接线方式如图 7 - 5 所示。

原线圈未断开之前 i_1 由 A 端流入，标为带星号点，当 K 断开时，由检流计中电流方向可推知，互感电压 u_{21} 的实际方向由 B 点指向 Y 点，但因为 i_1 减小，u_{21} 应该为负值 $\left(\frac{\mathrm{d}i_1}{\mathrm{d}t}<0 \Rightarrow u_{21}=M\frac{\mathrm{d}i_1}{\mathrm{d}t}<0\right)$，所以 u_{21} 的参考方向和实际流向相反，应该由 Y 指向 B，也就是说：在同名端原则下，Y 点是互感电压参考方向的正极性端，它和施感电流的流入点 A 是同名端，而 X、B 为另一对同名端。

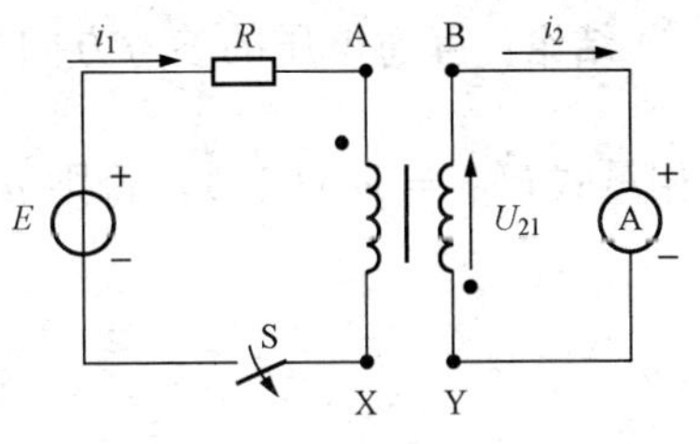

图 7-5　直流通断法判断同名端

7.2.3　同名端原则

有了同名端，我们设定互感电压的方向时，就可以不必再画出线圈的绕向。在直流电路中曾经学过，电压和电流的参考方向可以任意设定，但在假设互感电压的参考方向时，为了解题方便和符合习惯，一般按照同名端原则进行。

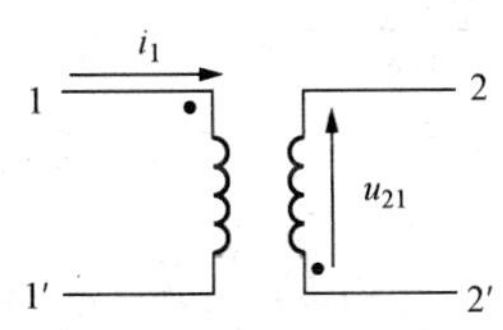

图 7-6　互感电压的参考方向符合同名端原则

如图 7-6 所示，已知 i_1 的参考方向由 1 指向 1′点（从同名端指向非同名端），那么我们规定，互感电压 u_{21} 的参考方向也由同名端指向非同名端（2′指向 2），在这样的规定下，互感电压才能使用方程 $u_{21}=M\frac{\mathrm{d}i_1}{\mathrm{d}t}$。以图 7-6 为例，如果假设互感电压 u_{21} 的参考方向由 2 指向 2′时，我们就应该使用公式 $u_{21}=-M\frac{\mathrm{d}i_1}{\mathrm{d}t}$。只有这样，互感电压的正负号才有意义。

互感和自感一样，在直流情况下是不起作用的。

确定耦合线圈的同名端不仅在理论分析中是必要的，在实际工作中也是十分重要的。如果同名端搞错了，电路将得不到预期效果，甚至会造成严重后果。

[例 7-1]　电路如图 7-7 所示，已知 $i_2=10\sin(200t+30°)\mathrm{A}$，两线圈之间的互感 $M=0.0125\mathrm{H}$，求互感电压 u_{12}，并标出参考方向。

解　根据线圈的绕向，可以判断同名端为 X、Y，当然 A、B 也是同名端。由于施感电流 i_2 从同名端流入，所以互感电压的参考方向设为由同名端指向非同名端（X→A），如图 7-7所示，有

$$u_{12}=M\frac{\mathrm{d}i_2}{\mathrm{d}t}$$

由于施感电压为正弦交流电压，可以写出其相量形式

$$\dot{U}_{12}=\mathrm{j}\omega M\dot{I}_2$$

其中 $X_{\mathrm{M}}=\omega M$ 称为互感抗，单位为欧姆（Ω）。

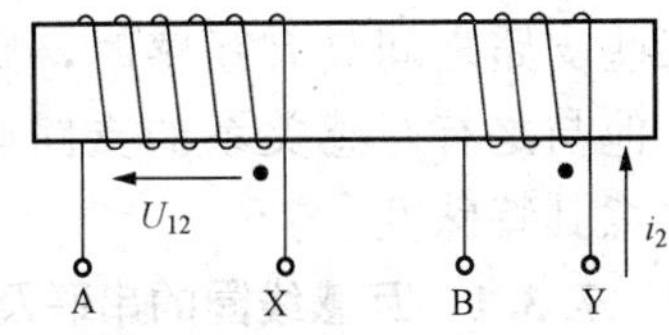

图 7-7　[例 7-1] 图

根据已知条件得

$$\omega M=0.025\times 400=10(\Omega)$$

$$\dot{I}_2=\frac{10}{\sqrt{2}}\angle 30°(\mathrm{A})$$

所以
$$\dot{U}_{12}=\frac{10}{\sqrt{2}}\angle 30°\times 10\angle 90°=\frac{100}{\sqrt{2}}\angle 120°(\mathrm{V})$$

或者写成
$$u_{12}=100\sin(200t+120°)(\mathrm{V})$$

结论：互感电压的参考方向与施感电流的参考方向符合同名端原则时，才有 $u_{21}=M\dfrac{\mathrm{d}i_1}{\mathrm{d}t}$（相量式 $\dot{U}_{21}=\mathrm{j}\omega M\dot{I}_1$），否则 $u_{21}=-M\dfrac{\mathrm{d}i_1}{\mathrm{d}t}$（相量式 $\dot{U}_{21}=-\mathrm{j}\omega M\dot{I}_1$）。

7.2.1 试判断图 7-8 中互感线圈的同名端。

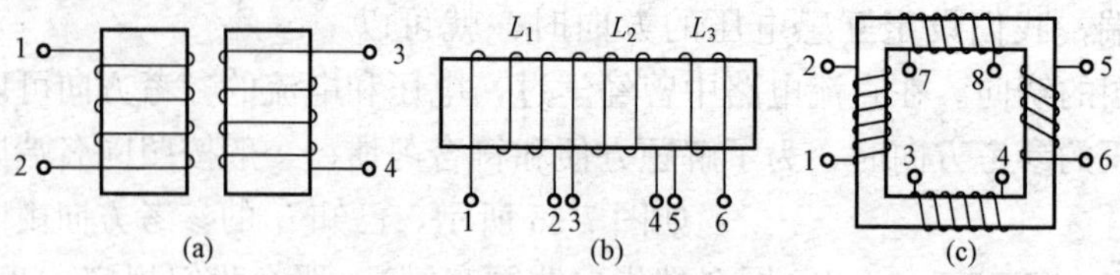

图 7-8 ［思考题 7.2.1］图

7.2.2 请在图 7-9 中标出自感电压和互感电压的参考方向，并写出 $\dot{U}_2$ 和 $\dot{U}_1$ 的表达式。

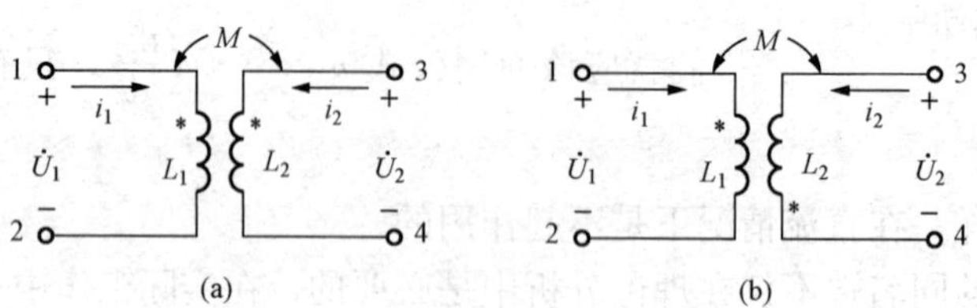

图 7-9 ［思考题 7.2.2］图

7.3 互感线圈的连接及等效

分析计算具有互感的电路，依据仍然是基尔霍夫定律。在正弦激励源作用下，相量法仍适用。与一般正弦电路的不同点是，除了电流流过线圈本身时由于自感所引起的自感电压外，还必须考虑由于互感线圈之间的磁场联系所引起的互感电压的影响。当某些支路之间具有互感时，则这些支路的电压将不仅与本支路的电流有关，同时还与其他与之有互感关系的支路电流有关。因此，在分析与计算有互感的电路时，应充分注意其特殊性。

7.3.1 互感线圈的串联及等效

1. 顺向串联

所谓顺向串联，就是把两线圈的异名端相连接，如图 7-10 所示，这种连接方式中，电流将从两线圈的同名端流进（或流出），简称顺串。

L_1、R_1、L_2、R_2 分别表示线圈 1 和线圈 2 的等效电感和电阻值。对于图 7-10，分析线圈 1 上的电压情况，可得

$$u_1 = u_{R1} + u_{11} + u_{12} = R_1 i + L_1 \frac{di}{dt} + M \frac{di}{dt}$$

同样，对于线圈 2 有

$$u_2 = u_{R2} + u_{22} + u_{21} = R_2 i + L_2 \frac{di}{dt} + M \frac{di}{dt}$$

可以看到，每个线圈的电压都由三部分构成，电阻电压、自感电压以及互感电压。对于图 7-10，该段支路总电压为

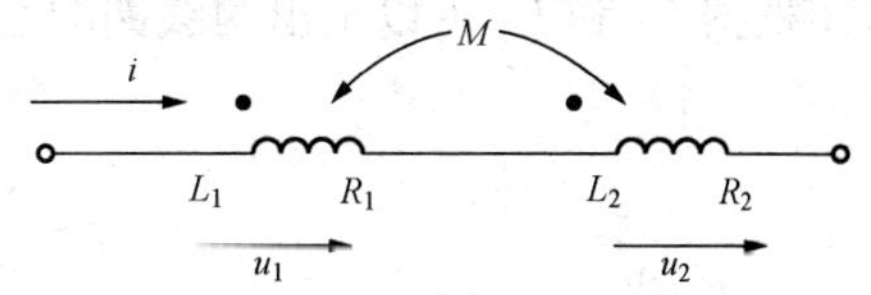

图 7-10　互感线圈的顺向串联

$$u = u_1 + u_2 = (R_1 + R_2)i + (L_1 + L_2 + 2M)\frac{di}{dt} \tag{7-5}$$

2. 反向串联

所谓反向串联，就是把两线圈的同名端相连接，如图 7-11 所示，这种连接方式中，电流将从两线圈的异名端流进（或流出），简称反串。

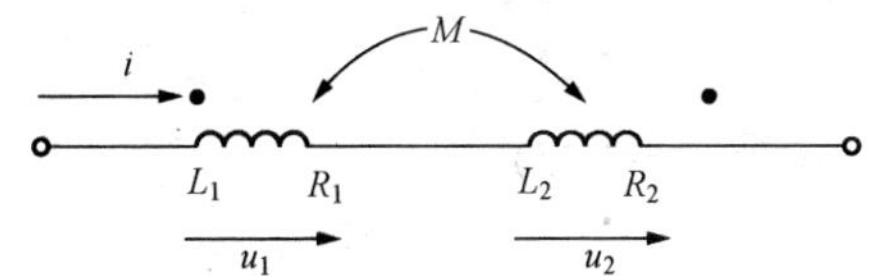

图 7-11　互感线圈的反向串联

对于图7-11，分析线圈 1 上的电压情况，可得

$$u_1 - u_{R1} + u_{11} - u_{12} = R_1 i + L_1 \frac{di}{dt} - M \frac{di}{dt}$$

同样，对于线圈 2 有

$$u_2 = u_{R2} + u_{22} - u_{21} = R_2 i + L_2 \frac{di}{dt} - M \frac{di}{dt}$$

可以看到，每个线圈的电压都由三部分构成，电阻电压、自感电压以及互感电压。对于图 7-11，该段支路总电压为

$$u = u_1 + u_2 = (R_1 + R_2)i + (L_1 + L_2 - 2M)\frac{di}{dt} \tag{7-6}$$

3. 互感线圈串联时的等效

根据上述分析，两个互感线圈串联时，该段支路总电压为

$$u = u_1 + u_2 = (R_1 + R_2)i + (L_1 + L_2 \pm 2M)\frac{di}{dt} \tag{7-7}$$

如果外加电压是正弦交流电压，利用相量法进行分析，得到

$$\begin{aligned}\dot{U} &= (R_1 + R_2)\,\dot{I} + j\omega(L_1 + L_2 \pm 2M)\,\dot{I} \\ &= \dot{I}(R_1 + j\omega L_1) + \dot{I}(R_2 + j\omega L_2) \pm 2Mj\omega\,\dot{I} \\ &= \dot{I}(Z_1 + Z_2 \pm 2Z_M)\end{aligned} \tag{7-8}$$

式中：$Z_M = j\omega M = jX_M$，称为互感复阻抗，互感复阻抗前对应的符号，“+”号对应顺串，“−”号对应反串。

根据上述分析，我们可以将这两个串联的互感线圈看成是由一个电阻 $R = R_1 + R_2$ 和等效电感 $L = L_1 + L_2 \pm 2M$ 串联等效成的。其中 $L_S = L_1 + L_2 + 2M$，称为顺串等效电感，$L_f = L_1 + L_2 - 2M$，称为反串等效电感。

可以看出，两线圈顺向串联时的等效电感大于两线圈的自感之和，而两线圈反向串联时的等效电感小于两线圈的自感之和。从物理本质上说明顺向串联时，电流从同名端流入，两磁通相互增强，总磁链增加，等效电感增大；而反向串联时情况则相反，总磁链减小，等效电感减小。

根据 L_f 和 L_S 可以求出两线圈的互感 M 为

$$M=\frac{L_S-L_f}{4}$$

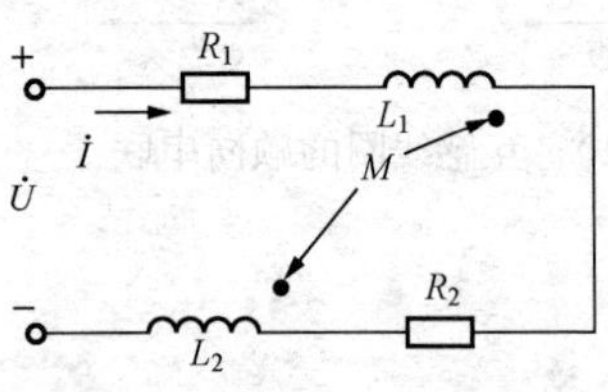

图 7-12 ［例 7-2］电路图

［例 7-2］ 电路如图 7-12 所示，已知 $R_1=4\Omega$，$R_2=8\Omega$，$L_1=0.11\text{H}$，$L_2=0.13\text{H}$，$M=0.04\text{H}$，电路中的电流为 $i=2\sin(100t+30^\circ)\text{A}$，试求电路的端电压 u。

解 两个电感为反串，其等效电感为

$$\begin{aligned}L_f&=L_1+L_2-2M=0.11+0.13-2\times0.04\\&=0.16(\text{H})\end{aligned}$$

电路的复阻抗为

$$\begin{aligned}Z&=R_1+R_2+\text{j}\omega L_f\\&=4+8+\text{j}\times100\times0.16\\&=12+\text{j}16=20\angle53^\circ(\Omega)\end{aligned}$$

电路端电压相量为

$$\dot{U}=\dot{I}Z=\sqrt{2}\angle30^\circ\times20\angle53^\circ=20\sqrt{2}\angle83^\circ(\text{V})$$

即端电压为

$$u=40\sin(100t+83^\circ)(\text{V})$$

7.3.2 互感线圈的并联及等效

互感线圈并联也有两种接法，同名端相接的称为同侧并联，如图 7-13（a）所示；异名端相接则称为异侧并联，如图 7-13（b）所示。无论何种接法，互感线圈并联都可以等效为图 7-13（c）。当然，不同接法的等效参数也是不同的。

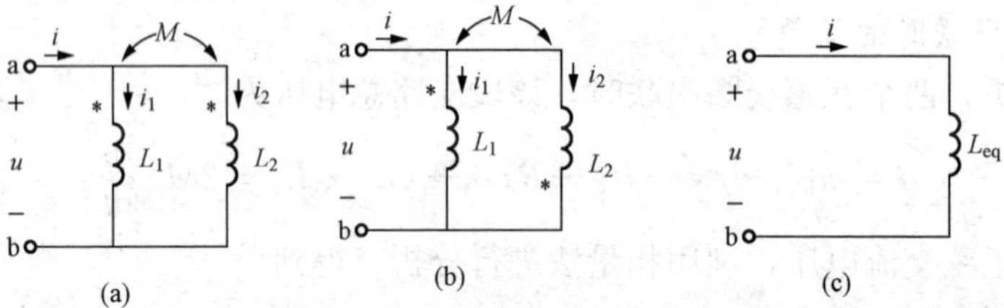

图 7-13 互感线圈的并联

（a）同侧并联；（b）异侧并联；（c）等效电路

在图示的电压、电流参考方向下，可列出如下电路方程：

$$\left.\begin{aligned}\dot{I}&=\dot{I}_1+\dot{I}_2\\\dot{U}&=\text{j}\omega L_1\dot{I}_1\pm\text{j}\omega M\dot{I}_2\\\dot{U}&=\text{j}\omega L_2\dot{I}_2\pm\text{j}\omega M\dot{I}_1\end{aligned}\right\}\tag{7-9}$$

式（7-9）中互感电压前的正号对应于同侧并联，负号对应于异侧并联。求解式（7-9）可得并联电路的等效复阻抗 Z_{eq} 为

$$Z_{eq}=\frac{\dot{U}}{\dot{I}}=\frac{\text{j}\omega(L_1L_2-M^2)}{L_1+L_2\mp2M}=\text{j}\omega L_{eq}\tag{7-10}$$

式中：L_{eq}表示互感线圈 L_1、L_2 并联后的等效电感，即

$$L_{\mathrm{eq}}=\frac{L_1L_2-M^2}{L_1+L_2\mp 2M} \tag{7-11}$$

其中互感 M 前的符号，"$-$"号对应同侧并联，"$+$"号对应异侧并联。

应当指出；串联和并联等效参数虽然都是在预先假定的参考方向下导出的，但等效参数本身仅取决于原电路中元件的参数和接法，而与电压、电流的参考方向无关。

[例 7-3] 已知 $\omega L_1=\omega L_2=10\Omega$，$\omega M=5\Omega$，$R_1=R_2=6\Omega$，$\dot{U}_{\mathrm{S1}}=6\angle 0°\mathrm{V}$。求如图 7-14 所示电路 a、b 之间的电压。

解 此图中 L_1 所在回路中有电流，所以在 L_2 上会产生互感电压 u_{21}，根据同名端原则，标出 $\dot{I}_1$ 和 $\dot{U}_{21}$ 的参考方向。而 L_2 上由于 a、b 开路，没有电流，所以 L_1 线圈上只有自感电压。R_2 上的电流就是 L_1 所在回路中的电流。

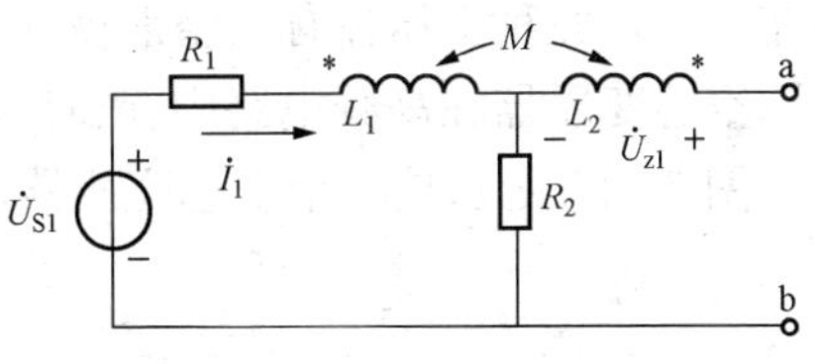

图 7-14 [例 7-3] 电路图

根据 L_1 所在回路，可求出电流为

$$\dot{I}_1=\frac{\dot{U}_{\mathrm{S1}}}{R_1+R_2+\mathrm{j}\omega L_1}\Rightarrow \dot{I}_1=\frac{6\angle 0°}{12+\mathrm{j}10}$$

又因为
$$\dot{U}_{\mathrm{ab}}=\dot{U}_{21}+\dot{I}_1R_2=\mathrm{j}\omega M\dot{I}_1+\dot{I}_1R_2$$

可以求得
$$\dot{U}_{\mathrm{ab}}=(\mathrm{j}\omega M+R_2)\dot{I}_1=(6+5\mathrm{j})\frac{6\angle 0°}{12+\mathrm{j}10}=3\angle 0°\mathrm{V}$$

思考题

7.3.1 试判断下列各说法是否正确：

(1) 互感线圈串联时，由于都是感性元件，电路不可能呈现容性。

(2) 在互感电路的分析中，可以任意假设互感电压的参考方向，但必须注意应用不同的公式。

(3) 当互感系数为 M 的互感线圈串联时，线圈电压主要决定于本线圈上流过的电流。

(4) 两个线圈反串时，由于存在 $L_{\mathrm{f}}=L_1+L_2-2M$，所以可能出现电路呈现容性。

(5) 互感线圈的互感阻抗决定于线圈的互感系数，与电压频率无关。

7.3.2 电路如图 7-15 所示，已知 $R_1=26\Omega$，$R_2=14\Omega$，$L_1=0.13\mathrm{H}$，$L_2=0.11\mathrm{H}$，$M=0.03\mathrm{H}$，流过电路的电流为 $i=3\sin(100t+30°)\mathrm{A}$。求：线圈的端电压 u。

7.3.3 把两个线圈串联起来接到 50Hz、220V 的正弦电源上，顺串时得到电流 3A，吸收的有功功率为 200W，反串时电流为 7A，求：两线圈的互感 M。

7.3.4 电路如图 7-16 所示，试利用基尔霍夫电压定律列出回路的电压平衡方程，并求出电路中的电流。

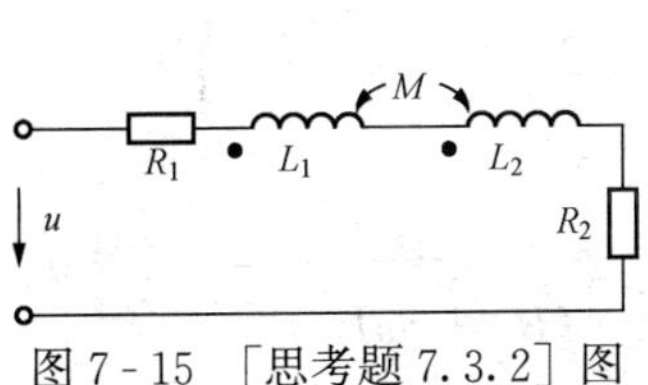

图 7-15 [思考题 7.3.2] 图

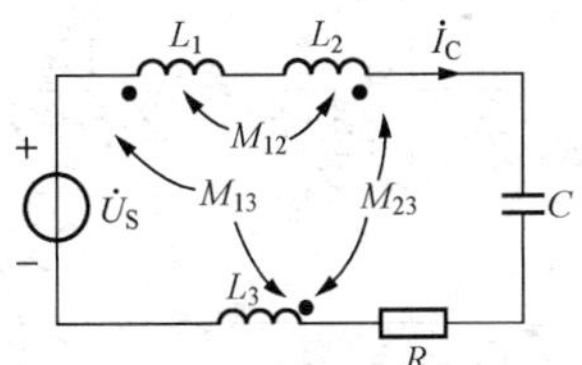

图 7-16 [思考题 7.3.4] 图

7.4　空芯变压器

7.4.1　空芯变压器的概念与方程

变压器是利用互感来实现能量传输和信号传递的电器设备。一个最简单的变压器由两个具有耦合关系的线圈绕在同一个芯子上构成。其中一个线圈接电源，称为一次绕组；另一个绕组接负载，称为二次绕组。变压器的芯子可选用铁磁材料或非铁磁材料，若选用非铁磁材料作芯子，此种变压器称为空芯变压器。

空芯变压器在高频电路中获得广泛的应用，在测量设备中也有应用。

图 7-17 所示是一个空芯变压器电气原理图。

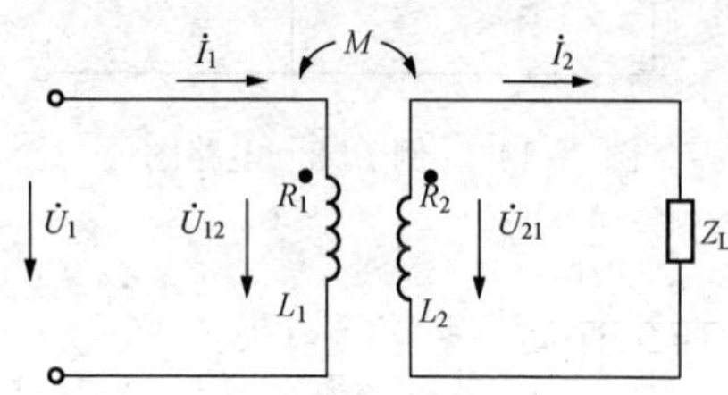

图 7-17　空芯变压器电气原理图

图 7-17 中的 R_1、R_2、L_1、L_2 分别代表一、二次绕组的电阻和电感，Z_L 为感性负载，负载阻抗可表示为 $Z_L=R_L+jX_L$。对于一、二次绕组之间的匝间电容一般忽略不计。

若在一次绕组上加一个正弦交流电压 $\dot{U}_1$，在图示的同名端和电压、电流参考方向下，根据基尔霍夫电压定律，可列出两个回路的电压方程为

$$\dot{U}_1 = \dot{I}_1(R_1 + j\omega L_1) - \dot{I}_2 j\omega M \tag{7-12}$$

$$-\dot{I}_1 j\omega M + (R_2 + j\omega L_2 + Z_L)\dot{I}_2 = 0 \tag{7-13}$$

整理得

$$\dot{U}_1 = \dot{I}_1 Z_{11} + \dot{I}_2 Z_{12}$$

$$\dot{I}_1 Z_{21} + \dot{I}_2 Z_{22} = 0$$

其中，$Z_{11}=R_1+j\omega L_1$，为一次回路中所有阻抗之和，称为一次回路自阻抗；

$Z_{22}=R_2+j\omega L_2+Z_L$，为二次回路中所有阻抗之和，称为二次回路自阻抗；

$Z_{12}=Z_{21}=-j\omega M$，称为两个回路的互阻抗。

自阻抗总取正值，互阻抗的正、负则由两个回路电流的参考方向所决定。若两个电流的参考方向都是从同名端流入互感线圈，则互阻抗取正号，否则取负号。图 7-17 中的两个电流是从异名端流入互感线圈的，所以，互阻抗取负号。

7.4.2　空芯变压器的计算

解式（7-12）与式（7-13）可得一、二次侧电流为

$$\dot{I}_1 = \frac{\dot{U}_1}{(R_1 + j\omega L_1) + \dfrac{\omega^2 M^2}{(R_2 + R_L) + j(\omega L_2 + X_L)}} = \frac{\dot{U}_1}{Z_{11} + \dfrac{\omega^2 M^2}{Z_{22}}} = \frac{\dot{U}_1}{Z_{11} + Z_{1f}} \tag{7-14}$$

$$\dot{I}_2 = \frac{\dot{U}_1(j\omega M)}{\left[(R_2 + R_L + j\omega L_2 + jX_L) + \dfrac{\omega^2 M^2}{R_1 + j\omega L_1}\right](R_1 + j\omega L_1)} = -\frac{Z_{21}}{Z_{22}}\dot{I}_1 \tag{7-15}$$

由式（7-14）可得

$$Z_1=\frac{\dot{U}_1}{\dot{I}_1}=Z_{11}+\frac{(\omega M)^2}{Z_{22}}=Z_{11}+Z_{1f} \tag{7-16}$$

式（7-16）是从变压器的输入端看进去的等效复阻抗，式中$\frac{(\omega M)^2}{Z_{22}}$反映了二次回路对一次回路的影响，所以称为二次回路折算到一次回路的反射阻抗，用 Z_{1f}表示，则

$$Z_{1f}=\frac{(\omega M)^2}{Z_{22}} \tag{7-17}$$

反射阻抗 Z_{1f}的性质与 Z_{22}相反，即若二次回路为感性（容性）阻抗，反射到一次回路的阻抗将变为容性（感性）。

由上面推导的式（7-14）可得空芯变压器的一次等效电路如图 7-18 所示。

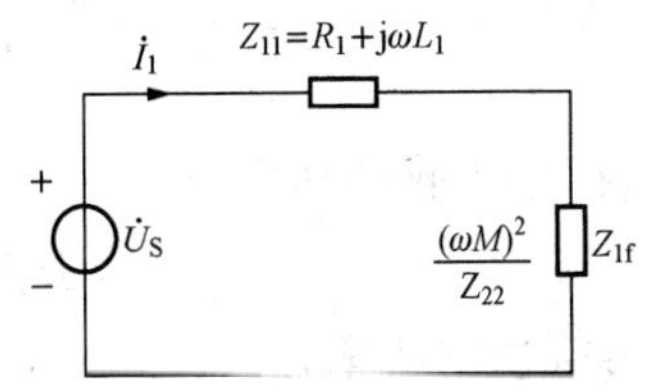

图 7-18 空芯变压器一次等效电路

通过戴维南定理求解，还可以作出空芯变压器的二次侧等效电路。

令空芯变压器的二次侧开路，此时

$$\dot{I}_2=0$$

$$\dot{I}_1=\frac{\dot{U}_1}{R_1+j\omega L_1}=\frac{\dot{U}_1}{Z_{11}}$$

所以，二次侧的开路电压为

$$\dot{U}_2=j\omega M\dot{I}_1=j\omega M\frac{\dot{U}_1}{Z_{11}}$$

将一次侧电源 $\dot{U}_1$ 处短路，将一次回路的阻抗等效到二次，得二次侧的等效复阻抗为：

$$Z_0=Z_{22}+Z_{21}=R_2+j\omega L_2+\frac{(\omega M)^2}{Z_{11}} \tag{7-18}$$

其中，$Z_{11}=R_1+j\omega L_1$ 是一次回路的复阻抗；$\frac{(\omega M)^2}{Z_{11}}$反映了一次回路对二次回路的影响，称作一次回路对二次回路的反射阻抗，用 Z_{2f}表示，则

$$Z_{2f}=\frac{(\omega M)^2}{Z_{11}} \tag{7-19}$$

由式（7-18）得空芯变压器的二次等效电路如图 7-19 所示。

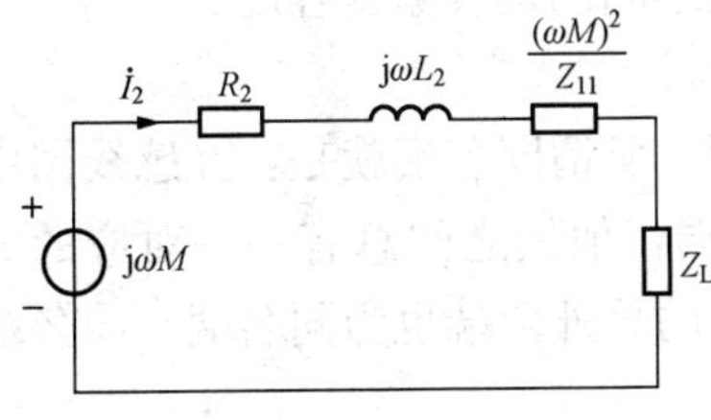

图 7-19 空芯变压器二次等效电路

通过空芯变压器的一、二次等效电路，可以直接计算一次或二次的电流，然后通过方程式 $\dot{I}_1Z_{21}+\dot{I}_2Z_{22}=0$ 计算另一个电流，使电路的计算变得直观简化。

[例 7-4] 电路如图 7-17 所示，外加电压 $u_1=110\sqrt{2}\sin 10t\text{V}$。已知空心变压器参数 $R_1=20\Omega$，$R_2=2\Omega$，$L_1=5\text{H}$，$L_2=1\text{H}$，$M=2\text{H}$，$Z_L=R_L=30\Omega$。求二次侧电流 i_2 及变压器的效率 η。

解

$$\dot{U}_1=110\angle 0°(\text{V})$$

$$Z_{11} = R_1 + j\omega L_1 = (20 + j50)(\Omega)$$

根据图 7 - 19 所示二次侧等效电路可求得

$$\dot{I}_2 = \frac{j\omega M \cdot \frac{\dot{U}_1}{Z_{11}}}{R_2 + R_L + j\omega L_2 + \frac{\omega^2 M^2}{Z_{11}}} = 1.17\angle 16.7^\circ(\text{A})$$

所以
$$i_2 = 1.17\sqrt{2}\sin(10t + 16.7^\circ)(\text{A})$$

利用图 7 - 18 所示的一次侧等效电路求得

$$Z_{22} = R_2 + j\omega L_2 + Z_L = (32 + j10)(\Omega)$$

$$\dot{I}_1 = \frac{\dot{U}_1}{R_1 + j\omega L_1 + \frac{(\omega M)^2}{Z_{22}}} = 1.962\angle -56^\circ(\text{A})$$

负载 R_L 吸收的功率为

$$P_2 = I^2 R_L = 1.17^2 \times 30 = 41.07(\text{W})$$

电源提供的功率为

$$P_1 = U_1 I_1 \cos\varphi_1 = 110 \times 1.962 \times \cos 56^\circ = 120.85(\text{W})$$

所以变压器的效率为

$$\eta = \frac{P_2}{P_1} = \frac{41.07}{120.85} = 33.98\%$$

1. 基本概念

（1）互感线圈没有电路上的联系，而是通过磁路相连。施感电流在互感线圈上产生互感电压。当互感磁通和互感电压之间符合右手螺旋关系时，互感电压可以表示为 $u_M = M\frac{di}{dt}$。在正弦交流电路中，如果线圈通过非铁磁材料耦合，互感电压可以通过相量式 $\dot{U}_M = j\omega M\dot{I} = Z_M\dot{I}$ 进行计算（$\dot{U}_M$ 和 $\dot{I}$ 参考方向符合同名端原则），其中 $\dot{I}$ 为施感电流。如果线圈通过铁芯耦合，情况和此不同，注意区别。

（2）除了互感系数外，通常还用耦合系数来表示两线圈之间的耦合紧密程度。

2. 互感线圈的同名端

（1）关于同名端的概念，主要是为了分析、作图的方便。所谓同名端就是：互感线圈中施感电流的流入端和另一线圈上得到的互感电压的正极性端，他们之间总有一一对应的关系。一般用符号（黑点或星号）标记同名端，除去同名端外的另外两端也为同名端。同名端是客观存在的，与两线圈是否通入电流无关。

（2）同名端的判别方法很多，在两线圈位置、绕向已知的情况下，可以根据同名端定义用右手螺旋定则来判断。实验方法有直流通断法等。

（3）在建立互感电压的参考方向时，规定与产生该电压的电流参考方向相对同名端一致的原则。

3. 互感线圈的串并联

(1) 互感线圈有顺串和反串两种串联方式，有同侧并联和异侧并联两种并联方式。

(2) 电流从两个线圈的同名端流入（或流出）的接法，称为顺串，具有加强自感的效应；电流从一个线圈的同名端流入，从另一个线圈的同名端流出，这种接法称为反串，反串有削弱自感的效应。在串联时，可以将互感线圈看成是由电阻 $R=R_1+R_2$ 和等效电感 $L=L_1+L_2\pm 2M$ 串联等效成的。互感 $M=\dfrac{L_S-L_f}{4}$。

(3) 电路中互感线圈并联时，有同侧并联和异侧并联两种。同侧并联时，电流从两个线圈的同名端流入（或流出）；异侧并联时电流从一个线圈的同名端流入，从另一个线圈的同名端流出。重点是在给定的电流参考方向下，根据 KCL 和 KVL 列出端口的电压方程式。

(4) 对于互感线圈的串并联电路进行分析计算时，必须注意，除了电流流过线圈本身引起的电压外，还有由于其他线圈所引起的互感电压。

4. 空芯变压器

(1) 空芯变压器是利用磁路来实现能量传递的设备，是变压器的一种，不过它是通过非铁磁材料来耦合的。

(2) 当空芯变压器的二次侧接负载时，由于二次侧阻抗反映到一次侧形成引入阻抗，使一次侧的等效阻抗发生变化，会对一次侧电流产生影响。尤其当二次侧短路时，引入阻抗会大大地削弱一次侧的阻抗，使得一次侧阻抗减小，从而导致一次侧电流的增加。

(3) 二次侧开路时，对一次侧没有影响，一次侧电流仅决定于一次侧外加电压和线圈阻抗。

习　题

7.1 耦合电感 $L_1=6\text{H}$，$L_2=4\text{H}$，$M=3\text{H}$。试计算耦合电感作串联、并联时的各等效电感值。

7.2 如图 7 - 20 所示的互感电路，电感 $L_1=0.4\text{H}$，$L_2=0.9\text{H}$，且两者为全耦合，电容 $C=40\mu\text{F}$，则电路的谐振角频率是多少？

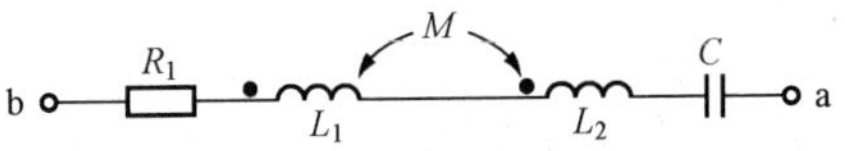

图 7 - 20 ［习题 7.2］图

7.3 互感线圈如图 7 - 21 所示，试判断各线圈同名端。

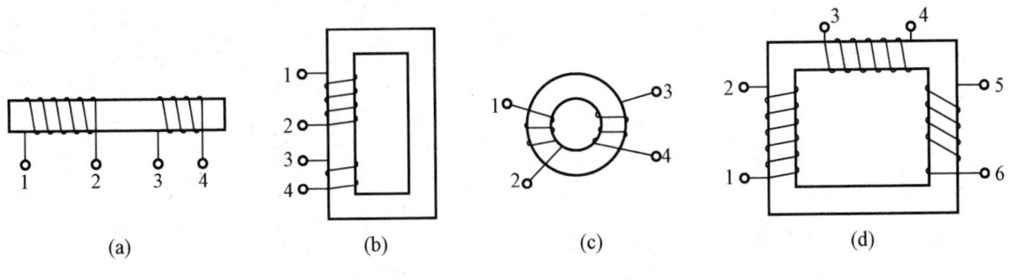

图 7 - 21 ［习题 7.3］图

7.4 图 7 - 22 中，电源电压 $\dot{U}=220\angle 0^\circ$，$\omega=100\text{rad/s}$，求电路总电流 $\dot{I}$。已知 $R_1=$

$R_2=100\Omega$，$L_1=4\text{H}$，$L_2=6\text{H}$，$M=1\text{H}$，$C=10\mu\text{F}$。若要使该电路发生串联谐振，应该串联多大的电容？

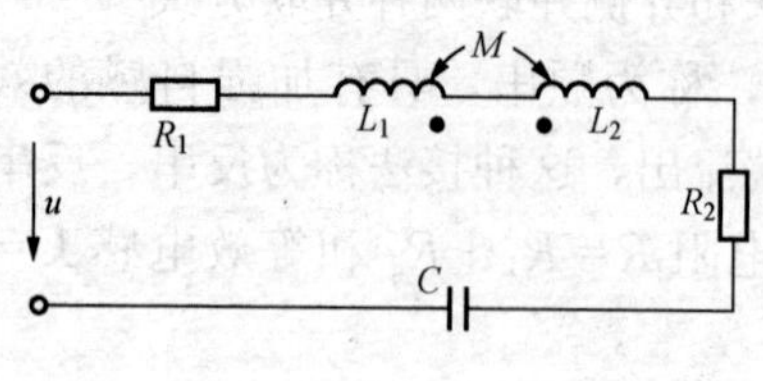

图 7-22 ［习题 7.4］图

7.5 两个耦合线圈串联起来接至 220V、50Hz 的正弦电源上，得到如下数据：第一次串联，测出电路中电流 $I=2.5\text{A}$，电路有功功率为 62.5W，调换其中一个线圈的两个端钮后再串联，测出电路的有功功率为 250W。问：哪种情况是顺串？哪种情况是反串？两耦合线圈的互感为多大？

7.6 习题 7-4 中，若调换其中一个线圈的两个端钮后再串联，其他条件不变，电路总电流 $\dot{I}$ 又为多少？

7.7 如图 7-23 所示电路中，已知 $R_1=R_2=3\Omega$，$X_{L_1}=X_{L_2}=4\Omega$，$X_M=2\Omega$，电源电压 $\dot{U}=10\angle 0°\text{V}$，求：B、Y 间的开路电压。

7.8 图 7-24 所示电路中，求 A、B 两点之间的开路电压 $\dot{U}_O$。已知 $\dot{U}_S=12\angle 0°\text{V}$，$R_1=R_2=6\Omega$，$\omega L_1=\omega L_2=\omega L_3=10\Omega$，$\omega M_1=\omega M_2=\omega M_3=6\Omega$。

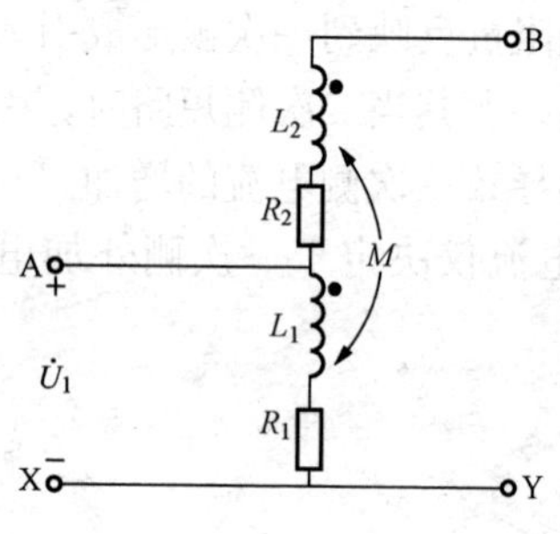

图 7-23 ［习题 7.7］电路图

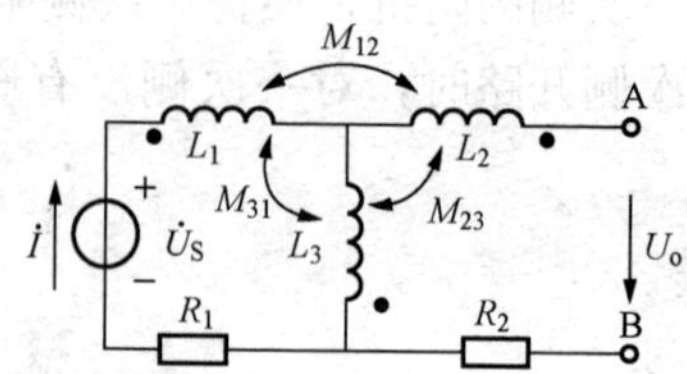

图 7-24 ［习题 7.8］图

参 考 文 献

[1] 赵凯华. 电磁学. 北京：高等教育出版社，2003.
[2] 郝超. 应用物理基础（机械类）. 南京：南京大学出版社，2008.
[3] 王琳. 电工电子技术. 北京：北京理工大学出版社，2010.
[4] 山炳强. 电工技术. 北京：人民邮电出版社，2008.
[5] 赵红顺. 电工基础. 北京：中国电力出版社，2010.
[6] 李清新. 电工技术. 北京：高等教育出版社，2003.
[7] 周绍敏. 电工基础. 北京：高等教育出版社，2003.
[8] 付淑英. 应用物理基础. 北京：北京理工大学出版社，2007.
[9] 王占元. 电工基础. 北京：机械工业出版社，2002.
[10] 袁洪岭. 电工电子技术基础. 武汉：华中科技大学出版社，2013.
[11] 马文烈. 电工电子技术. 武汉：华中科技大学出版社，2012.
[12] 宋玉阶. 电工与电子技术. 武汉：华中科技大学出版社，2012.
[13] 邓香生. 电工基础与电气测量技术. 北京：北京理工大学出版社，2009.
[14] 陈小虎. 电工电子技术. 北京：高等教育出版社，2000.
[15] 康华光. 电子技术基础. 5 版. 北京：高等教育出版社，2008.
[16] 周雪. 模拟电子技术. 2 版. 西安：西安电子科技大学出版社，2005.
[17] 胡宴如. 模拟电子技术. 4 版. 北京：高等教育出版社，2013.
[18] 杨志忠. 数字电子技术基础. 2 版. 北京：高等教育出版社，2009.
[19] 刘志刚. 数字电子技术基础教程. 北京：冶金工业出版社，2010.
[20] 冯毛官. 数字电子技术基础. 2 版. 西安：西安电子科技大学出版社，2010.
[21] 许泽鹏. 电子技术. 北京：人民邮电出版社，2004.
[22] 史立平. 电工电子技术. 北京：中国电力出版社，2014.